情報化時代の
都市交通計画

工学博士 飯田 恭敬 監修
Ph.D. 北村 隆一 編

コロナ社

監　修　飯田　恭敬（京都大学名誉教授）
編　者　北村　隆一（京都大学）

情報化時代の都市交通計画 編集委員会

北村　隆一（京都大学）　　藤井　聡（京都大学）
秋山　孝正（関西大学）　　倉内　文孝（岐阜大学）
川﨑　雅史（京都大学）　　菊池　輝（東北工業大学）
宇野　伸宏（京都大学）　　塩見　康博（京都大学）

執筆者一覧　（執筆順）

板倉信一郎（阪神高速道路（株），1.1節）
山本　俊行（名古屋大学，4.3節，7.1節，7.2節）
竹内　新一（（株）地域未来研究所，1.1節）
飯田　祐三（（株）交通まちづくり技術研究所，5.3節）
塚口　博司（立命館大学，1.2節，5.1節，5.2節，5.4節，5.5節）
内田　敬（大阪市立大学，5.5節，5.6節）
秋山　孝正（関西大学，1.3節，3.4節，4.2節，7.3節）
飯田　克弘（大阪大学，5.7節，8.5節）
川﨑　雅史（京都大学，1.4節）
谷口　栄一（京都大学，6章）
藤井　聡（京都大学，1.5節，2.1節，2.3節）
山田　忠史（京都大学，6章）
上田　孝行（東京大学，2.2節）
菊池　輝（東北工業大学，8.1節，8.2節，8.4節）
宇野　伸宏（京都大学，3.1節，3.2節，3.5節）
牛場　高志（（株）ニュージェック，8.3節）
倉内　文孝（岐阜大学，3.3節，4.4節，8.3節）
奥嶋　政嗣（徳島大学，8.3節）
松尾　武（（財）阪神高速管理技術センター，4.1節）
大藤　武彦（（株）交通システム研究所，8.3節）
楊　海（香港科学技術大学，4.1節）
羽藤　英二（東京大学，8.6節）
中山晶一朗（金沢大学，4.3節，7.4節）
李　燕（立命館アジア太平洋大学，8.7節）

（所属は執筆当時）

監 修 の 辞

　近年，社会経済情勢の変化は大きく，都市交通システムにおいても，施設の量的な充足を目指したこれまでの交通計画の考え方は，人々の生活にかかわる質的な充実を重視する方向に変わってきた。また，最近における交通データ収集技術の飛躍的発展による先駆的な分析方法や，社会経済活動の価値観変化を踏まえた新しい計画方法論など，新規の理論や手法の研究開発と実際適用が急速に進展している。

　このような背景から，『交通工学』（国民科学社）を現代社会の実状に適合するように，記載内容を交通工学と交通計画に分けて改訂することにした。このうち，交通工学に関する基礎理論と交通現象分析の最新の考え方を取り入れて改訂したのが，『交通工学』（オーム社）であり，先に刊行されている。一方，交通計画に関する最新の計画論や方法論については，本書「情報化時代の都市交通計画」として出版されることとなった。

　本書では，時代推移にともなう多様な交通移動ニーズに基づいて，都市機能との関係を重視した交通計画に関する新しい考え方や分析技術を論じている。このことによって，持続可能な都市社会の創生と都市のリノベーションが実現されることを期待しており，その貢献にいささかでも役立つことができれば幸いである。

　最後に，本書の編集にご苦労いただいた北村隆一教授が，とりまとめの途上でご逝去された。心よりご冥福をお祈りしたい。また，本書の執筆にご協力いただいた諸兄に感謝の意を表する次第である。

2010 年 8 月

飯田　恭敬

まえがき

　21世紀初頭の十年間が経過し，わが国の社会経済は急激に変化してきた。特に，高齢化・少子化の進展による人口問題，地球温暖化を中心とする環境問題，多方面での情報通信技術の高度化，人々の生活様式の変化など，いずれも従来の価値観の変革が期待される問題が多い。

　このような時代背景を含めて，人々の生活や経済を支える社会資本として，都市道路網および公共交通機関に関する交通基盤施設計画は，従来の量的な充足を目指した計画から，生活レベルの成熟を踏まえた，質的な充実を意図した計画へと変化しつつある。

　すなわち，都市活動・交通活動を包含した，都市機能との関係を重視した交通計画に関する議論が重要となっている。今後，期待される交通計画では，交通基盤（道路と公共交通），地域・都市基盤の形成，環境汚染対策，道路環境整備，景観の向上などから，人々の生活空間，コミュニティ空間を構築する視点が重要である。すなわち，大規模公共投資の時代から，持続可能な都市社会の創生と都市のリノベーションを目指した市民のための交通計画が希求されているのである。

　このような，交通サービスに対する社会的要請が変化する一方で，交通の計画および解析のため技術的背景も大きく変化した。情報通信技術の進展によって，交通の観測，調査，解析が飛躍的に発展し，交通計画，解析技術は大きな転機を迎えている。多角的で多様な新技術の展開が求められる一方で，交通計画の基本的理念や技術についても整理する必要がある。すなわち，現実的な交通計画に関する基礎的な理論的知識を習得するとともに，最新の情報通信技術と計算機解析に基づく実用的な技術群を整理することが重要である。

　このようなことから，本書では交通流動を解析する基本的な方法論から，時

間変化を伴う個別交通ニーズの多様性を踏まえて，最新の観測・解析技術に基づく交通計画手法を提案する．

本書の全体構成は，図のように示される．

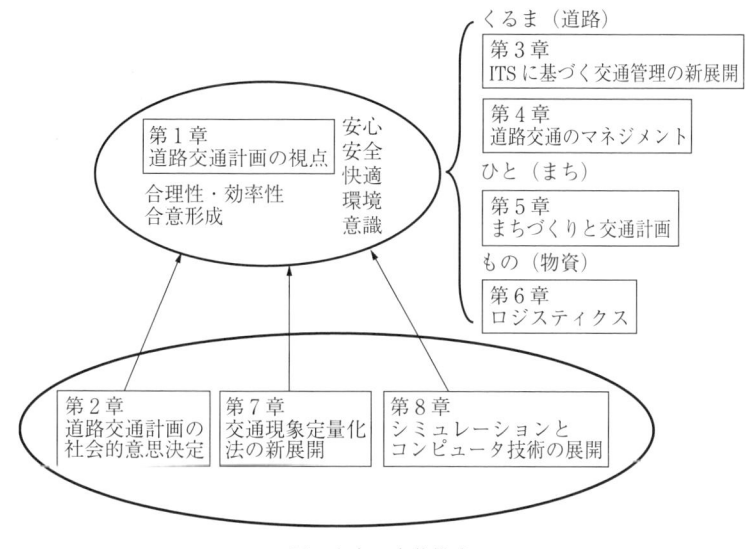

図　本書の全体構成

人々の都市活動を支援する交通システム計画においては，従来型の合理的な交通処理の基礎技術の活用に加えて，都市生活の基本的視点からの交通計画論が必要である．ここでは，交通環境の安心と安全，都市環境空間の形成，まちづくりと交通計画，交通環境教育を今後検討すべき代表的な視点として具体的な方法論を紹介する（第1章）．

つぎに，交通計画において，良好な市民社会の形成を目指した住民参加，合意形成は特に不可欠な交通計画論である．このため，計画プロジェクトに関する合意形成と費用便益による経済評価に関する理論的考察から，交通計画に対する社会的意思決定の基本的整理を行う（第2章）．

これらの交通計画の方向性を踏まえて，都市社会の交通システムを，交通主体（くるま・ひと・もの）に配慮して計画論を整理する．現在の情報通信技術は，ITS（高度道路交通システム）として，くるまとひと（道路と車両）の安

全で快適な交通処理を実現している。高度な情報システムを前提とした交通運用技術が必要である（第3章）。

つぎに，都市道路網の実務面から道路交通のマネジメント方策を検討する。ここでは，混雑課金，TDM（transport demand management）を中心に論述する。また，混雑課金の実施上重要な役割を担うETC（electronic toll collection）について交通調整への適用事例を含めて説明する。さらに非常時の交通マネジメントについても論述する（第4章）。

都市道路網・公共交通は一体となって都市交通を構成する。安心・安全な交通環境はまちのなかのひと（都市活動とひとの移動）について，まちづくりの視点から，都市政策を含めた交通計画技術の具体的な議論を行う。ここでは，地区交通計画の技術，交通バリアフリーの展開と，コンパクトシティの形成を目指した交通とまちづくりについて論述する（第5章）。

さらに，都市間および都市内のもの（物資）の輸送は，都市の経済的展開の意味から重要性が高い課題である。ここでは，ロジスティクスの基本事項を整理するとともに，最適な都市物流施策の実施を目指して，数理モデルによる検討方法を紹介する。具体的には，配車配送計画モデル，物流拠点の最適配置モデルについて論述する。さらに，物流システムにおける情報通信技術の応用に関して論述する（第6章）。

これらの交通主体「くるま（道路）」「ひと」「もの」の各側面に対応する技術の整理から，具体的な新時代の交通計画を創生することができる。

また，社会環境の大きな変化に対して交通行動者の意思決定を的確に表現するためには，複雑性を前提とした定量的モデルの導入が重要である。ここでは，交通行動における価値評価方法について述べる。また，主観性の表現としてあいまい性を考慮したモデル化手法に言及する。さらに複雑系としての交通行動表現について述べる。これより知的情報処理を利用した意思決定表現を方法論的に整理する（第7章）。

さらに，交通システムの現象解析においては，情報通信技術の進展と計算機情報処理の高度化が大きく影響を与えている。特に交通シミュレーションの技

術的展開は，実態的な視覚的理解を与えることから交通解析面できわめて重要である。計算機ベースの多数の分析方法が新時代の交通計画へ向けた多数の応用技術を紹介する（第8章）。

このように本書では，新時代の交通計画の視点を整理し，具体的な計画論を述べるとともに，各個別の交通環境の実現に技術的な支援となる最新のアプローチを整理している。これらの方法による，市民のための都市と交通環境の創生が期待されるものである。

本書は，具体的構成の検討から出版に至るまで多年の年月を費やした。この間，本書の企画段階から，内容構成，各執筆内容に関して，ご議論とご指導をいただいた京都大学大学院 北村隆一先生におかれましては，2009年2月19日にご逝去された。また本書では，交通計画の視点の一節として，「交通計画と民主性」を企画された。先生のご提案を本書に含めるに至らずまことに残念に思います。ご尽力に関して深謝の意を表するとともにご冥福をお祈りいたします。また，第2章のなかで「道路交通計画の帰結主義的な評価」をご執筆いただいた東京大学大学院 上田孝行先生におかれましては，2009年9月19日にご逝去された。ご執筆をご快諾いただき，交通計画の重要な課題を提示された。ご尽力に関して深謝の意を表するとともに，ご冥福をお祈りいたします。

また，本書の企画段階において具体的な検討を頂いたコロナ社の方々に感謝の意を表します。さらに長期間にわたる編集委員会の活動において，編集委員として原稿処理・校正作業に参画いただいた京都大学大学院 塩見康博先生に感謝の意を表する次第です。

2010年8月

編集委員会幹事代表　秋山　孝正

目　　次

1. 道路交通計画の視点

1.1 道路交通計画の手順 …………………………………………………………… 1
　1.1.1 道路整備の経緯 ……………………………………………………………… 1
　1.1.2 道路交通計画の一般的手順 ………………………………………………… 3
　1.1.3 交　通　調　査 ……………………………………………………………… 4
　1.1.4 需　要　の　予　測 ………………………………………………………… 14
　1.1.5 道　路　の　設　計 ………………………………………………………… 19
　1.1.6 道路交通計画にかかわる最近の動向 ……………………………………… 21
1.2 道　路　と　環　境 …………………………………………………………… 27
　1.2.1 道路環境に対するとらえ方の変化 ………………………………………… 27
　1.2.2 事業アセスメントから戦略的アセスメントへ …………………………… 28
　1.2.3 環　境　基　準 ……………………………………………………………… 28
　1.2.4 質の高い道路整備 …………………………………………………………… 29
　1.2.5 環境交通容量 ………………………………………………………………… 31
　1.2.6 環境の質と利便性 …………………………………………………………… 32
1.3 交　通　の　安　全　性 ……………………………………………………… 33
　1.3.1 交通安全の重要性 …………………………………………………………… 33
　1.3.2 交通事故要因分析 …………………………………………………………… 35
　1.3.3 交通安全対策 ………………………………………………………………… 36
　1.3.4 交通事故の費用と有効度 …………………………………………………… 39
1.4 道　路　の　景　観 …………………………………………………………… 41
　1.4.1 美しい国づくり政策と道路の景観デザイン ……………………………… 41
　1.4.2 道路景観のパラダイムシフト ——道の原風景を考える—— …………… 41
　1.4.3 道と都市のグランドデザイン ——御堂筋と都市景観形成—— ………… 44
1.5 交　通　と　教　育 …………………………………………………………… 46

1.5.1　交通における教育の役割 ……………………………………… 46
　1.5.2　交通における「広義の教育」………………………………… 48
　1.5.3　交通における「狭義の教育」………………………………… 50
参　考　文　献 ………………………………………………………………… 53

2.　道路交通計画の社会的意思決定

2.1　社会的意思決定について ……………………………………………… 55
　2.1.1　社会的意思決定とは何か ……………………………………… 55
　2.1.2　社会的意思決定の基準 ——帰結主義と非帰結主義—— ………… 56
2.2　道路交通計画の帰結主義的な評価 …………………………………… 58
　2.2.1　帰結主義的な評価の意義 ……………………………………… 58
　2.2.2　帰結主義的な評価としての費用便益分析 …………………… 61
2.3　道路交通計画の非帰結主義的な社会的意思決定 …………………… 65
　2.3.1　中央決定方式と民主的決定方式 ……………………………… 65
　2.3.2　現実の道路交通計画における社会的意思決定 ……………… 69
参　考　文　献 ………………………………………………………………… 75

3.　ITS に基づく交通管理の新展開

3.1　ITS の全体像 …………………………………………………………… 76
　3.1.1　ITS と は ………………………………………………………… 76
　3.1.2　ITS を支えるシステム ………………………………………… 77
　3.1.3　ITS に期待される効果 ………………………………………… 81
3.2　ATIS ……………………………………………………………………… 83
　3.2.1　ATIS と は ……………………………………………………… 83
　3.2.2　ATIS の 事 例 …………………………………………………… 84
　3.2.3　ATIS に期待される効果 ……………………………………… 87
　3.2.4　ATIS に関する今後の展望 …………………………………… 88
3.3　街路の交通制御 ………………………………………………………… 92
　3.3.1　概　　　　要 …………………………………………………… 92
　3.3.2　UTMS の全体像 ………………………………………………… 92

3.3.3 UTMSの構成要素 ……………………………………………… 93
3.4 高速道路の交通制御 …………………………………………………… 98
3.4.1 流入制御の方法 ………………………………………………… 99
3.4.2 流入制御手法 …………………………………………………… 100
3.4.3 流出制御の方法 ………………………………………………… 104
3.5 安全性向上のためのITSの活用 ……………………………………… 104
3.5.1 交通事故の発生状況 …………………………………………… 104
3.5.2 安全性向上の考え方とITSの活用場面 ……………………… 105
参 考 文 献 ……………………………………………………………………… 110

4. 道路交通のマネジメント

4.1 ロードプライシング ……………………………………………………… 113
4.1.1 は じ め に …………………………………………………… 113
4.1.2 交通均衡と限界費用課金 ……………………………………… 115
4.1.3 各国でのロードプライシングの導入 ………………………… 124
4.1.4 ロンドンのロードプライシング ……………………………… 127
4.1.5 日本のロードプライシング …………………………………… 129
4.1.6 ロードプライシングの今後の課題 …………………………… 130
4.2 ETCと交通調整 ………………………………………………………… 131
4.2.1 料金自動徴収の概要 …………………………………………… 131
4.2.2 ETC の 利 用 …………………………………………………… 134
4.2.3 ETCを利用した交通調整 ……………………………………… 136
4.3 TDM ……………………………………………………………………… 138
4.3.1 TDM と ITS …………………………………………………… 138
4.3.2 ITSを活用したTDMの事例 …………………………………… 141
4.4 非常時交通管理 …………………………………………………………… 145
4.4.1 災害発生時の道路の役割 ……………………………………… 145
4.4.2 非常時における道路交通管理 ………………………………… 146
4.4.3 ITSの非常時交通管理への活用 ……………………………… 150
参 考 文 献 ……………………………………………………………………… 153

5. まちづくりと交通計画

- 5.1 まちづくりとみちづくり ……………………………………………… 155
- 5.2 地区における交通計画 …………………………………………………… 156
  - 5.2.1 地区交通計画の考え方 …………………………………………… 156
  - 5.2.2 街路網構成と交通管理 …………………………………………… 159
- 5.3 交 通 結 節 点 ……………………………………………………………… 164
  - 5.3.1 都市再生と交通結節点 …………………………………………… 164
  - 5.3.2 交通結節点の計画 ………………………………………………… 166
  - 5.3.3 空間機能の計画 …………………………………………………… 168
  - 5.3.4 交通結節点整備のポイント ……………………………………… 170
- 5.4 駐車場・荷さばき駐車施設 ……………………………………………… 172
  - 5.4.1 まちづくりと駐車施設 …………………………………………… 173
  - 5.4.2 駐車現象の諸特性と駐車需要の推定 …………………………… 174
  - 5.4.3 駐車の種類と整備制度 …………………………………………… 176
  - 5.4.4 駐車場の今後の整備と管理 ……………………………………… 179
- 5.5 歩行環境の整備 …………………………………………………………… 180
  - 5.5.1 歩行環境とまちづくり …………………………………………… 180
  - 5.5.2 交通機能からみた歩行環境 ……………………………………… 181
  - 5.5.3 身体的快適性・負担度からみた歩行環境 ……………………… 184
  - 5.5.4 まちへの印象と歩行環境 ………………………………………… 185
- 5.6 にぎわいのみち空間・交通システム …………………………………… 186
  - 5.6.1 まちのにぎわいと「みち空間」 ………………………………… 186
  - 5.6.2 にぎわいと交通システム ………………………………………… 187
  - 5.6.3 にぎわいをもたらす「みち空間」 ……………………………… 189
- 5.7 交通バリアフリー ………………………………………………………… 190
  - 5.7.1 交通バリアフリーの必要性 ……………………………………… 190
  - 5.7.2 高齢者,障害者等の移動等の円滑化の促進に関する法律
    (バリアフリー新法) …………………………………………………… 191
  - 5.7.3 重要な用語について ……………………………………………… 193
  - 5.7.4 バリアフリー新法の枠組み ……………………………………… 194

5.7.5　主務大臣の定める基本方針……………………………………194
　　5.7.6　バリアフリー基本構想……………………………………………195
参　考　文　献……………………………………………………………………196

6. ロジスティクス

6.1　都市物流の課題と解決への道………………………………………………199
6.2　ロジスティクスモデリング…………………………………………………204
　　6.2.1　既存の手法の問題点…………………………………………………204
　　6.2.2　ビジネスロジスティクスモデル……………………………………205
　　6.2.3　交通計画への活用──シティロジスティクスモデルへの拡張──……206
6.3　配車配送計画…………………………………………………………………208
6.4　物流拠点の最適配置…………………………………………………………213
　　6.4.1　物流拠点の役割と定義………………………………………………213
　　6.4.2　施設配置モデルの分類………………………………………………213
　　6.4.3　交通モデルとの結合…………………………………………………215
6.5　物　流　施　策………………………………………………………………217
　　6.5.1　概　　　　　説………………………………………………………217
　　6.5.2　代表的な物流施策……………………………………………………219
　　6.5.3　物流施策の評価………………………………………………………221
6.6　情報化および公民連携の進展とロジスティクス…………………………223
参　考　文　献……………………………………………………………………225

7. 交通現象定量化法の新展開

7.1　知覚・態度の定量化…………………………………………………………229
　　7.1.1　交通行動分析における知覚・態度の取扱い………………………229
　　7.1.2　知覚・態度の測定……………………………………………………230
　　7.1.3　定　量　化　手　法…………………………………………………232
7.2　価値の計量化…………………………………………………………………235
　　7.2.1　交通計画における価値計測の必要性………………………………235
　　7.2.2　時間価値の計量化……………………………………………………235

7.2.3　環境価値の計量化···238
7.3　主観性の表現···241
　　7.3.1　ランダム性とファジィ性···242
　　7.3.2　ファジィ推論と行動記述···243
　　7.3.3　ファジィ推論の解釈···245
　　7.3.4　ソフトコンピューティング技術の適用·····························247
7.4　複雑現象の表現···247
　　7.4.1　限定合理性とプロセスの視点·····································247
　　7.4.2　交通システムと複雑系···249
　　7.4.3　交通システムの複雑現象とカオス·································250
参　考　文　献···253

8. シミュレーションとコンピュータ技術の展開

8.1　シミュレーションアプローチと被験者実験アプローチ·················256
8.2　シミュレーションの役割と周辺技術·································261
　　8.2.1　交通計画におけるシミュレーションの役割·························261
　　8.2.2　シミュレーション検討の流れ·····································262
　　8.2.3　シミュレーション周辺技術·······································265
8.3　交通流シミュレーション···267
　　8.3.1　交通流シミュレーションの分類···································267
　　8.3.2　交通流シミュレーションのモデル·································270
　　8.3.3　適用方法とインプット・アウトプット·····························275
　　8.3.4　交通流シミュレーションの課題と展望·····························279
8.4　アクティビティシミュレーション···································282
　　8.4.1　アクティビティシミュレーションのねらい·························282
　　8.4.2　アクティビティシミュレーションの分類···························283
　　8.4.3　アクティビティシミュレーションの事例···························286
8.5　ドライビングシミュレータ···289
　　8.5.1　各種交通調査···289
　　8.5.2　ドライビングシミュレータの用途·································291
　　8.5.3　ドライビングシミュレータの構成·································292

8.5.4　ドライビングシミュレータの開発動向と適用例 …………………… 296
8.6　データマイニング ……………………………………………………… 296
　　　8.6.1　データマイニングの特徴 …………………………………………… 297
　　　8.6.2　データの収集と格納 ………………………………………………… 298
　　　8.6.3　相関のマイニング …………………………………………………… 298
　　　8.6.4　計算アルゴリズム …………………………………………………… 299
　　　8.6.5　テキストマイニング ………………………………………………… 303
8.7　地理情報システム ……………………………………………………… 305
　　　8.7.1　GISの基本原理 ……………………………………………………… 305
　　　8.7.2　交通計画関連データ ………………………………………………… 307
　　　8.7.3　GISの交通計画・管理における可能性 …………………………… 309

参　考　文　献 ………………………………………………………………… 311

索　　　引 ……………………………………………………………………… 316

1

道路交通計画の視点

本章においては,道路交通計画の進め方と,その際に考慮しなければならないさまざまな視点について講述する。1.1節においては,従来の道路交通計画の手順について,交通調査の方法,交通需要の予測法,道路の設計方法を概説するとともに,道路関係4公団の民営化など道路交通計画にかかわる最新の動向について述べる。1.2節では,道路整備とその周辺環境のとらえ方に関する最新の考え方について,1.3節では,交通の安全性について,交通事故の現状と交通安施設の計画方法,安全対策の評価方法を説明する。1.4節では,道路整備を景観の視点から論じる。1.5節では,交通における教育の役割について述べる。

1.1 道路交通計画の手順

1.1.1 道路整備の経緯

(1) **これまでの道路整備5か年計画**　道路整備には多大な事業費と期間を要するため,その整備にあたっては人々の暮らしや道路交通のあり方について,おおむね20年程度の長期的な予測を立てたうえで,これに見合った整備の長期構想が策定されてきた。この長期構想のもとに,当面の個別具体的な事業計画を道路整備5か年計画として策定し,実際の整備が進められてきた。

道路整備5か年計画は,第1次～第12次まで段階的に進められてきており,1954～2002年度までおよそ半世紀にわたり継続された。**表1.1**は,これをまとめたものである。

(2) **社会資本整備重点計画と「新たな中期計画」**　12次にわたる道路整

表1.1　道路整備5か年計画の推移

	期間(年)	計画の特徴	経済計画（年）	国土計画
第1次	1954～1958	長期計画の第一歩，道路整備特別措置法により日本道路公団の設置，有料道路体制の導入		第1次総合計画(1962) 都市の過大化防止 地域間の格差是正 工業地拠点開発
第2次	1958～1962	道路整備の法的体制が整う，首都高速道路公団の設立	新長期経済計画 (1958～62)	
第3次	1961～1962	踏切改良，共同溝整備の法制度，阪神高速道路公団の設立	所得倍増計画 (1961～70)	
第4次	1964～1968	改良重点政策から現道舗装政策，高速自動車道7 600 km計画決定，交通安全施設整備計画の発足	中期経済計画 (1964～68)	
第5次	1967～1971	高速道路の建設促進，地方道（有料道路を含む）の整備，安全面からの道路管理方法	経済社会発展計画 (1967～71)	第2次総合計画(1969) 国土の均衡利用 国土主軸の形成 新ネットワーク整備 大規模開発計画
第6次	1970～1974	民間資金導入による有料道路整備，自転車道建設，道路環境対策，本州四国連絡架橋公団の設立	新経済社会発展計画 (1970～75)	
第7次	1973～1977	石油危機のため事業促進遅延，新交通システム建設の補助制度，環境施設帯の制度化，防音対策	経済社会基本計画 (1973～77)	第3次総合計画(1977) 地方の産業振興 地方の居住環境整備 定住圏構想
第8次	1978～1982	道路交通の防災・安全対策，生活の基盤整備と環境改善，維持管理の向上と交通管理の強化	50年代前期経済計画 (1976～80)	
第9次	1983～1987	民間活力による高規格道路整備，バイパス・環状道路の建設，沿道利用，歩行者環境整備	経済社会の展望と課題 (1983～90)	第4次総合計画(1987) 定住と交流の拠点開発 多極分散型国土開発
第10次	1988～1992	交流ネットワークの強化，地域振興計画との連携，道路機能の分離明確化	経済運営5か年計画 (1988～92)	
第11次	1993～1997	地域高規格道路5 320 kmの指定，生活者の豊かさを支える道路整備，活力ある地域づくり，良好な環境創造	生活大国5か年計画 (1992～96)	21世紀の国土のグランドデザイン（第5次総合計画）(1998) 多軸型国土構造への転換
第12次	1998～2002	物流対策及び中心市街地の活性化，高度道路交通システム（ITS）に対応した道路整備，防災対策・震災対策等安全の強化	構造改革のための経済社会計画 (1991～00)	

備5か年計画の推進により，わが国の道路は着実に整備されたが，一方で人口減少社会の到来や厳しい国の財政事情を背景に，道路特定財源の見直し，コスト縮減など，計画的・効率的に道路整備を進めるための基本方針が必要となった。

このため，2003年からは「社会資本整備重点計画」（計画期間：2003年～

2007年までの5か年）が策定され，国土交通省の9本の事業分野別長期計画を統合した計画のもとに道路整備が推進されることとなった。

「社会資本整備重点計画」は，コスト縮減，事業間連携の強化などを図るとともに，計画策定の重点を従来の「事業量」から「達成された成果」に変更するなど，社会資本整備の重点化・効率化を推進することに力点が置かれている。

その後，道路特定財源の見直しに係る議論のなかで「道路の中期計画は5年とし，最新の需要推計などを基礎に，新たな整備計画を策定する」とされ，平成20年度を初年度とする「新たな中期計画」（計画期間5年間）が策定された。

この計画の特徴はつぎのとおりである。
・道路特定財源制度の廃止
・他の社会資本整備との連携を図り，社会資本整備重点計画と一体化
・事業費ありきの計画を改め，計画内容を「事業費」から「達成される成果」（アウトカム指標）に転換
・地域の実情を踏まえた計画策定と厳格な事業評価の実施
・政策課題・投資の重点化（選択と集中）
・徹底したコスト縮減・むだの徹底した排除

1.1.2　道路交通計画の一般的手順

道路整備計画において，どの道路に予算措置を講じ事業を実施するかという，個々の道路計画の策定に至るまでには，地域住民などからの意見の聴取や関係機関との調整など多くのステップが必要である。バイパス整備のような新規路線計画の場合を例にとると，概略，つぎのようなステップが必要となる。

① 現状の問題点や地域の将来動向を踏まえた課題の明確化
② 課題解決のための代替案の検討（バイパス整備か，現道拡幅か，他の交通手段への転換策か，など。またバイパス整備の場合でも，概略ルート，構造規格，有料道路などの事業手法を組み合わせた代替案が必要）
③ 代替案の比較評価（課題がどの程度解決できるか，費用便益比などの投資効果はどうか，周辺土地利用への影響など長期的波及効果はどうか，

環境への影響はどうか，など多様な側面からの評価が必要）
④ 有力代替案についての路線選定（図面の精度を上げての予備設計，概略事業費の算出，コントロールポイントへの配慮）
⑤ 有力代替案の比較評価（交通需要予測，環境アセスメントの実施，費用便益分析などによる比較評価）
⑥ 最良案をもとにした道路計画の策定と諸手続き（都市計画決定が必要な場合はその手続きを実施，環境影響評価が必要な場合はその手続きを実施，これらの手続きにおいて問題が提起された場合は②や④へのフィードバックが必要）
⑦ 事業実施計画の策定（実施設計，予算措置など）

すべての計画がこのようなステップを踏むわけではなく，事業規模によっては②と④，③と⑤が同時になされるような場合もある。また，⑥に示す諸手続きが済んでも，事業の優先順位や地元の事情などから⑦の段階に至るまでに時間を要する場合も多い。特に都市部では都市計画決定後，事業着手までに数十年を要する場合もあり，そのような場合は道路計画の主眼は，整備優先順位の策定や当面の課題解決のための代替案の選択などに移ることも多い。

いずれにしても，代替案を評価し計画を策定するためには基礎データとなる交通実態の把握，交通需要の予測，ルートや構造規格の設計が重要であり，以下ではこれらの概要を説明する。

1.1.3 交 通 調 査

（1） **交通実態調査の目的**　　交通調査は，道路上の車両や人の動きを対象として交通流の諸現象を把握するためのものと，人・物・車の動きについての諸性質を明らかにするために行われるものに大別できる。

前者の交通流に関する調査の目的は，交通量や速度，渋滞長などの継続的な観測による実態の把握，ボトルネック区間の交通容量の解析，交差点の処理能力と問題点の把握などである。また，機器を用いた連続的な観測結果は，円滑な交通流動を実現するための交通制御を実施する場合，ピーク時の交通の緩和

を図る交通運用計画を策定する場合などに利用されている。

後者の人・物・車の動きに関する調査では，人の動きの場合はパーソントリップ調査，物の動きの場合は物資流動調査，車の動きの場合は道路交通センサス起終点調査（OD調査）がそれぞれ代表的な調査であり，いずれも都市圏全体，あるいは全国一斉の大規模調査として実施されている。

これらの調査は，主としてアンケート調査により，人・物・車の1日の動きを把握するもので，この結果は交通需要予測に活用されるとともに，種々の交通対策の効果算定など幅広く活用されている。

（2） 道路交通流の調査

（a） 道路交通流調査の概要　　交通流調査には，地域における交通流動パターンや経年的な変化をとらえることを目的に，全国を対象として定期的に行われている全国道路交通情勢調査（道路交通センサス）や交通量常時観測調査のような大規模調査から，特定の対象や調査目的をもって随時行われる小規模調査まで種々のレベルがある。

一般に広く用いられている調査方法は，大きくつぎの三つに分類できる。

・区間観測：ある瞬間における交通流状態を広い範囲にわたって観察する方法
・地点観測：ある調査地点において時間的に連続して観察する方法
・走行試験：走行中の試験車から観測を行う方法

（ⅰ）　区間観測

広範囲の交通状態を一時に観察するには，航空写真やビル屋上などの高所からの写真・ビデオ撮影が用いられる。交通密度を正確に観測するには，この方法が望ましい。また，適当な間隔をおいた2時点間の画像を比較することによって，速度（地点速度や区間速度）を観測することも可能である。

（ⅱ）　地点観測

調査地点（断面）を定めて時間的に連続して観測すれば，交通量，地点速度（およびその分布），時間平均速度，時間占有率を観測できる。これら諸量は独立しても観測できるが，一般に速度や時間占有率を観測する際には個々の車両

を特定する必要があるから，同時に交通量の観測も兼ねることになる。具体的な調査の手段としては，人手による場合と車両検知器を用いる場合がある。観測精度については一般に人手によるほうが優れているが，長時間の連続観測を行うには，車両検知器を用いるほうが経済的に有利である。

（iii） 走行試験（旅行速度の観測）

旅行速度を調査するには，2地点で地点観測を行って，同一の車両についてそれぞれの地点の通過時刻を観測すればよい。すなわち，調査対象区間の上流側と下流側それぞれの断面で自動車のプレートナンバーを時刻とともに記録しておき，プレートナンバーを照合することによってその区間を走行するのに要した時間を求め，区間距離で除せば旅行速度が得られる（車両番号照合法）。

プレートナンバーの読みとりは人間の目視による場合もあるが，近年は画像処理技術を応用して，CCDカメラの映像からプレートナンバーや車種を自動的に読みとるAVI（automatic vehicle identification）システムが普及している。

実際に車両を走行させて旅行時間を計測する走行試験を行う場合は，同時に渋滞か所を知ることが可能であるが，多くのサンプルを得るにはコストがかかるという問題がある。

（b） 道路交通センサス一般交通量調査　　道路の状況と断面交通量，旅行速度の全国的なデータベースとなる調査として「道路交通センサス一般交通量調査」がある。この調査の構成は図1.1に示すとおりである。道路交通センサス一般交通量調査は，昭和3年にはじめて実施され，戦前は昭和8年，昭和13年に実施された。戦後は昭和23年に実施され，以来，昭和33年度までは5年ごとに，ついで昭和37年度に，その後は昭和55年度までは3年ごとに実施

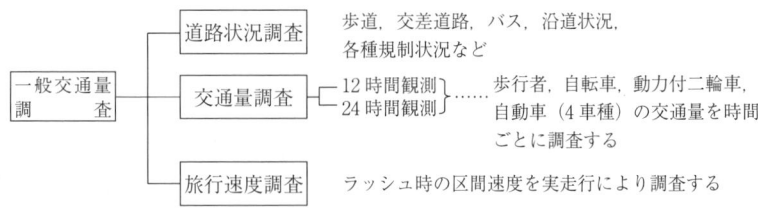

図1.1　道路交通センサス一般交通量調査の構成図

されてきた。昭和33年度からは自動車起終点調査と同時に実施されている。

昭和55年度以後は5年ごとに実施され，中間年（3年目）に一般交通量調査のみ実施されている。昭和63年度からは休日調査も実施されている。最新の平成17年度調査では，観測地点数は24 496か所，調査延長は191 435 kmに達しており，一般都道府県道以上（主要地方道となっている指定市の市道を含む）の全路線が対象となっている。

詳細な道路状況調査が同時に実施されるため，道路整備状況の把握も可能となり，また，道路整備状況と交通量，混雑度，旅行速度などのクロス集計も可能である。

旅行速度調査は，朝夕のラッシュ時（7～9時，17時～19時）に調査単位区間ごとの実走行で観測されており，昭和63年度からは渋滞か所の把握を行うため，停止位置，停止時間，停止理由などの調査も行われている。

（c）車両検知器による調査　車両検知器は，ある長さをもつ検知領域内の車両の存在を自動的に検知し，交通量とともに時間占有率，地点速度などが観測できる機器である。車両検知器は，一般に超音波式とループコイル式が用いられている。

超音波式は，その応用している原理から二つに大別できる。

① 伝播時間差法：超音波をパルス状に刻んで路面に向けて投射し，反射波が戻ってくる時間によって車両を検知する。
② ドップラー法：空間に超音波を投射し，移動物体の存在とその速度をドップラー効果によって検知する。停止している物体は検知しない。

ループコイル式は，路面に埋め込んだ導体ループに生じる電気的な定数の変化によって車両を検知する。精度的には超音波式よりも優れているといわれるが，車両の通行や工事による断線などの恐れがあり，メンテナンスが困難という欠点がある。

高速道路上では，単に交通量を観測するだけでなく，渋滞の自動検知を目的に車両検知器が使われており，阪神高速道路の例では500 mに1か所，NEXCO各社管理の高速道路で交通量の多い路線では1～2 kmに1か所の割合

で設置され，速度低下の状況から交通管制室で渋滞を検知できるシステムが採用されている．

また，主要な国道に設置されている車両検知器のデータは交通量の常時観測値として整備され，季節変動や曜日変動などの分析に使われている．

（d）プローブ調査　走行試験をICT（information and communications technologies）技術を活用して実施するプローブ調査も普及してきている．プローブ（probe）とは探針を意味する英語で，車両に探針となるICT機器を搭載し，地球周回軌道上にある人工衛星を基準点として活用したGPS（global positioning system）により，時々刻々の車両位置を計測する．計測結果から2地点間の所要時間を算出できるとともに，車速データもあわせて観測すれば，渋滞区間や渋滞の程度を知ることも可能である．

プローブ調査の場合は，測位誤差の問題，電波通信上のノイズの問題など，精度にかかわる問題が残されているものの，多くの車両に搭載すれば自動的に多くのデータが入手でき，不適切なデータを除去するなどの処理を経て有効活用されている場合が多い．

（e）交通量調査の新しい手法　ICT技術を活用した交通量調査については，プローブデータの一環となるものも含めて，以下のような方法が検討されている．いずれも低コストで継続的にデータ取得を図ることが目的である．道路交通センサスなどではコストダウンも大きな課題になっていることから，今後，こうした技術が活用される可能性が高いと考えられる．

- 運行管理や労務管理のために，バスやタクシー，トラックなどに搭載されているGPS車載器から得られるプローブデータを活用する方法
- ETC（自動料金収受システム）におけるON・OFFインターの記録時間から，高速道路における所要時間を算定する方法
- VICS（vehicle information and communication system）では，道路上に設置された検知器情報に基づいて，リンクごとに推計した旅行時間情報を提供しているが，そのもとになった速度データなどを活用する方法
- 自動車メーカーなどが進めている，会員制フローティングカー情報システ

ムでは，VICS 情報以外に会員の車両が収集した旅行時間情報を用いて経路案内をしているが，そのもとになった旅行時間情報などを活用する方法

(3) **移動実態を把握する調査**

(a) 自動車起終点調査（OD 調査，origin destination survey）　自動車による1日の移動実態を把握するための調査で，**図 1.2** のように路側 OD 調査とオーナーインタビュー OD 調査からなる。

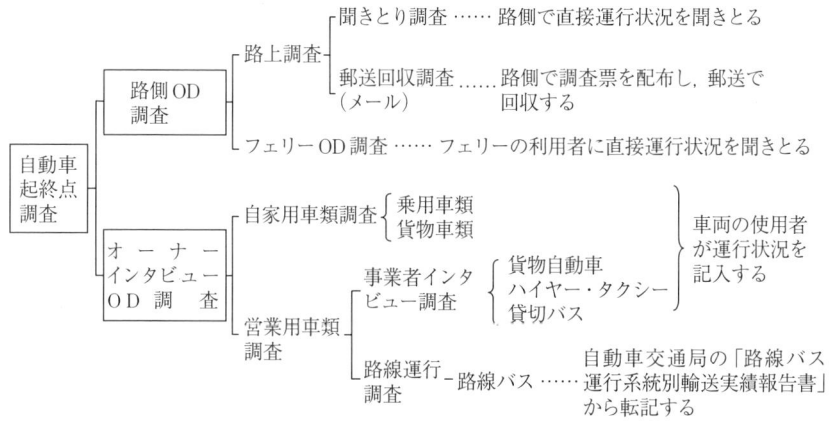

図 1.2 道路交通センサス自動車起終点調査（OD 調査）の体系

この調査が道路交通センサスの一環としてはじめて実施されたのは昭和33年で，都市部を中心に実施された。昭和46年からは全国を対象とした調査が実施され，その後3年ごとに調査されてきたが，昭和55年以降は5年ごとに変更されている（平成7年度は一般交通量調査との関係で平成6年度に実施）。また，平成2年度からは従来の平日調査のほかに，休日調査も同規模で実施されている。

路側 OD 調査は，長距離トリップの精度を確保するために，国土交通省の地方整備局際（コードンライン）など長距離トリップが多い路線を対象に実施される。調査は原則として路側面接方式によって行われ，秋季の指定された平日の午前10時から翌午前10時までの24時間に全国一斉に実施される。

路側 OD 調査については，実施にかかるコストの問題や精度確保に対する効

果の問題などから調査か所数は減少してきており，最新の平成17年度道路交通センサスにおいては全国で96か所にとどまっている。

オーナーインタビューOD調査は基本的には全車種（二輪車等は除く）を対象とし，自動車の所有者または使用者（オーナー）を訪問し，調査日の運行内容について聞きとる方法によって実施されている。調査対象車両は「使用の本拠の位置」または「使用者の住所」に基づき，市郡区別，車種別，業態別に抽出して選定する。抽出率は都道府県指定市別に設定され，最新の平成17年度調査では全国平均で2.3％である。抽出率は，最近では，集約Bゾーン（おおむね市郡区ゾーン程度）レベルで信頼度95％，相対誤差15％の精度で，全OD量の80％の範囲に入るように設定されている。調査日は秋季の平日，休日各1日間である。

調査事項は，図1.2の調査体系に沿って5種類の調査票があり，調査票により多少異なっているが，平成17年度の調査ではつぎのような項目が調査されている。

① 自動車（使用の本拠，使用燃料，車種，所有形態，ETC車載器の有無）
② 出発地・目的地（所在地，施設，時刻）
③ 運行内容（目的，走行キロ，乗車人員，積載品目，積載重量）
④ 高速道路利用等（乗インター，降インター，乗フェリー港，降フェリー港）
⑤ 拡大係数

出発地・目的地は，統計的に処理するため，全国をゾーンに分割しており，自動車起終点調査で区分しているゾーン単位をBゾーンと称している。Bゾーンの大きさは市区町村以下であり，人口規模の大きい市区町村では町丁目の境界を使っていくつかに分割されている。また，政令指定都市においてはBゾーンをさらに分割したCゾーンのコードまでが用意されている。このゾーンがOD表（OD table or OD matrix）の集計単位となり，拡大係数はBゾーン単位で車種別，業態別に算定されている。出発地と目的地間で拡大係数を集計していけば，そのまま1日の自動車OD表が得られる。

将来の自動車 OD 表の予測は，この起終点調査で得られた OD 表をもとになされており，新たに起終点調査が実施されるごとに，調査結果で得られた現状を踏まえて将来 OD 表の予測が行われ，計画路線の交通需要予測などに利用されている。この自動車起終点調査は，需要予測の基本となるきわめて重要な調査と位置付けられている。

（b） パーソントリップ調査（person trip survey）　パーソントリップ調査は，交通の主体である人間の行動に着目し，交通の目的，起終点，利用交通手段，交通発生・集中時刻，所要時間などをアンケート方式で実施する調査である。母都市人口が 30 万人以上の都市圏でほぼ 10 年に 1 回の割合で実施することとなっている。わが国の最初の調査は昭和 41 年（1966 年）に実施された福岡市のパイロットサーベイであり，本格的なものは昭和 42 年（1967 年）の広島都市圏の調査が最初である。

　調査項目は，個人属性に関することと，トリップ特性に関することで構成される。また，世帯属性の調査項目が加わることもある。

① 個人属性（性別，年齢，職業，運転免許保有の有無，自動車保有の有無など）
② トリップ特性（発着地の所在および施設，トリップの発着時刻・目的・利用交通手段など）

パーソントリップ調査は，都市の総合交通計画を策定するため，都市圏全域を調査区域とするのが通例である。都市圏としては，母都市への通勤・通学者の 5 ％圏が目安とされることが多い。

　パーソントリップ調査では，鉄道駅やバスの利用実態，徒歩や自転車での移動なども把握できるように，全般に自動車起終点調査のゾーンよりも細かいゾーン区分で集計できるようになっている。調査対象者の抽出は，住民基本台帳など全数が正確に把握されている台帳から世帯を抽出し，世帯に属する 5 歳以上あるいは 6 歳以上の構成員すべてを対象とする。抽出率は一定の精度で統計処理が可能なように，ゾーン数，総人口などを考慮して決められるが，2～15 ％程度である。調査データの収集方法は，訪問調査法，路側面接法，郵便

回収法などがあり，普通は調査票をあらかじめ配布し，調査員が訪問面接のうえ回収する方法がとられている。

調査区域外に居住する人で，調査当日に域外から流入した人の動きをとらえるためには，コードンライン調査が補完的に必要である。コードンライン調査で，直接，面接調査により必要事項を聞くことは事実上不可能に近いため，量の把握にとどめるか，または他の調査などから域外流入を推計し，これに代えることが多い。調査前日までに域内に流入した人に対しては，宿泊者調査，一般家庭の来客調査，駅や空港などのターミナルにおける乗降客調査などにより補足する方法がとられている。

パーソントリップ調査結果を集計すると，自動車OD表と同様にパーソントリップOD表が得られるが，パーソントリップでは利用交通手段についての集計が追加される。利用交通手段については，1トリップのなかで利用した各交通手段を一つの交通手段で代表する代表交通手段集計と，交通手段に分割して集計する交通手段別アンリンクトトリップ集計がある。

個人属性による集計，交通目的による集計など多様なクロス集計が行われて調査対象地域における人の移動の特性や交通手段選択の特性，鉄道駅などターミナルの端末交通手段選択の特性などが分析され，これらのモデル化を通じて将来の交通網整備状況のもとでのOD表の予測がなされている。

パーソントリップ調査の原票は個人行動のデータでもあるので，非集計モデルのサンプルデータとしても活用され，新規鉄道路線の需要予測などに活用されている。

（c）物資流動調査

物資流動調査は，事業所・商店などにおける物資発着量をアンケート方式によって調査し，物資流動の量・品目，起終点，利用交通手段などを把握するために行うものである。パーソントリップ調査と対をなすもので，交通の根幹である「物の流れ」に着目した調査である。

物資流動調査は事業所訪問調査を主体として，ターミナル調査，交通施設調査，コードンライン調査，スクリーンライン調査が実施される。事業所訪問調

査は，一般事業所訪問調査と運送業者訪問調査とに分けられる。

調査項目はつぎのとおりである。
① 事業所の事業内容に関するもの（業種，従業員規模，出荷額，出荷量，自動車台数など）
② 物資の動きに関するもの（品目別 OD および重量，輸送手段など）
③ 貨物自動車の動きに関するもの（OD，輸送品目および重量など）
④ その他（物流施設現況など）

ターミナル調査は，物流の拠点となる港湾，鉄道貨物駅，自動車ターミナル，空港において，物資の取扱量，物資流動の起終点などを調査する。

調査の圏域，ゾーニングについては，おおむねパーソントリップ調査に準じて行われ，都市圏単位で 10 年に 1 度実施されている。調査対象は調査区域内に存在する全事業所とし，ゾーン別・業態別・規模別に一定数を抽出する。抽出の基本となる台帳としては，事業所統計調査，産業分類別事業所名簿が用いられる。抽出率は，特殊な業種や大規模な事業所は全数，その他のものについては統計的処理のできる数を抽出する。実例によると抽出率は，従業員 100 人以上の事業所は全数，それ以下のものは 1～20％程度で，全平均では 5～10％くらいである。調査データの収集は，事前に調査票を配布し，訪問面接のうえ回収する方法による。

（d） その他の調査

人・物・車の移動実態に関して利用可能なその他の調査としては，つぎのようなものがある。

（ⅰ） 国勢調査における通勤・通学流動調査　5 年に 1 度実施される国勢調査において，通勤・通学先についての項目があるので，これをもとに市区町村単位で行先別の通勤者数・通学者数を集計して公表されており，通勤・通学目的のパーソントリップ OD 表として利用可能である。全数調査なので信頼性が高く，公共交通の需要予測などに活用されている。

（ⅱ） 大都市交通センサス　首都圏，中京圏，近畿圏を対象に 5 年に 1 度実施されている調査で，鉄道，バス，路面電車の利用者が調査対象である。こ

れらの公共交通機関利用者の居住地,通勤・通学先,乗降駅,時刻などを調査するもので,公共交通利用者のOD表が得られるほか,鉄道の駅間OD表なども集計できるので,公共交通の需要予測データとして活用されている。

(ⅲ) 全国貨物純流動調査(物流センサス)　この調査は,荷主側から貨物の動きをとらえた統計調査で,5年に1度実施され,全国を対象としているので貨物流動の基礎データとなっている。鉱業,製造業,卸売業,倉庫業の事業所を対象として,貨物の起点から終点までの動きを調査したもので,途中の交通手段や経由地なども分析可能である。市区町村単位のゾーンで貨物のOD表が集計できる。

(e) 移動実態を把握するための新しい手法

以上のように,人・物・車の移動実態を把握する調査はいずれも大規模で,数年に1回のデータしか得られないことや,調査にコストがかかることが課題となっている。このため,以下のような方法の活用が検討されている。

・運行管理のために,トラックに搭載されているGPS車載器から得られるプローブデータをODデータとして活用する方法
・同様に,ETC車載器やカーナビゲーションシステムなど移動体観測デバイスを設置した車両の移動記録からODデータを抽出する方法
・GPS機能のついた携帯電話などから,人の交通行動を把握し(プローブパーソン調査),パーソントリップのODデータとして活用する方法

1.1.4　需要の予測

(1) **交通需要予測の歴史**　交通需要の予測においては,人と物資の輸送需要の空間的,時間的分布とそれぞれの輸送手段の経路別交通量を把握することが目的となる。交通需要の予測方法は,その取扱う最小単位が個人ごとの交通か,ゾーンごとに集計された交通かによって二つに大別され,前者を非集計モデル,後者を集計モデルと呼んでいる。

集計モデルは,米国において1940〜50年代に開発が進められ,わが国には1961〜1965年頃にかけて導入された。この方法は,ゾーンを最小単位とする

交通現象のマクロモデルで，交通を，発生・集中―分布―機関分担―配分という段階に分けて予測する，いわゆる四段階推計法といわれるものである。

集計モデルは，交通網の改変など規模の大きな事業の効果予測には向いているが，交通施設の運営方式の改変，料金の変更，駐車対策の導入など，個人の交通行動の変化が主体となる効果予測には不向きである。こうした集計モデルの弱点を補うために，非集計モデルでは個人の交通行動を効用最大化行動であると仮定し，行動に影響する各種要因を説明変数として，モデル構築がなされている。交通政策の変更により説明要因の変化が起きると，個人の選択行動が変化するモデルとなっており，おもに交通手段選択や経路選択のモデルとして使われている。

（2） **段階推計法**　段階推計法の流れは**図1.3**に示すとおりである。以下に，各段階の概要を示す。この流れのなかで，生成交通量の予測と発生・集中交通量の予測をまとめて一段階とし，残る三段階とあわせて四段階推計法と呼ばれることも多い。

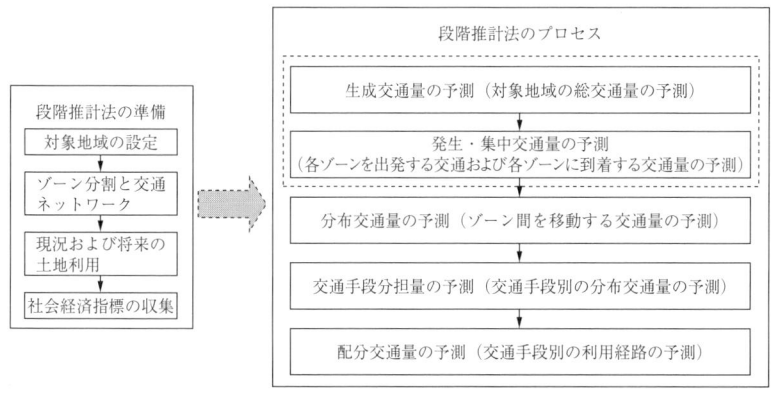

図1.3　段階推計法の流れ

（a）　生成交通量

対象地域全体としての総トリップ数を，トリップ生成量あるいは生成交通量という。生成交通量は，一般に対象地域全体の人口規模や経済指標をもとに推

計される。予測プロセスのなかでは，まず全体の生成交通量をコントロールトータルとして推定し，これを細分化して各ゾーンの発生交通量を求める方法がとられることが多い。

（b）発生交通量と集中交通量

発生交通量はあるゾーンから生起するトリップ数のことであり，集中交通量（吸引交通量ともいう）は到着するトリップ数のことである。したがって，発生および集中交通量は生成交通量の場合と違って，人口，面積，施設床面積など，ゾーンに固有の指標を用いて推定される。発生および集中交通量の推定には，これらの指標を用いた原単位法や回帰モデル法が使われることが多い。

（c）OD交通量

発生ゾーンから集中ゾーンへの移動交通量をOD交通量（OD trip），あるいは分布交通量（distribution trip）と称しており，OD表の形でデータが整えられる。OD表においては，行が発生ゾーン，列が集中ゾーンに対応しており，行和がゾーン発生交通量，列和がゾーン集中交通量を表している。

OD交通量は交通計画の基本データであるため，これまで多くの推計方法が開発されてきた。現在のOD表と，将来における各ゾーンの発生交通量および集中交通量が与えられている条件のもとで，将来のOD交通量をいかに推計するかが，推計モデルに求められる要件である。

よく知られている方法としては，成長率法，重力モデル法，機会モデル法，エントロピーモデル法がある。このうち，**重力モデル**（gravity model）法は，分布交通量の予測モデルとして最も広く用いられている方法であり，ニュートンの万有引力の法則がモデルの原形となっている。

（d）交通手段別交通量

自動車交通だけを対象とした段階推計法では，交通手段分担の問題を検討する必要はないが，パーソントリップに基づいてOD表が推計される場合には，交通手段別にどのように交通量が分担されるかを推計することが必要となる。すなわち，交通手段別OD表の推計が必要である。

交通手段別OD表の推計は，通常は代表交通手段別に行い，徒歩・二輪，バ

ス,鉄道,自動車などの区分で推計する。集計モデルでは距離帯別の分担率を用いたり,ゾーン特性から分担率を推計する方法などが採用されるが,最近では非集計モデルから推計した手段分担モデルを用いる例が多い。非集計モデルを用いる場合には,個人の説明要因のかわりにゾーンの説明要因を採用し,パラメータ推計は個人データをもとに行う方法が採用されている。すなわち,個人データから非集計モデルとしてパラメータ推計を行い,推計の適用段階ではゾーンの集計値を適用するという,両者のメリットをいかした方法が採用されている。

(e) 配分交通量

交通量配分の目的は,自動車交通の場合は,それぞれの起終点(OD)をもった車が道路網上をいかに走行するかを推計するとともに,各道路区間(リンク)上の交通量を算定し,道路網計画の基礎的な情報を得ることにある。公共交通の場合には,人の動きを対象にして,鉄道の駅間需要量やバスの路線別需要量を推計することになる。

一般に,運転者が経路選択を行うときは,走行時間のより短い経路を選択する傾向にあるが,走行時間は交通量に応じて変化するものである。交通量配分モデルは,通常はこうした混雑による所要時間の変化(交通量と走行時間の関係を表す式をリンクコスト関数という)を考慮したものとなっている。

このような運転者の行動原則として,配分モデルでは,時間比原則,等時間原則,総走行時間最小化原則のいずれかの原則が適用されてモデル化がなされている。この三つの配分原則のうち,時間比と等時間の配分原則は,運転者の自主的判断で経路選択が行われるモデル構造になっているが,総走行時間最小化原則は,運行管理・計画的な観点からのルールに基づく配分である。現実の交通問題を対象とする場合は,前者の二つの配分原則によるモデルを用いるのが適している。

等時間原則に即した配分方法の代表的なものが,**利用者均衡配分法**である。一般に広く使われている伝統的な配分手法は分割配分法であるが,この方法は均衡配分の近似解と解されていたものの,OD表の分割数や分割方法によって

は必ずしも近似解とはならないことが指摘されている。また，OD表の分割方法に約束事がなく恣意性が残ること，説明性や透明性が保証されないことなどの問題点が指摘されている。このため，利用者均衡配分の利用も進んでいるが，一方で，分割配分法も伝統的に使われてきて過去の実績が豊富なことから，透明性を確保する努力が重ねられている。

公共交通の配分においては，混雑による経路の変更という行動は自動車ほど顕著ではないため，経路選択モデルにロジットモデルを適用し，経路の分担率を算定して配分するという方法が，一般に適用されている。

（3） 非集計モデルによる交通量推計法　段階推計法は作業プロセスの考え方が明快であるとともに，交通量のマクロ予測に優れた特性を有しているので，現在でも実用的モデルとして最もよく用いられている方法である。しかし，段階推計法には多くの問題点があることが指摘されている。

まず理論的な面からは，モデルが実際の交通行動を反映した構造とはなっていないこと，各段階ごとの仮定でモデルが作成されること，推定結果がプロセス間で整合していないことなどがある。また実務的な面からは，計画対象が一般には広域であるため，関連のデータ収集と推計計算の作業が膨大となり，その費用も多額を要することである。それゆえ，計画検討できる代替案は，限定されたものに絞らざるを得ないことになる。

近年は環境問題，エネルギー問題，および財政問題などに関連して，管理運用面からの交通対策が重要視されるようになっており，自動車交通量の抑制策，公共交通への転換策，高速道路や駐車場の料金政策，ガソリンの価格政策など，さまざまな方策が提案されている。しかし，段階推計法では，これらの方策にかかわる多様な要因を取り扱うことには困難があり，加えて各種の方策を比較検討することは作業量と費用の面から事実上不可能である。

このことに応えられるモデルとして，非集計モデルが推奨されてきた。非集計モデルは，個人ベースに基づいた交通行動モデルであり，多くの政策変数を取り扱うことができ，しかも比較的少ないデータで分析ができることから，各種交通政策の検討に適したモデルといえる。

どちらの方法にも利害得失があり，テーマとなる交通問題に応じて，適切に使い分けることが必要である．

1.1.5 道路の設計

（1） 道路の設計基準　道路は利用する交通の安全性・快適性と建設費の関係から，経済的・社会的に妥当なものと定められた種々の設計基準が適用されるが，道路構造令では同一の設計基準を適用する区間として，道路の種別と級別が決められている．すなわち，道路の種別は地域別（地方部，都市部）によって構造基準を変えるので，第1種～第4種に区分する．また，道路の種別に加えて，地域の地形（平地部，山地部）や設計速度あるいは計画交通量に応じて級別に細分化する．

道路の種別は，道路が提供するサービスレベルを表現するもので，道路設計区間に対しては，できるだけ同種の走行状態を確保することを意図している．級の区分は道路の重要度を示し，計画交通量や設計速度によって重要な道路であれば，それだけ規格の高い級で設計しようとする考え方に立つものである．

（2） 道路設計の要素　道路の横断構成は，交通安全，交通容量そして事業費といった道路交通計画の基本的問題に深くかかわるので，その設計にあたっては，横断面の構成要素の組合せを道路の種別，性格および沿道条件などを配慮して決定する必要がある．

横断面の構成要素としては，車道，中央帯，路肩，停車帯，環境施設帯および植樹帯，歩道そして自転車道などがある．道路構造令では，道路の種級に応じたこれらの基準値が定められている．

道路の線形の決定にあたっては，地形および地域の土地利用との調和を考慮するとともに，線形の連続性や平面，縦断の両線形および横断構成との調和を図る必要がある．さらには施工や維持管理，経済性，安全性・快適性，環境や風景との調和など，多様な観点からの配慮も必要である．

道路構造令では，線形要素基準値を定めているが，この値は主として設計速度に対応させた一般的な既定値であり，これ以外に縮小値あるいは望ましい値

などがある。望ましい値とは，条件の悪い場合でも，できれば既定値や縮小値を用いず，望ましい値の範囲内で収めることが望ましいという意味であり，条件の許す範囲内でこの値を下回らないようにすることが求められている。

（3） **路線計画**　路線計画では，いくつかの考えられる代替路線から，技術的・経済的に優れ，かつ地域の土地利用や環境とも調和のとれた1本の路線を選び出す。この路線計画の策定にあたっては，おおよそつぎの4段階に分けて行う。

① 予備調査（道路網調査）
② 概略計画（概略設計）
③ 路線選定（予備設計）
④ 実施計画（実施設計）

予備調査では，道路網計画や路線計画にあたっての基礎的な資料の収集・整理に始まり，交通量推計などの基本指標の整理を行う交通調査，そして道路整備効果の計測や把握のための経済調査などが含まれ，道路計画の妥当性を総合的な視点からあらかじめ検討する。

概略設計においては，まず，計画対象地域の現況，道路交通の実態を把握するとともに，地域の将来計画や交通需要の動向などを踏まえて計画路線の必要性，その性格，基本的な構造，整備効果などを明らかにする。そして，これらの道路計画における概略的検討を通じて，いくつかの比較路線を設定する。

予備設計では，比較路線の選定と計画路線の決定の二つの作業がある。まず，概略計画での数本の候補路線について，この計画帯に沿って1/5000地形図上での測量と，これに基づく平面線形，縦断線形，さらには土工量，橋梁，トンネルなどの工事数量を計算し，概略工費や用土費などを算出する。

こうして，比較路線についての道路構造や線形の優劣，土地利用や他の関連公共事業との整合性，施工の難易さ，建設費，沿道環境への影響など，あらゆる観点から総合的に比較検討し，最も優れた1本の計画路線を選定する。

したがって，この路線選定にあたっては，それぞれの比較路線に対して，構造的・技術的，そして社会的諸特性の把握のための詳細な調査（これを計画調

査と呼ぶ）が必要であり，具体的には，測量調査，土質調査，関連公共事業調査，そして環境アセスメントなどが含まれる。

実施設計では，計画調査に基づき選定された計画路線について，事業実施を前提とした詳細な調査と設計を行う。

具体的には，1/1000～1/500の地形図を用いて平面および縦断線形，横断構成の設計を行うとともに，工事実施計画に必要な精度で事業量および事業費を積算する。なお，このときの設計の測点は20m間隔が標準的といわれている。

また，この段階では，あわせて舗装構成，道路の施工基面，盛土および切土の土量計算などに関連した詳細な土質調査が必要である。そして，その他の調査としては，道路の排水計画の作成や出水時に冠水しないようにする道路施工基面計画の検討のために，降雨量や降雪量，風光などの気象調査も必要に応じてなされる。

路線計画のなかで計画路線の候補を選定し，ついでそのなかから一つの路線に決定していくとき，技術的または社会的に大きな制約条件となる地点がある。これは，道路設計の分野ではコントロールポイントと称されている。

このコントロールポイントに関する調査は，路線の基本を決定するうえで非常に重要な役割をもつものである。具体的には

① 自然条件に関する調査
② 関連公共事業に関する調査
③ 環境条件に関する調査
④ 文化財などに関する調査
⑤ 公共施設に関する調査

などが挙げられる。

1.1.6 道路交通計画にかかわる最近の動向

（1） 道路関係4公団の民営化 道路関係4公団（旧日本道路公団，旧首都高速道路公団，旧阪神高速道路公団，旧本州四国連絡橋公団）については，「民間にできることは民間に」との方針のもと，平成13年12月に閣議決定さ

れた「特殊法人等整理合理化計画」において，4公団の民営化の方針が示されるとともに，4公団に代わる新たな組織およびその採算性の確保については，内閣に置く第3者機関において一体として検討されることとされた。

この第3者機関として「道路関係四公団民営化推進委員会」が設置され，平成14年12月に意見書が取りまとめられて，内閣総理大臣に提出された。

その後，民営化関係4法案が国会に提出され，同法案は平成16年6月2日に可決成立されて，平成17年10月1日に高速道路株式会社6社（東日本高速道路株式会社，中日本高速道路株式会社，西日本高速道路株式会社，首都高速道路株式会社，阪神高速道路株式会社，本州四国連絡高速道路株式会社）および独立行政法人日本高速道路保有・債務返済機構が設立された。

民営化のポイントとしては，第1に，道路関係4公団合計で約40兆円にのぼる有利子債務を一定期間内に確実に返済すること，第2に，有料道路として整備すべき区間について，民間の自主的な経営上の判断を取り入れつつ，必要な道路を早期に，かつ，できるだけ少ない国民負担のもとで建設すること，第3に，民間のノウハウを発揮することにより，多様で弾力的な料金設定，サービスエリアをはじめとする道路資産や関連情報を活用した多様なサービス提供などの関連事業について，できる限り自由な事業展開を可能とすることとされている。

日本高速道路保有・債務返済機構は，高速道路に係る道路資産の保有・貸付

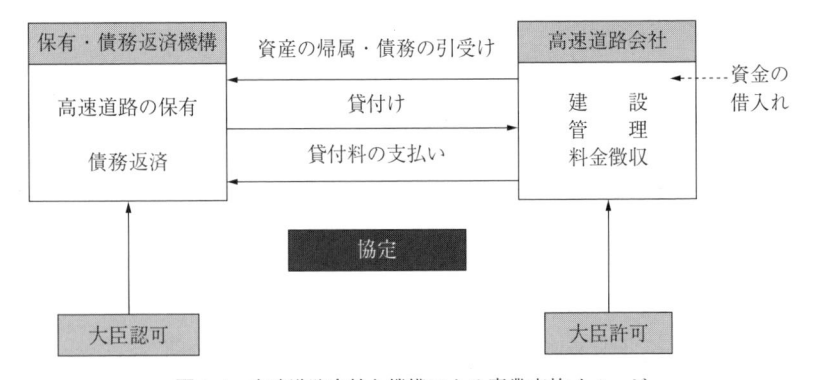

図1.4　高速道路会社と機構による事業実施イメージ

け，債務の返済などを行うこととし，高速道路会社は料金収入から貸付料を機構に支払い，機構が債務返済を一括して行う方式が採用されることとなった。この仕組みは**図1.4**のとおりである。

（2）**新直轄方式による高速道路の整備**　道路関係4公団民営化に関する議論のなかで，「新会社による整備の補完措置として，必要な道路を建設するため，国と地方（国：地方＝3：1）による新たな直轄事業を導入する」ことが決定され，これを実施するために，高速自動車国道法および沖縄振興特別措置法の一部を改正する法律案が平成14年5月から施行された。

この法改正により，今後の高速自動車国道の整備は，これまで道路関係4公団が実施してきた料金収入を活用した有料道路方式による整備と，国と地方の負担による新直轄方式による整備の2通りの方法が採用されることとなった。

すなわち，採算性が悪いと見込まれる部分は新直轄方式で，それ以外の部分は有料道路方式で整備されることとなり，平成15年12月の第一回国土開発幹線自動車道建設会議（国幹会議）で，新直轄区間699 kmが選定され，さらに平成18年2月の第二回国幹会議で，新たに新直轄区間に切り替わる区間123 kmが選定され，これにより新直轄区間は計822 kmとなっている。

（3）**道路行政マネジメント**　平成14年4月に「行政機関が行う政策の評価に関する法律」が施行され，事業評価についての取組みが開始された。道路事業においては，法律の施行以前より，事業の効率的な執行および透明性の確保の観点から評価システムが導入されており，新規事業採択時評価および事業途中段階における再評価については平成10年度より，さらに事業完了後の事後評価については平成15年度より，それぞれ実施されている。**図1.5**にその流れを示す。

また平成15年度より，成果指向の道路行政マネジメントを実施するべく，「道路行政の業績計画書」が策定されるようになり，これに引き続いて，道路行政が実施している各施策について，前年度に宣言した目標の達成度や具体的な取組みの成果，今年度の取組み方針や目標を明確にするため，毎年，達成度報告書／業績計画書が公表されるようになった。達成度報告書／業績計画書に

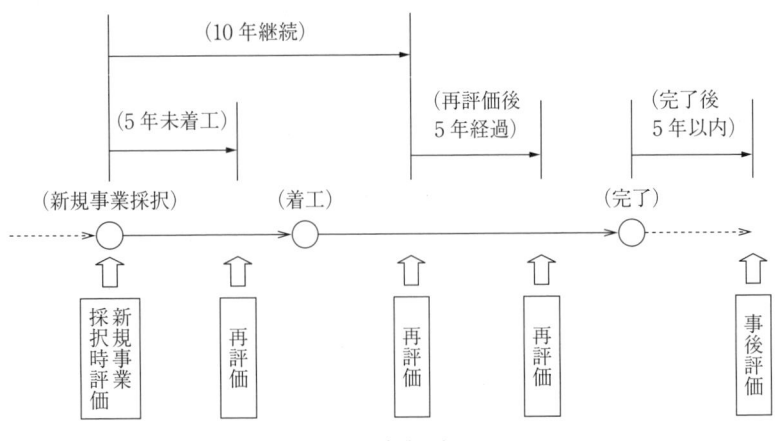

図1.5 道路事業評価の流れ

ついては国全体ばかりでなく，都道府県単位でも作成され，公表されるようになっている。

道路行政を担う各組織においては，おのおのの使命・役割分担を明確にして，Plan（目標設定，実施計画策定），Do（事業・施策の実施），Check（達成度の分析・評価），Action（評価結果をつぎの行政運営に反映）のPDCAサイクルによるマネジメントが実施されるようになった。

（4）**道路事業における費用便益分析**　道路の整備は，道路を利用することによって発生する直接的な効果（直接効果）のほか，多くの波及効果がある。表1.2は整備効果を分類した一例である。

整備効果の一つの分類方法として，道路整備の際の財政支出が有効需要を創出して国内総生産（GDP）の増加などをもたらすという**フロー効果**（需要創出効果）と，道路が建設された後にその本来の機能から発生する**ストック効果**（生産力拡大効果）とに分類する方法がある。また，道路を直接利用する人が受ける利用者便益（直接効果）と，利用しない人まで含めて広く社会一般が受ける波及効果（間接効果）とに分類する方法もある。

道路事業評価においては，このうちの利用者便益（直接効果）を算定して，費用便益分析を実施し，新規採択時や再評価実施時に評価の一つの基準として

表 1.2 道路整備による効果の分類例

道路整備および道路投資効果			
ストック効果	交通機能に対応する効果	直接効果	① 走行時間の短縮 ② 走行経費の節約・燃料の節約 ③ 交通事故の減少 ④ その他（定時性の確保，運転者の疲労の軽減と走行快適性の増大など） 　　　　　　　　　　　　　　　　　　　　など
		間接効果	① 輸送費の低下（物価の低減） ② 生産力の拡大効果 ③ 生産力拡大に伴う税収の増加 ④ 生産力拡大に伴う所得，雇用などの増加 ⑤ 工場立地や住宅開発などの地域開発の誘導 ⑥ 沿道土地利用の促進 ⑦ 通勤・通学圏の拡大や買物の範囲拡大など，生活機会の増大 ⑧ 公益施設の利便性向上，医療の高度化促進 ⑨ 環境負荷の低減 ⑩ 人口の定着・増大 ⑪ 地域間の交流・連携の強化 　　　　　　　　　　　　　　　　　　　　など
	空間機能に対応する効果		① 社会的公共空間形成 ② アメニティの向上 ③ 防災機能の向上 ④ 公益施設の収容 　　　　　　　　　　　　　　　　　　　　など
フロー効果	事業支出効果		① 道路投資の需要創出効果 ② 内需拡大および輸入の増大

採用している．現在，採用している便益はつぎの3指標である．

① 走行時間の短縮

道路整備は，2地点間の物理的距離を短縮し，走行時間を短縮する．また，距離は変わらなくても，自動車の走行をより容易にし，走行時間を短縮することとなる．この短縮時間を時間価値原単位によって金銭評価したものを時間便益として計上している．

② 走行経費の節約

自動車の走行経費としては，燃料費，油脂費，タイヤ・チューブ費，整備費

および車両償却費が挙げられる。これらは，走行速度，路面の状況，停止回数と速度変化などの諸要素によって左右されるものであり，道路が整備されると，これらの諸要素が改善されて走行経費が節約される。この走行経費の節約額を走行便益として計上している。

③ 交通事故の減少

道路整備が行われることにより，道路交通安全性の向上が期待できる。この便益は，道路の整備・改良が行われない場合の交通事故による社会的損失から，道路の整備・改良が行われる場合の交通事故による社会的損失を減じた差によって算定し，事故便益として計上する。

現在の費用便益分析においては計上していないが，その他の直接効果としては，① 渋滞の解消，代替ルートの整備などによる定時性の確保，② 走行時間の短縮，路面状況の改善などによる運転者の疲労の軽減と走行快適性の向上，

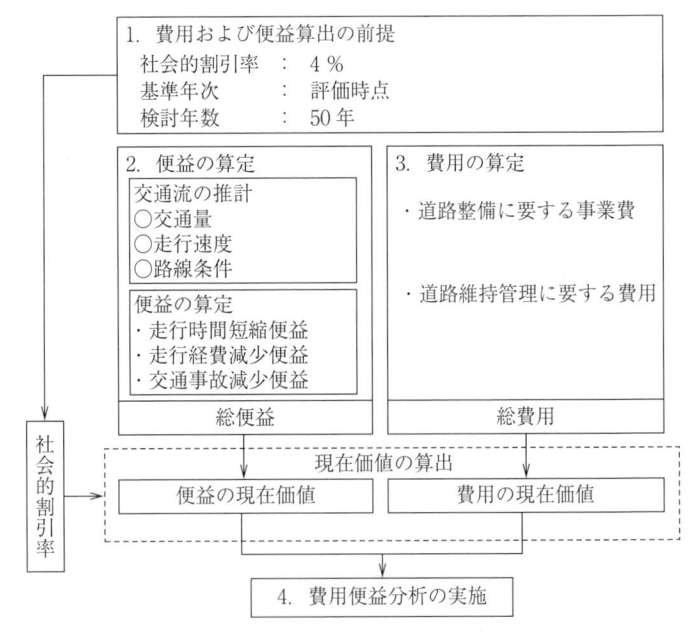

図1.6 道路事業における費用便益分析の流れ

および③大量輸送処理による効果，④荷傷みの減少と梱包費の節約などが挙げられる．現在，道路事業で実施している費用便益分析の流れを**図1.6**に示す．

1.2 道 路 と 環 境

1.2.1 道路環境に対するとらえ方の変化

　道路は，われわれの日常生活における社会・経済活動を支える必要不可欠な施設であり，交通を処理する機能，アメニティや安全のための空間を提供する機能，都市および地域の骨格を形成する機能，都市施設を収容する機能，土地利用を誘導する機能など，多様な機能を有している．このため，道路は道路本体だけでなく，種々の目的をもった人・物・情報といった交通主体，交通具，そして，さらに道路から影響を受け，また，道路に影響を与える道路沿道地域を要素としたシステムとしてとらえる必要がある．道路内部の環境，そして沿道地域の環境を良好な状態に改善し維持していくことは，道路システムの質的向上にとって欠くことができないものである．

　道路を通行する自動車交通は，沿道の環境に大きな影響を及ぼすものである．かつての高度経済成長期には，道路交通騒音，大気汚染，道路交通振動などの交通公害が深刻な社会問題となっていた．このため，公害対策基本法の制定（1967年，環境基本法（1993年）制定によって廃止）などにより，環境悪化に対する対策が推進され，今日では道路環境はかなり改善されてきた．

　道路の環境を考える場合，交通公害や交通事故などの諸問題の把握，ならびにこれらを解決するための問題対応型の施策が中心であったが，近年では望ましい環境水準の達成を目指した道路整備あるいは道路環境対策へととらえ方が変化してきた．もっとも，現時点においても問題対応型の環境対策の重要性は依然として変わらない．道路の環境を考える場合，顕在化している交通公害などの緩和，解消を図るための方策について論じるだけでは不十分であり，問題の発生を未然に防ぐことが重要である．

1.2.2 事業アセスメントから戦略的アセスメントへ

　種々の都市活動に伴う環境への影響をできるだけ軽減するために，環境アセスメントは不可欠なものである。**環境アセスメント**は，事業を実施する前に環境に与える影響を調査，予測，評価するとともに，この結果を公表して地域住民などの意見を聞き，十分な環境保全対策を講じようとするものである。この制度が発足した当初には，事業者に課されたものは環境影響準備書と環境影響評価書の作成のみであったが，その後，方法書が準備書の前に作成されることとなった。もっとも，わが国の従来の環境アセスメントは事業アセスメントであり，アセスメントが実施されるときには，事業の骨格がおおむね定まっており，事業の中止を含めた抜本的な変更は実質的には困難であった。このような事業アセスメントの限界を打開するために，計画段階でアセスメントを行う戦略的環境アセスメント（strategic environmental assessment, SEA）が導入される見通しである。これによって，計画段階でいくつかの代替案が比較・評価されて，環境上からも望ましい計画案を策定することが担保されるものと期待されている。

1.2.3 環 境 基 準

　環境基準は，人の健康を保護し，生活環境を保全するうえで維持されることが望ましい基準であり，道路の環境を考える際にも不可欠なものである。環境基本法に基づいて，道路騒音に関する環境基準が定められるとともに，大気汚染にかかわる環境基準が，二酸化硫黄，一酸化炭素，二酸化窒素，光化学オキシダント，浮遊粒子状物質，微小粒子状物質の6物質について定められている（**表1.3**）。近年，道路交通関係の環境アセスメントにおいて対象とされることが多い項目の測定方法と予測方法をまとめると**表1.4**のようになる。

　もっとも，道路交通に関する環境基準は，快適な道路空間の創造という視点とは別のものである。今後，多様な道路利用主体に対して，望ましい道路環境を提供するためには，景観やにぎわいの創出など，アメニティに関連した諸指標の整備が必要である。

表1.3　環境基準

項　目	環境基準等
道路騒音	環境基本法に基づき環境基準が定められるとともに，騒音規制法に基づいて要請限度が定められている
道路振動	振動規制法に基づき要請限度が定められている
低周波音	なし
大気汚染　二酸化硫黄　一酸化炭素　二酸化窒素　光化学オキシダント　浮遊粒子状物質（10 μm 以下）　微小粒子状物質（2.5 μm 以下）	環境基本法に基づき環境基準が定められている

表1.4　測定方法と予測方法

項　目	測定方法	予測方法
道路交通騒音	JIS Z 8731「騒音レベル測定」	ASJ RTN-Model 2008
道路交通振動	振動規制法施行規則に定める方法に準拠した測定方法	旧土木研究所提案式
低周波音	低周波音測定マニュアル（環境省水・大気環境局）	
大気汚染	二酸化窒素：ザルツマン試薬を用いる吸光光度法など 光化学オキシダント：中性ヨウ化カリウム溶液を用いる吸光光度法など 浮遊粒子状物質：ろ過捕集による重量濃度測定法など	（濃度の予測） 解析的方法としては，弱風時に有効なパフモデルと，有風時に有効なプルームモデルなど

1.2.4　質の高い道路整備

　社会基盤の整備が非常に不足していた時代には，道路整備においても質よりも量が重視された．欧米の先進諸国と違って，わが国においては，今後も必要な道路を整備していかなければならない状況にあるが，社会基盤がかなり整ってきたことも事実である．このため，今後の道路整備は社会のニーズに合致した質の高いものとなるべきである．もっとも，これは必要以上に贅沢な道路をつくろうというのではなく，沿道の土地利用や環境等と調和した道路を整備す

1. 道路交通計画の視点

るということである。道路の利用者は自動車だけではない。歩行者，自転車，およびバスなどの公共交通も重要な利用主体である。すべての道路利用者に配慮した道路環境の創造が必要である。なお，歩行者などについては5章において扱う。

図1.7は道路整備の流れの概略を示したものであるが，今後の道路整備は，交通処理にかたよることなく，環境に十分に配慮した，さらに環境改善に資する質の高いものとなるべきである。従来の道路計画は，道路の物理的な交通容量の確保のみを重視しすぎていたように思われる。今後は，いっそう質の高い道路の整備を目指して，多様な視点からの環境整備が求められている。

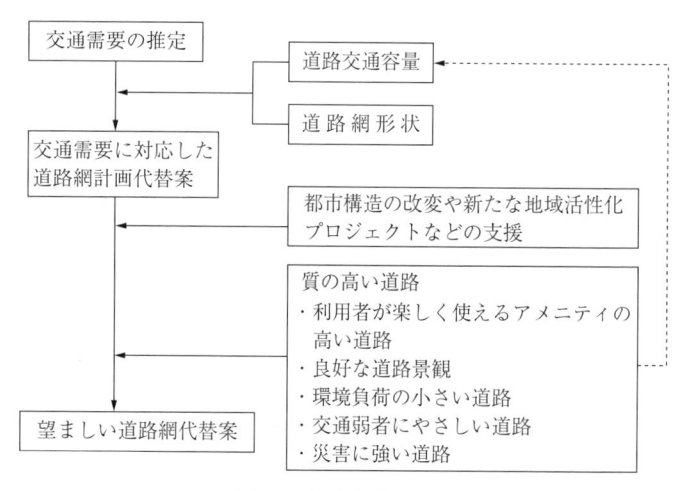

図1.7 道路整備の流れ

道路空間は，すべての道路利用者にとって安全で快適な環境であるように整備されるべきである。自動車交通に対して良好な環境を提供することの重要性は現時点でも不変であるが，まちのにぎわいと密接に関係している都市内の街路においては，歩行者などの街路利用者を従来以上に重視すべきであろう。近年，「交通まちづくり」の概念に基づいてトランジットモールなどの社会実験が各地で実施されており，道路環境の改善が，まちの活性化に寄与することが確認されている（**図1.8**）。

2007年10月に京都市で実施された交通社会実験においては，歩行者交通量が約2割増加した。また，横に並んで歩く人たち（二人連れ）が増加し，地区における回遊行動も増加した。わが国には2010年時点で恒久的なトランジットモールは存在しないが，「歩くまち・京都」総合交通戦略，「歩くまち・京都」憲章が制定された京都市で，その実現が期待されている。

図1.8 京都市四条通におけるトランジットモール社会実験

1.2.5 環境交通容量

道路の交通容量は，道路上のある地点における最大疎通能力を意味するが，沿道環境からみて，これ以上の交通量を流すべきではないという環境を考慮した交通容量も存在する。ブキャナン（C. Buchanan）は，住区の環境と交通量を対応させて，道路の横断しやすさと交通量の関係について考察し，歩行者の横断時に生じる待ち時間に着目して，環境交通容量を提案した[1]。この考え方は当時としては画期的なものであった。もっとも，ブキャナンは具体的な交通量を明示してはいなかった。

このような考え方に触発されて，1970年代の半ば以降，多くの調査研究が実施されてきた。例えば，大阪交通科学研究会は膨大な交通量調査ならびに周辺住民の意識調査を実施し，両者の関係を分析した[2),3)]。**図1.9**はその一例であり，交通不安感は地区ごとの男女別平均値で表してある。

交通工学で確立されている交通容量は，物理的な視点からの道路の疎通能力を表すものである。これが道路の計画・設計の基本概念であることはいうまでもない。しかしながら，図1.9に示すような関係を考慮するとすれば，概念と

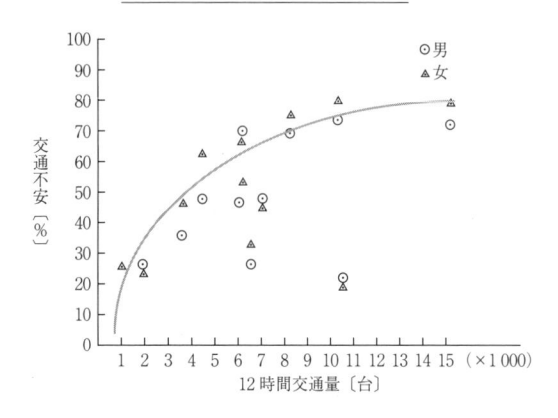

図 1.9 自動車交通量と沿道住民の交通不安感[2]〔文献 3)掲載の図に基づいて作成〕

してだけではなくて，実用的な視点から疎通能力以外の視点に着目した交通容量も存在しうるのではないかと考えられる。一般に，交通量あるいは自動車の走行速度と，アンケート調査によって得られた地域住民の危険感や不安感などを図示すると，図1.9に示すような領域の存在が認められる。ただし，このような関係は鮮明なものではなく，また個人属性や地区による差異も小さくないから，交通量に関する地域住民の危険・不安感に関するしきい値を求めることは容易でない。このため，これまでのところ，環境交通容量の具体的算定に成功した例はないと思われる。

1.2.6 環境の質と利便性

「どのような都市地域においても，環境基準の設定はアクセシビリティを自動的に決定する。しかし，アクセシビリティは物理的改変に使用される投資額に応じて増加させることができる」これは，ブキャナン・レポートの最も重要な論点であり，ブキャナンの法則[1),4)]とも呼ばれるものである（図1.10）。もちろん，これは，自動車の利用が激加し，今後も急激な増加が続くと考えられていた時代を前提としたものであり，種々のTDM施策が導入されている今日では，そのまま受け入れることはできないであろう。しかしながら，アクセシビリティ，環境の質，そして投資額の関係を定性的に表現する場合，このような考え方は，今日でも有用であろう。

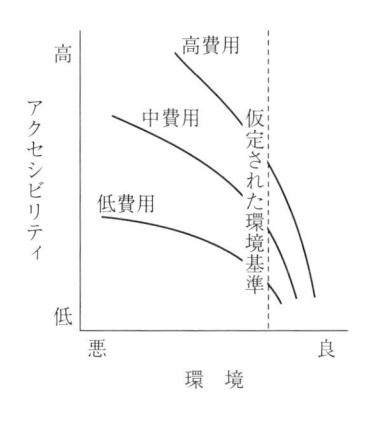

図 1.10 ブキャナンの法則[4]

　1.2.5項で述べたように，環境交通容量を具体的に算出することは容易でない。このため，環境交通容量を物理的な交通容量と同レベルでとらえることは難しいと考えられる。しかし，物理的な交通容量を前提として策定された道路計画を，道路環境の視点から再検討する場合の視点としては有用であると考えられる。

1.3 交通の安全性

　交通事故は，交通混雑・環境負荷とともに代表的な外部不経済であり，都市交通システムの安全性はきわめて重要な課題である。ここでは，道路の交通事故現況と交通事故要因について述べる。また，現実的な交通安全対策の立案手順を整理するとともに，交通安全対策の費用・有効度分析について言及する。

1.3.1　交通安全の重要性
（1）**交通事故の動向**　　わが国の道路交通事故の長期的推移（**図 1.11**）をみると，昭和26年から昭和45年までに，死傷者は35 703人から997 861人へ，死者数は4 429人から16 765人へと増加した。このため，昭和45年に交通安全対策基本法が制定された。昭和46年度の第1次交通安全基本計画から始まり，現在は，平成18年度～22年度までを計画期間とする第8次交通安全

34 　1. 道路交通計画の視点

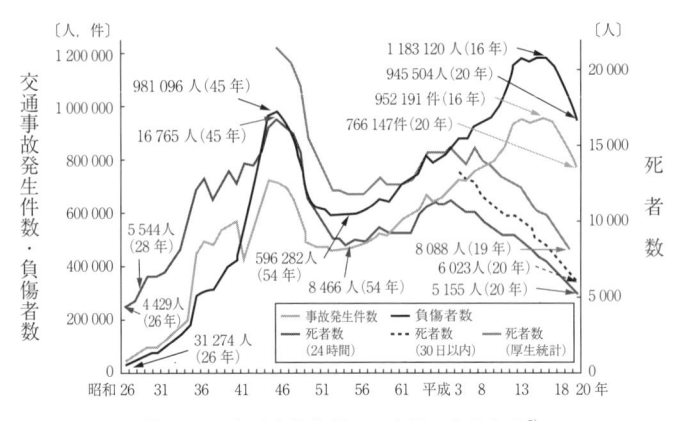

図 1.11　交通事故件数・死者数・負傷者数[5]

基本計画が実施されている。交通事故件数は昭和44年，交通事故死者数は昭和45年をピークに減少したが，昭和54年から再び交通事故死者数が増加傾向に転じて，平成3年の11 451人まで増加した（第2次交通戦争）。その後は減少傾向にあり，平成21年の交通事故死者数は4 914人であり，9年連続の減少となっている。しかしながら，なお平成21年の交通事故発生件数は736 160件，負傷者数は908 874人であり，国民の約100人に1人が交通事故により死傷する厳しい状況である。

（2）　**交通事故の類型**　　ここでは，交通事故の類型を考える。平成20年中の状態別交通事故死者数では，歩行中（1 721人）が最も多く，ついで自動車乗車中（1 710人）となっており，両者で全体の66.6％を占めている。過去10年間では，特に自動車乗車中の減少が顕著である。つぎに，道路形状別の死亡事故発生件数（計5 025件）を**図1.12**に示す。交差点内は1 922件（38.2％）で最も多く，ついで一般単路が1 704件（33.9％）で多い。交差点付近を含めると47.8％の交通死亡事故が交差点で発生している。交差点は右・左折を含む方向の異なる交通が複雑に交差することから，一般街路の交通安全上，きわめて重要な箇所である。また，交通事故の類型別死亡事故件数を**図1.13**に示す。車両相互事故が最も多く2 309件（46.0％），人対車両1 692件（33.7％），車両単独985件（19.6％）となっている。車両相互の死亡事故では，出

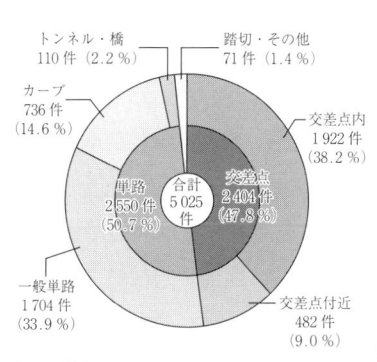

1.3 交通の安全性　35

図 1.12 道路形状別死亡事故件数（平成 20 年）[5]

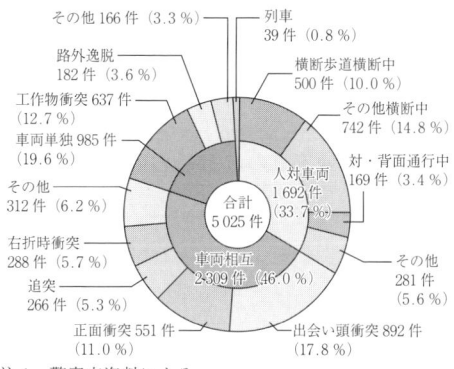

注1　警察庁資料による。
　2　（）内は，発生件数の構成率である。

図 1.13 類型別死亡事故発生件数（平成 20 年）[5]

注1　警察庁資料による。
　2　（）内は，発生件数の構成率である。
　3　横断歩道横断中には，横断歩道付近横断中を含む。

合い頭衝突が最も多く，正面衝突，右折時衝突，追突が主要な類型となっている。これらは，当事者のわき見運転や漫然運転などの安全運転義務違反（54.8%）と法令違反（最高速度違反；7.1%）に依存するものが多いと考えられる。

1.3.2　交通事故要因分析

交通事故は，人，車，道の各要因に起因して発生する。交通事故発生時の客観的情報は交通事故統計原票に記録される。交通事故要因分析では，人的要因と車両要因，交通量との関係，道路の規格・種類との関係，縦断線形・平面線形などの道路構造要因を分析する。例えば，国際比較，都道府県，道路規格別の統計的分析がある。また，道路区間を単位として，交通事故発生要因を考える場合が多く，① 交通量，② 車線幅員・道路規格，③ 路面状態・照度，④ 時間帯，⑤ 大型車の混入などの交通事故率に与える影響が分析される[6]。

さらに，都市内道路網では交差点が交通事故多発地点となる場合が多い。この場合，① 方向別交通量（直進・右左折・対面），② 進入速度，③ 車線数，④ 交差点形状（変形程度），⑤ 道路付帯施設状況などから，類型別の交通事故件数が推計可能である。具体的な推計では，ニューラルネットワーク，ファ

ジィ推論モデルなどの知的情報処理技術を用いると,重回帰分析などの統計的解析手法に比較して推計精度の高いモデルが構成できることが報告されている[7]。

また,交通事故の分析においては,交通安全対策の立案を目指した危険度評価も必要である。危険度評価方法として,① 統計解析的な道路危険区間の抽出と ② 錯綜技法(conflict technique)によるものがある。①は,道路区間の事故発生率を確率分布(ポアソン分布)に従うとして,区間推定法により危険度を抽出したり,回帰分析による道路区間の事故発生件数から統計的な信頼限界を検討する[8]。②は,交通事故データによらず,錯綜状態(衝突への接近度合いの高い交通現象)を交通事故の潜在的危険性の指標とするものである。錯綜状態は必ずしも交通事故の直接的な原因を示すものではないが,錯綜数と交通事故発生件数は有意な相関があり,利用価値の高い方法である。

さらに,交差点の実測データから交通流シミュレーションを構成して,交通流動の実態的観測から交通事故発生要因を分析する試みも提案されている[9]。

1.3.3 交通安全対策

交通安全対策として主要な施策は交通安全施設の整備である。① 交通事故データベースの整理,② 交通事故多発箇所の抽出,③ 現地調査・交通安全対策案の決定,④ 交通安全対策の実施,⑤ 交通安全対策結果の事後評価という手順が一般的である。交通事故の原因は,社会的要因から加害者・被害者の個人的要因まできわめて複雑である。このため,道路施設面,交通規制のみで問題解決はできないが,交通事故防止には最も重要な役割を果たす。

交通事故防止のためには,一般に交通安全施設の設置が直接的な交通安全対策として提案される場合が多い。このため,道路構造令に示される交通安全施設のほかに,道路付属施設について交通安全の意味から検討すべきである。

(1) **交通事故の実態把握**　交通事故多発地点について,交通事故の形態と交通事故発生要因を分析する。そのために,**図 1.14** に示す,個々の交通事故を記載した交通事故状況図を作成する。交通状況記号を**表 1.5** に示す。これ

1.3 交通の安全性　37

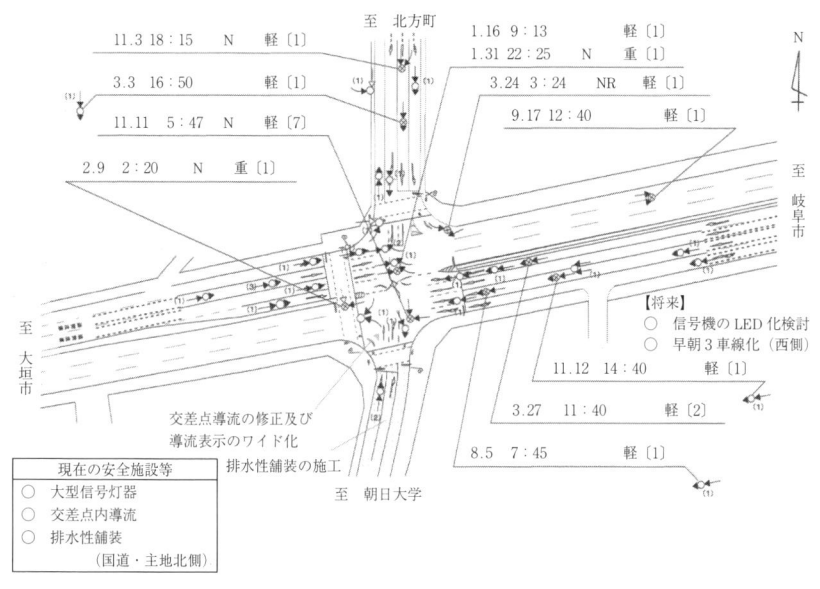

図1.14 交通事故防止対策図の例[10]（国道21号線穂積中原交差点）

表1.5 交通状況記号[10]

記号	意味	記号	意味
●	死亡事故	死[1]	死者数
⊗	人身事故	重[1]	重傷者数
○	物損事故	軽[1]	軽傷者数
←	自動車	→●←	正面衝突
←→	自動車の後退	←●←	追突
←	電車	↗↙	すれ違い時接触
←	自二・原付	←	追い越し時接触
⇐	自転車	↑←	出合い頭衝突
⇦	歩行者	⇙←	右折時側面衝突
⬛	駐車車両	⌒←	路外逸脱
N	夜間事故	⊙←	転倒・転落
R	雨天時の事故	←⊙←	同一形態事故（件）
S	降雪時の事故		

表1.6 交通規制・交通安全施設記号[10]

記号	意味	記号	意味
自転車	自転車横断帯	⬤→	矢印板
▦	横断歩道	▶	矢羽根
▨	停止禁止部分	▨	排水性舗装
───	はみ出し禁止標示	▨	明色舗装
▽⊖⊙	規制標識	┃	ポストコーン
▦	信号機（矢印）	●┃▥	デリニエーター
▯	歩行者灯器	✦	自発光式道路鋲
◇	警戒標識	▭▭▭	ガードレール
▯	注意喚起標識	⌒	ガードパイプ
≫≫≫	減速帯	⌇	道路照明灯
≡≡≡	減速マーク	⚘	カーブミラー
┈┈	減速マーク（交差点付近用）	⚐	バス停

より，具体的な交通事故の傾向を把握できる。当該交差点では，国道に主要地方道が斜めに交差する大交差点で，交差点東側は片側3車線で終日交通量が多い。追突事故を中心に各種事故が多発している。

適切な交通安全対策の立案には，交通管理者（公安委員会）と道路管理者（行政機関）の協調が必要である。現地調査により，交通状況，道路状況，周辺の交通環境を確認する。現地調査の結果，交通事故原因を特定し，検討対象地点の問題点と具体的な対策を整理する。

（2） 交通安全施設の計画　ここでは，交通事故形態に有効な交通安全対策を検討する。基本的には道路付属施設の交通安全施設と交通管理施設に分類される。主要な交通規制・交通安全施設記号を**表 1.6**に示す[10]。これらの道路付属施設の特徴と効果を整理する[11]。

・防護柵

車道用，分離帯用の防護柵は，車両の道路逸脱を防ぎ，転落・激突による重大な死傷事故を回避する。防護柵には，ガードレール，ガードパイプ，ボックスビーム，ガードケーブル，オートガードなどの型式があり，歩行者横断抑制フェンスには，パイプ，網，チェーンなどの型式がある。

・道路照明

主として夜間の交通安全と円滑化を図るために照明施設を設ける。道路上の障害物となるような物体の反射率は低いものが比較的多く，自動車前照灯による反射よりも道路照明によるほうが発見されやすい。道路照明は設置場所により連続照明，局所照明およびトンネル照明に大別される。

・視線誘導標

道路線形などを明示し，運転者の視線誘導を行う区間には，車道の側方に沿って視線誘導標を設ける。夜間に視線誘導を行う必要のある区間には，反射式視線誘導標（デリニエータ，delineator）を設置し，積雪の多い地方では，スノーポールを設置する。

・道路反射鏡

曲線部，見通しの悪い交差点などには，車両確認のため，必要がある場合に

道路反射鏡を設ける。道路反射鏡は丸型および角型があり，一般的には丸型の凸面鏡が用いられる。反射鏡の型式，鏡面形，曲線半径の設定は，その設置場所の交通状況，道路状況および経済性などを十分検討しなければならない。

・道路標識

道路標識には案内標識，警戒標識，規制標識，指示標識がある。これらは道路利用者に的確な情報を与え，安全かつ円滑な交通を確保する十分な効果を発揮するために，経路に沿って一貫した情報や指示が与えられるように，統一的で合理的な設置計画に基づいて設置されなければならない。

・マーキング・路面舗装

舗装路面のマーキングとは道路標識とともに交通を整理し，誘導規制をする施設である。路面標示には車両中央線，車道境界線，車道外側線，導流標示，交差点付近の標示などがある。また，必要に応じて，減速帯・減速マークを標示する。さらに，注意喚起のため明色舗装・排水性舗装を行う場合もある。

・走行支援道路システム（AHS）

ドライバーの安全運転を支援する走行支援道路システム（advanced cruise assist highway system, AHS）は，情報表示・音声などにより危険情報を提供するとともに，危険な状況に応じて自動車が自動的にハンドルやブレーキを操作するシステムであり，実用的研究が進展している。

1.3.4 交通事故の費用と有効度

通常，交通安全対策は，その前後の死亡者数・事故件数の変化による効果として事後的に判断をする場合が多い。しかしながら，交通安全対策案の立案では多数の代替案が存在し，これより有効で合理的な対策案を抽出することが必要となる。この際には，① 道路交通事故による損失の推計方法，② 現行代替案の合理的構成方法，が重要である。都市高速道路などの道路網構成が明確であり，時間損失などの交通事故損失項目が規定され，交通安全対策費用が比較的正確に算定できる場合には，数理計画法などの合理的立案方法が適用できる。例えば，x_{ij}：交差点 i での j 番目の個別交通安全対策の有無とする（$x_{ij}=$

0, 1)。ここで，個別交通安全対策の効果（便益）b_{ij} と費用 c_{ij} が推定されているとする。このとき，総費用（TC）を予算制約 $Budget$ 以内で最適な交通安全対策代替案の集合を求める。すなわち，「交通流動変化を考慮して，総有効度（TB）を最大化する交通安全対策策定問題」がつぎのように定式化できる[7]。

$$\max \quad TB(\boldsymbol{x}) = \sum_{i \in L} \sum_{j \in N_i} b_{ij}(v_i(\boldsymbol{x}), p_i(\boldsymbol{v}(\boldsymbol{x}), x_{ij})) x_{ij} \tag{1.1}$$

subject to

$$TC(\boldsymbol{x}) = \sum_{i \in L} \sum_{j \in N_i} c_{ij} x_{ij} \leq Budget \tag{1.2}$$

$$x_{ij} = 0 \quad \text{or} \quad 1 \tag{1.3}$$

ここで，v_a：リンク a の交通量，$\boldsymbol{x}$：交通安全対策案行列，v_i：交差点 i での流入交通量，$\boldsymbol{v}$：リンク交通量ベクトル（交通量配分結果），p_i：交差点 i での交通事故発生件数，である。

さらに，①交通均衡配分による道路交通流動推計過程，②知的情報処理による交通事故件数の推計（ファジィ推論など）過程を含む2段階最適化問題（MPEC問題）として定式化される。また，解法には遺伝的アルゴリズム（GA）や免疫アルゴリズム（IA）などが適用できる。局所的な交通安全対策ではなく，道路網全体の時間的空間的に最適な交通安全案集合を計画するものである[7]。

わが国では平成15年からの10年間で，交通事故死者数を半減し，5 000人以下にする数値目標が早期に達成された。このため，平成22年年頭には平成30年までに死者数を2 500人以下とする計画が発表された。今後の道路交通の安全性向上に向けて，道路交通環境の整備，交通安全思想の普及徹底（体系的な交通安全教育），安全運転の確保，車両の安全性の確保（先進安全自動車（ASV）の実用化），道路交通秩序の維持などの多数の施策が期待される。また，交通安全は街路網の計画や交通規制との関係が深く，市街地の空間構成と街路の調和，日常生活空間からの通過交通の排除などとの関係から検討を進める必要がある。

1.4 道路の景観

1.4.1 美しい国づくり政策と道路の景観デザイン

　道路は，交通機能のみならず，国土の基本的な空間骨格をつくり，都市地域における美しい生活環境を形成する手段として重要な基盤施設である．近年，国土交通省が策定した「美しい国づくり政策大綱」（平成15年)[12]では，美しい国づくりのための基本的な考え方として「美しさの内部目的化」を掲げ，美しさの形成は，公共事業のグレードアップではなく，実施に際しとるべき原則として，行政と国民活動の内部目的であることを明示している．平成17年の景観法の施行に総合的な景観政策が推進され，道路は社会基盤として中心的役割を果たすことになり，新しい道路デザイン指針の提案も行われている[13]．これからは，地域文化に基づく成熟社会や環境の持続可能な都市創造を支えるための新しい社会基盤のパラダイムが必要である．道路の景観は，ハードな造形美を論じるだけでなく，道路から沿道，さらには都市へつながるグランドデザインへの視野，すなわち都市形成のあり方を含めて考えることを改めて認識したい．

1.4.2　道路景観のパラダイムシフト ──道の原風景を考える──

（1）　**近代の道路づくり**　　わが国の道路の歴史を振り返ると，明治の近代化に大きな転換がある．東京の市区改正事業（明治21年条例施行）が，大阪，京都など大都市に波及し，パリを目標に街路計画を中心とした近代化政策が展開された．車交通を主体とした道路工法が西欧から輸入されて，都市の代表的な公共建築物がつくられ都市が改新される．しかしながら，総体としての都市形成や背景にある道路づくりの思想を輸入したわけではなく，形や工法の模倣が主体である．したがって，近代以前の道とは異なる道の景観が現れたが，官主導のもとにいつしか経済成長や利便性といった日本人特有の合理的な考え方から，道路づくりは沿道都市とは切り離されて独立の議論で展開されることが

多かった[14]。現在，諸都市で行われている適正道路の必要量の評価の際には，いわゆる交通工学の需要推計によるボリュームと配置のフィジカルな構成理論と，都市計画からの根拠としてペリー（C. A. Perry）の近隣住区理論などにベースを置いている。しかし，都市の形成基盤を目標とした道路計画の議論は緒についたばかりであり，道路計画と都市計画を総合したマスタープランをもつ行政は稀少であり，わが国の計画の未発達な部分である。帝都復興，戦災復興の基幹道路の形成初期には，道路の哲学や都市美が熱心に議論された[15]が，道路の交通機能の量的な普及を急速に展開してきた結果，西洋風の景観はできても，沿道都市と密接に融合した道路景観を実現できていない。

（2） **道の原風景** ——町の「際（きわ）」としての道—— わが国の道路景観のアイデンティティ，あるいは成熟社会に向けての道のあり方を考える場合，都市の旧市街あるいは現在も歴史的な街区に残されている近代以前の道の原風景を再認識することにあると思われる。

近世の道の風景絵図に見る（**図 1.15**）と，西欧のような都市の骨格を形成する大街路や広場が明瞭に現れないが，沿道には店のつながりがあり，にぎわいのある場所が広がり，この奥行きとつながりの風景が，道の表の景観であった[16]。このような道の発生は，京都に見られるような商工業者が道を挟んで町を形成する両側町に起因している。15世紀以降の町割りの変化により町屋が発生し，近世までに，表には商業町屋が，その裏には職人が住む長屋が存在し

図 1.15 近世の道の空間[16]
（都名所図會より転載）

た。軒の出のある縁側は，広場的な役割を果たし，沿道の奥を感じさせる。道と沿道の境界は明確でない。また，路地や小路は裏道であるとともに，人々の生活の場所につながっていた。このように道は町の際（きわ）と客間の役割をもった。道の際を復権させることが将来の景観づくりの規範になり得るものと考えられる。

（3） **道の原風景**　——起終点をもたない回遊の道——　　もう一つの見方として，わが国の伝統的な道には，西欧のような都市の中心や骨格をつくる軸線や規範的な存在ではなく，その上に中心となる目印の要素がないことである。言い換えると，道が手段ではなく，道そのものが界隈を体験する場所であり，道の空間が人々の身体的な作用や自然の柔らかさに対応し，柔軟で開放的な世界をつくりだす原動力となっていた。このような道に対する日本人の感性が現れる典型は，社寺や茶室にみられる回遊の道である。石の舗装や小さな植栽は，空間の意味（聖や俗）を変化させるための小さな結界があり，道はどこまでも連続で起終点をもたない[17]（**図1.16**）。その過程を楽しむことに本質がある。道そのものの流れと沿道の奥行きが都市や生活，文化の空間をつくってきた。人々の積極的な回遊や滞遊を生むためのつながりやしなやかさを与えるファニチュアの景観デザインの考え方を認識することができる。

図1.16　しなやかな道
（何有荘　小川治兵衛作）

1.4.3 道と都市のグランドデザイン ——御堂筋と都市景観形成——

（1） 近代の象徴としての道路と都市へのまなざし　近代都市の成立は，明治期の市区改正によって，東京から大阪，京都をはじめ全国的に波及する。第7代大阪市長の関一は，都市大改造計画における御堂筋の拡幅工事を基幹事業として推進した（大正15年〜昭和12年）。幅44m延長約4kmのまさに都市軸ともいえる道の出現は，パリのバロックの景観を都市の理想像として，都市軸の景観形成を推進したものであり，当時の町割りのスケールではかけ離れた大きな道路の実現であった。

都市発展に対する長期的なビジョンを具体的に描こうとした大きな社会的基盤事業の実現を果たした。規範となったバロックの都市景観は，産業革命後のブルジョワが自立した市民の品位を保ち，道路，公共施設を中心に都市景観の品格を都市意匠として表現したものである。行政側の主導により，大阪の中心街路たる高品位な意匠を備えた道路をつくり，沿道に新しい商業街をつくることが計画された。道路軸に沿った都市のバロック的な風景（透視図的なヴィスタ景）が本格的に出現した（**図1.17**）。

図1.17　御堂筋のヴィスタ景

（2） 都市美を目指した景観コントロール　ヴィスタ景観は，それを形づくるイチョウ並木，100 尺（約 30 m）に高さをコントロールした沿道建築，歩道と緩速車線のある道路本体により構成された。近代の都市美への志向から，昭和 9 年には御堂筋沿道が美観地区に指定された。戦後は，経済成長を背景とした高度利用促進のため，昭和 39 年に高さ制限の撤廃と容積制への移行を余儀なくされた。しかし，スカイライン保全のために市の行政指導という形で高さ 31 m 以上の部分についてセットバックによる高さの統一が誘導されたことは，のちの景観形成に少なからず影響を与えた[18),19)]。

（3） 都市拠点の形成と景観の継承　大改造計画における梅田，難波，本町をつなぐ地下鉄御堂筋線の建設は，都市軸の拠点をもたらし，沿道への人々の流れを築いた。当時の地下鉄駅も心斎橋のように西欧を連想させる意匠とし，道との意識的な連続性を高めた。沿道を形成するための大きな原動力となり，オフィスビル，デパート，銀行，ホテルが立ち並んだ（**図 1.18**）。それらの建築は，庶民に新たな西欧の気風を伝え，いまもシンボル的な存在となっている（**図 1.19**）。

図 1.18　難　波　駅　　　　**図 1.19**　大丸心斎橋店（設計：ヴォーリズ）

また，南海 難波駅は東向きであった御堂筋のアイストップ（焦点）のシンボルとして位置付けられ，地下鉄駅との複合ターミナルとして生まれ変わった。これによって，都市軸と焦点を形成する景観のモニュメントが形成された。

表通りの風景は，西欧を規範とした都市景観の形成であった。近代化の波と

ともに，西欧の風景を現実化しようとした都市の基盤づくりは，近代都市の骨格を形成した。また，一方で沿線の背景にある街には，秀吉以降の町割りや堀を中心としたわが国の近世都市のにぎわいが見られる。異質ではあるが，その両方の魅力を合わせもつことによって，御堂筋界隈が形成されてきた。そこに，目標像とされたシャンゼリゼ通りとは異なった御堂筋の固有性がある（図1.20）。

図1.20 御堂筋の沿道風景

現在，都市活動のポテンシャルの衰退から，拠点と沿道の再整備が望まれている。難波界隈の拠点整備の方向性は，堀の水辺の再生や，緑の拠点づくりなど新たな整備が動き出している。近代的都市の骨格から背景の細網的な街へとつながる景域づくりの視野が，よりいっそう必要になってくると思われる。

1.5 交通と教育

1.5.1 交通における教育の役割

交通現象は，道路や公共交通のネットワークをはじめとする交通システム上で，人々が移動し，物が流れることで生じる。そして，人々の移動は交通手段や目的地などについての一人ひとりの意思決定に依存し，物の流れは物流事業者の行動のみならず，人々の消費行動にかかわる意思決定に依存している。すなわち，交通現象は，人々の"意思決定"に大きく依存しているのである。

（1） **広義の教育**　さて，人々の意思決定（decision making）は，認知や

行動，あるいは社会に関するさまざまな心理学，経済行動や社会行動を計量的に分析することを目指す経済学や社会学など，さまざまな研究領域において，さまざまな形で研究されてきた。それらの研究は多様であり，場合によっては互いに矛盾することを主張することすらあるものの，いずれの研究においても一貫して主張されている意思決定の重要な特徴がある。それは，意思決定は，意思決定者の「経験」に大きく依存して変化する，という点である。例えば，心理学の分野で考えるなら，人間の発達を研究対象とする発達心理学や，人々の社会的なコミュニケーションの重要性を重要視する社会心理学のみならず，高次の認知的な活動ができないと考えられているハトやネズミの行動をもっぱら研究対象としてきた行動心理学においてすら，最も重視されているのが行動の経験依存性である。ハトやネズミの行動は，どのような行為をとったときにエサが得られたのか，逆に，どのような行為をしたときに天敵に捕獲されるリスクが生じるのか，という経験に大きく依存していることが繰り返し実証的に示されできている。

　このような「経験」が意識や行動に影響を及ぼすという過程そのものを「広義の教育」と呼ぶとするなら，広義の教育を理解するという試みは，交通現象を理解するうえで最も本質的な試みであるということができよう。繰り返すまでもなく，広義の教育によって人々の交通行動と消費行動が決定され，それによってマクロな交通状態が規定されているからである。

（2）**狭義の教育**　一方，一般に「教育」という言葉は，上記のような議論よりは，もう少し狭い意味をもつ。再び心理学を例に考えると，「発達心理学」という用語は人々が発達する過程を取り扱う心理学を意味するものであり，上記のような「広義の教育」の過程を対象とした種々の研究を行う。一方，「教育心理学」という領域は，とりわけ「学校」や「家庭」において，特定の成果・効果を期待し，それを得るために「意図的」に実施するコミュニケーションに関する心理学の一つである。ただし，教育心理学では，例えば悪意をもつ個人，あるいは，自らの利得の向上を目指す個人が実施するコミュニケーションは研究対象とはされない。社会的に了承された公共的価値を基準と

して，コミュニケーションの受け手をより望ましい方向（すなわち善なる方向）に導くことを意図したコミュニケーション行為を対象とする心理学が，教育心理学である。

この心理学における発達心理学と教育心理学の研究内容の相違が示唆するのは，おおよそつぎのようなことであろう。すなわち，「狭義の教育」，あるいは，日常用語における「教育」とは，特定の社会的な価値観を踏まえたうえで，人々の態度や意識，行動が望ましい方向に変容することを期待して実施するコミュニケーション行為を意味する，ということなのである。この定義には，もちろん，学校や家庭での教育が含まれる一方，公共広告などを通じて人々の意識啓発を図るものも狭義の教育に分類されよう。

1.5.2 交通における「広義の教育」

ここではまず，交通における「広義の教育」に関して議論することとしよう。「広義の教育」が影響を及ぼしうる交通行動に関与する意思決定に何があるかを考えたとき，じつに容易に多数の意思決定を列挙することができる。

（1） **交通行動を規定する短期的意思決定**　短期的なものでいうなら，経路選択や交通機関選択といった，移動そのものに関する選択についての意思決定が存在する。

また，その移動を誘発する「活動」（アクティビティ）に関する選択としては，活動内容や活動場所，活動時間，活動時刻などに関する選択にかかわる意思決定も挙げられる。これらの選択はいずれも，トリップの目的，目的地，出発時刻，到着時刻を規定するものである。こうした移動や活動の背後には，どのような情報を取得しているのか，どのような消費行動をするのか，どのような交友関係をもつのか，他者とどのような協同作業を行っているのか，といったライフスタイル上のさまざまな選択が影響を及ぼしている。

（2） **交通行動を規定する長期的意思決定**　さらに長期的なことを考えれば，自動車免許を取得するかどうか，自動車を購入するかどうか，居住地をどこにするか，という意思決定は，交通行動に決定的に重大な影響を及ぼす。

このように考えれば,「一つのトリップ」の背後には,免許取得選択,自動車購入選択,居住地選択,ならびに,活動に関する種々の選択,そして,それらを与件としたうえで決定される当該トリップに関する経路や手段の選択,といった無数の選択の意思決定が潜んでいることがわかる。そして,それぞれの意思決定の背後にはさらに,その決定に影響を及ぼすさまざまな「経験」が存在している。例えば,生涯の交通行動に決定的に重大な影響を及ぼす免許取得の選択には,免許取得年齢に達するまでに,当該個人が目にしてきた周囲の大人たちが自動車免許をもっているか否かという経験が決定的な影響を及ぼすであろうし,テレビや雑誌で見聞きする商業コマーシャルも重大な影響を及ぼすであろう。あるいは,交通行動に決定的に重大な影響を及ぼすもう一つの選択である居住地選択に関しても,さまざまな広義の教育の効果は存在する。当該個人が居住する地域が郊外であれば,自らが居住地選択を行う際に郊外を選択する傾向が強くなるだろうし,都心部に生まれ育った個人であるならば都心部を選好する傾向が強いであろう。

このように,一人ひとりの「生まれ育ち」はさまざまな形で人々の意思決定に影響を及ぼし,それらが重ね合わさる形で,個々の交通行動に多様で多重的な影響を及ぼしているのである。

（3） **広義の教育過程のなかの一交通行動** このように考えると,「広義の教育」過程を考慮に入れるのなら,一つのトリップがどのような属性をもつのか,という問題は,その人の人生全般に大きな影響を受ける一方,それらの個々のトリップが当該個人の生涯のあり方に少しずつ影響を及ぼしている,という全体的構造が浮かび上がる。それゆえ,当該個人の生涯から一つのトリップのみを切り離し,独立に分析することは重大な誤謬をもたらしかねないのである。

その視点に立ったとき,われわれは一つの交通行動を考えるにあたり,その個人がそのときまでに過ごしてきた時間すべてに配慮することが必要となるだろう。どのような情報を取得し,幼年期から青年期にかけてどのような時代の風潮が存在し,そのなかでどのような消費生活を送ってきたのかを考えて初め

て，彼の行う一つのトリップが生じた必然性を理解することができることとなる。すなわち，広義の教育過程の全容を視野に納めることではじめて，個々のトリップの意思決定についての根源的理解を得ることが可能となるのである。

1.5.3　交通における「狭義の教育」

さて，以上に論じた広義の教育の議論を踏まえることではじめて，「狭義の教育」の議論に進むことができる。いうまでもなく，広義の教育の一部を，狭義の教育が占めているからである。狭義の教育と広義の教育の唯一の違いは，教育過程において影響を及ぼす側が，その影響の質について明確な意図をもっており，かつその意図が社会的な価値観に了承されているか否かという点である。

（1）　**狭義の教育が目指す方向：社会的ジレンマと社会的価値**　　ここで，「社会的な価値観」が何であるかを十分に論じることは必ずしも容易ではない。ただし，狭義の教育に一定の方向性を与える「社会的な価値観」は，おおよその場合，一人ひとりの私的な利益よりも，公共的・長期的な利益を優先する性質を帯びているであろう，という点だけは指摘しておきたい。なぜなら，例えば利己的な欲望のためなら，その欲望の内実は問わず，すべて善であると認める社会的価値観は論理的に成立しがたいからである。一人の欲望を認めれば，必ず他者の欲望と対立することが生じるため，万人の欲望を許容する価値観は「社会的」なものとしては即座に破綻する。また，すべての享楽的行為を許容する社会的な価値観も論理的に成立しがたいだろう。なぜなら，享楽的行為を許容した瞬間に，その時点以後の私的利得が著しく低減してしまう可能性が生じるからである。すなわち，ある価値観が享楽的行為を認めた瞬間に，一個人においてすら時点間の利益の相克の問題が生ずることとなり，それゆえ，その価値観が時間的につねに妥当性をもちうることを正当化することが不能となるからである。

それゆえ，おおよその場合，狭義の教育が目指す方向は，利己的，短期的な利得の増進を奨励するという方向よりはむしろ，長期的，広域的な利益を優先

することを奨励する方向であることは間違いないのである．これは，すなわち，**社会的ジレンマ**と呼ばれる構成概念（短期的・利己的な利益の増進を図る「非協力行動」か，長期的・公共的な利益の増進を図る「協力行動」のいずれかを選択しなければならない社会状況[20]）をもち出すなら，通常の狭義の教育は，社会的ジレンマにおける非協力行動を抑制し，協力行動を奨励する方向への教化を目指す行為であると，いうことができるだろう．

例えば，交通の問題において最も実際の教育が幅広く行われているのが「交通安全教育」であるが，これは，当該個人の"長期的"な利益の増進を目指した狭義の教育であると位置付けることができよう．一方で，「バリアフリー教育」は，"公共的"な利益の増進を目指した狭義の教育と位置付けることができよう．

（2）**交通行動における狭義の教育**　さて，「交通行動」において短期的・利己的な利益の増進を図る非協力的行為と，長期的・公共的な利益の増進を図る協力的行為といえば何にあたるであろうか．この点については，交通行動の社会的影響を心理学や社会学などの複数の観点から総合的かつ論理的に考察した結果，自動車利用は短期的・利己的な観点からは利益の増進をもたらす傾向が強い行動であるが（重い荷物が運べる，時間や目的地を任意に選べる，など），長期的・社会的な観点からは利益の低減をもたらす傾向が強い行動である，ということが指摘されている（事故のリスク，道路混雑，環境問題，公共交通モビリティ低下，土地利用の変遷など）[21],[22]．

この点に着目し，長期的・公共的な利益の増進を図るという社会的価値観のもと，人々の意識や行動に働きかけるという「狭義の教育」を目指した交通政策が，近年，欧州ならびに，日本国内においておおいに注目を集めている．その交通政策は，一般に，**モビリティマネジメント**（mobility management, MM）と呼ばれており，80年代から米国を中心に展開されてきた，交通需要マネジメント（TDM）とは区別され，近年広範に実施されはじめている（土木学会，2005参照）[23]．TDMとMMは双方とも「自動車の交通需要」の削減を目指すものであるが，TDMはロードプライシングやパークアンドライドなど

の「交通システムの運用」によって交通需要の調整を図るものである一方，MMは「情報提供や双方向のコミュニケーション」によって一人ひとりの意識に働きかけることを通じて「自発的」な交通行動の変容を期待する。すなわち，MMが「狭義の教育」的な側面をもち合わせているところにTDMとの本質的な相違点がある。

さて，MMにおいて中心的な施策となるのがTFP（トラベル・フィードバック・プログラム）[23]と呼ばれるコミュニケーションプログラムである。TFPにはいくつかのバリエーションが存在するが，最も基本的な形式は，① 電話や郵送などで対象者にコンタクトを図り，そこで，現状の交通行動や最寄り駅などの基礎的情報を尋ねる，② 得られた情報に基づいて，公共交通手段などに関する「個別的」な情報を一人ひとりカスタマイズし，それを個別的に提供していく，という2段階から構成されるものである。こうしたプログラムは，これまで自動車以外の交通手段をあまり考えたことがなかった「習慣的な自動車利用者」に，① 自動車以外の交通手段を視野に入れた「交通手段選択」の機会を提供し，② 自動車以外の交通手段に関する情報を提供し，そして，③ 自動車利用についてのさまざまな利己的，長期的，公共的なデメリットが存在することを情報として伝える，などを通じて，交通行動についての意識と行動の自発的変容を促すことを目指すものである。そして，例えば，これまでの日本国内において，居住地域，職場，学校などのさまざまな場所で実施された諸事例のメタ分析からは，平均で自動車利用が19％削減するという結果が報告されている。また，意識を測定した事例からは，いずれのプログラムにおいても，環境や健康，公共交通モビリティなどの「長期的・公共的側面」に配慮する意識が有意に高揚していることが確認されている。大規模な事例としては，オーストラリアのパース都市圏，英国のロンドンではそれぞれ数十万世帯を対象としたTFPが実施されており，かつ，さまざまな都市や国における拡大的な展開が進められているところである。

TFPはMMにおける有力な施策の一つとして，おもに自動車からの転換を目指して実施されている施策であるが，「社会的な価値」について十分な検討

と議論を踏まえるなら，例えば，経路選択行動や目的地選択行動に働きかけるプログラムを開発し，実施していくことも，今後可能性として考えられよう。

いずれにしても，これまでの交通行政は，交通システムの構築とその運用を主にして唯一の仕事として営まれてきものといえるだろう。そして，そのなかで以上に論じた「狭義の教育」が実施されたことは，少なくともわが国においてはほとんど例がなかったといっても過言ではないだろう。しかし，本章の前半で論じたように，交通行動において教育過程は甚大な影響を及ぼしているのであり，その点を踏まえるなら，教育の問題を無視し，交通システムの構築と運用"だけ"で社会的に望ましい交通を実現することは，そもそも不可能であると断ぜざるを得ないであろ。そうである以上，これまで大半の財源的・人的資源を交通システムの構築と運用に配分してきた交通行政は，これからは，その交通システムを利用する人々の意識を視野に納め，人々とコミュニケーションを図ることにも財源的・人的資源の少なくとも"いくばくか"を配分することが求められていることは間違いない。言い換えるなら，本章に論じた教育の重大な影響力を認識するのなら，これまでの交通行政の考え方で，いつまでも交通システムの構築と運用のみに財源的・人的資源を配分していることがどれほど不合理なことであるかを理解することは，いたって容易なことなのである。

参 考 文 献

1) Her Majesty's Stationery Office：Traffic in Towns, p.45（1963）
2) 大阪交通科学研究会：交通と沿道環境に関する調査（その1（1973），その2（1974），その3（1975），その4（1978））
3) 三星昭宏：住区内の交通改善に関する基礎的研究，大阪大学学位論文, p.52（1986）
4) D. Starkie：The Mortorway Age, Road and Traffic Policies in Post-war Britain, p.36, Urban Regional Planning Series, Vol.28（1982）（UTP研究会 訳：高速道路の時代，英国の道路交通政策の変遷，p.57, 学芸出版社（1991））
5) 内閣府：平成21年版交通安全白書（2009）
6) 佐佐木綱 監修，飯田恭敬 編著：交通工学，国民科学社（1992）
7) 鈴木崇児，秋山孝正 編著：交通安全の経済分析（2009）
8) 大蔵 泉：交通工学，コロナ社（1993）

9) 秋山孝正，奥嶋政嗣：交通安全対策評価のための交差点交通シミュレーションの構築，第26回交通工学研究発表会論文報告集，pp.101-104（2006）
10) 岐阜県警察本部交通部：平成20年交通事故多発場所の分析と防止対策図（2009）
11) （社）日本道路協会：道路構造令の解説と運用（改訂版）（2004）
12) 国土交通省：美しい国づくり政策大綱（2003）
13) 道路環境研究所 編：道路のデザイン——道路デザイン指針（案）とその解説，大成出版社（2005）
14) 篠原　修 編：都市の未来——21世紀型都市の条件——，日本経済新聞社（2003）
15) 越沢　明：東京都市計画物語，pp.53-68，日本経済評論社（1996）
16) 都名所図会研究会 編：都名所圖會，pp.196-197，人物往来社（1967）
17) 京都の聖域における道と結界の意匠に関する研究，川崎・山田・小林，土木計画学研究・講演集第23号（1），pp.315-318（2000）
18) 御堂筋今昔物語，国土交通省大阪工事事務所ホームページ
19) 日本建築学会 編：景観まちづくり，pp.102-103（2004）
20) 藤井　聡：社会的ジレンマの処方箋——都市・交通・環境問題の心理学——，ナカニシヤ出版（2003）
21) 藤井　聡，谷口綾子：モビリティ・マネジメント入門：——「人と社会」を中心に据えた新しい交通戦略——，学芸出版社（2008）
22) 土木計画学研究委員会，土木計画のための態度・行動変容研究小委員会：モビリティ・マネジメントの手引——自動車と公共交通の「かしこい」使い方を考えるための交通施策——，土木学会（2005）
23) 鈴木春菜，谷口綾子，藤井　聡：国内TFP事例の態度・行動変容効果についてのメタ分析，土木学会論文集D，62（4），pp.574-585（2006）

2 道路交通計画の社会的意思決定

　本章では，道路交通計画をどのように決定していくべきかを概説する。ここでは，道路交通計画の意思決定を社会的な意思決定（social decision making）[1),2)]ととらえる。そして，社会的意思決定にかかわるさまざまな研究領域，すなわち，政治学，心理学，経済学，社会学，あるいは，それらを横断面に統合する認知科学などを踏まえ，道路交通計画を考えるにあたって，どのような考え方と方式で社会的意思決定を下していくことができるのかを論じる。

2.1　社会的意思決定について

2.1.1　社会的意思決定とは何か

　道路交通計画をどのように行うかの意思決定は，私的な決定，例えば，どのネクタイを買うかといったような私的意思決定（personal decision making）とは本質的に異なる社会的意思決定（societal decision making）である[3)]。なぜならば第1に，その決定の影響が，社会的に多岐にわたるからである。例えば，高速道路の建設や新しい税制や教育システムの導入といった公共事業を実施すれば，さまざまな人々の暮らしぶりに影響が及ぶこととなる。すなわち，決定の帰結が社会的であるという意味において社会的な意思決定と定義される。なお，この点を強調する場合，すなわち，特定の決定の影響が多数の人々に影響を及ぼす場合，その決定は政治的決定（political decision）と呼ばれることもある。

　そして第2に，その「決定のプロセス」が社会的であるからである。社会とは，遊離したどこかの一個人が身勝手に決めるのではなく，何らかの社会的な

プロセスを経て決定が下されるという場合，その決定は社会的決定とみなされる．

2.1.2 社会的意思決定の基準 ──帰結主義と非帰結主義──

さて，社会的意思決定を取扱う諸科学（認知科学，心理学，公共経済学など）では，意思決定の「基準」に着目し，以下のように二つに分類されることがしばしばなされてきた[1),4)]．

- 帰結主義 （consequentialism）
- 非帰結主義 （non consequentialism）

（1） 帰結主義と非帰結主義とは何か ここに，帰結主義とは，「意思決定をもたらす帰結」に基づいて意思を決定する考え方であり，非帰結主義とは，「意思決定をもたらす帰結」に必ずしも基づかないで意思を決定する考え方である．例えば道路計画を考えるにあたって，経路A，Bがあるとき，各経路を建設したときにもたらされる費用（cost）と便益（benefit）とを経路Aと経路Bのそれぞれについて予測（prediction）し，それに基づいていずれの経路を建設すべきかを決定する，という考え方が帰結主義である．

一方で，非帰結主義は「ルール」（あるいは規範）に基づいて意思を決定する，という方式である．道路建設についていうなら，特定のルール（例えば，日本全国いずれの地点からも，高速道路に1時間以内には乗れる，というルールなど）に基づいて道路建設を進めていく方式である．そのほか，道路計画を立てる際に「歴史的文化的な遺産は保存する」「環境基準を満たすように計画を立てる」などは，非帰結主義的な意思決定ルールである．あるいは，「多数決で決められた選択肢を採用する」というルールも一種の非帰結主義的な意思決定ルールである．

（2） 帰結主義と非帰結主義の特徴 さて，帰結主義と非帰結主義にはさまざまな相違点，特徴がある．

第1に，非帰結主義で選択を行った場合，必ずしも費用と便益の観点から得策な選択肢が選ばれるとは限らない一方，帰結主義で選択を行った場合，事前

の予測にある程度の妥当性がある限りにおいては，費用と便益の観点から有利な選択が選ばれる見込みは高い．

第2に，非帰結主義は，特定のルールに基づいて選択を行っていく以上，そのルールに一定の合理性がある限りにおいては，少なくともそのルールから逸脱した選択がなされない．逆にいうなら，特定の制約条件を必ず満たすことができる，という利点がある．ところが帰結主義で行う選択は，そうした制約条件が満たされる可能性が低減する．

第3に，通常，帰結主義は，選択肢の帰結（費用や便益）が予測しうるのなら，的確に選択肢を一つ選択することができるが，非帰結主義的な決め方では，選択肢が複数選ばれることも，一つも選ばれないことも生じうる．例えば，上述のように，環境基準というルールを考えたとき，それを満たす経路が複数存在することも，一つもないこともありうる．

第4に，帰結主義は，費用や便益を予測することが前提となるが，将来の予測があいまいな場合や不確実性が多い場合には，必ずしも帰結主義で選択することは容易ではなく，場合によっては不可能である場合もある．ところが，非帰結主義に基づくならば，容易に選択することが可能となる．

そして最後に，帰結主義を採用し続けていると，意思決定者の「努力」の水準によって帰結が異なったものとなるという側面が軽視され，選択後の「努力」が低減してしまうかもしれない，という相違点がある．なぜなら，帰結主義においては，将来を自らの意志に基づいて作り出すものというよりは，必然的に訪れるものとみなすことが前提だからである．一方で，未来を固定的に考えない非帰結主義では，意思決定後の努力が奨励されることもありうるのである．

このように，帰結主義も非帰結主義も，それぞれ一長一短であり，一概に，いずれが得策であるかを断定できない．それゆえ現実的な計画決定は，将来予測ができるのかできないのか，計画上満たすべき制約条件は何であり，その制約条件が存在するそもそもの根拠（あるいは正当性・正統性）は何なのかなどを十分踏まえつつ，帰結主義的な側面と非帰結主義的な側面を組み合わせつつ

58   2. 道路交通計画の社会的意思決定

具体的な社会的意思決定プロセスを採用することが得策であろう。

本章では，以上の認識のもと，2.2節で「帰結主義」の考え方に基づく交通計画の基本的な考え方や手順を論じる。そして，そのうえで，2.3節にて，「非帰結主義」の考え方に基づく道路計画について論じ，それらを踏まえたうえで，交通計画の社会的意思決定についてとりまとめる。

2.2 道路交通計画の帰結主義的な評価

道路交通計画は，その規模や内容に応じて広域から局地までの多様な利害関係主体に影響を及ぼす。利害が異なる多数の主体がある道路交通計画に民主的な方法で合意して，それが実施されるまでのプロセスにおいて，計画を適切に評価したうえで合意形成に資する情報が提供されなければならない。

2.1節ですでに解説されているように，例えば非帰結主義の立場から合意形成のプロセス自体が民主主義的に重要な価値をもつことは明らかである。しかし，そのことは伝統的な帰結主義な立場から行われる計画の評価が無意味であることを意味しない。ここでは，帰結主義な立場からの評価の役割と限界について，そのような評価の典型的な手法である費用便益分析を対象として解説する。

2.2.1 帰結主義的な評価の意義

帰結主義的な評価は，計画の実施によって実現する社会の状態に対して，個々人がそれぞれ行う評価を，何らかの方法によって集計して，社会全体としての一元化された評価指標を算出することである（帰結主義に関する経済学的な体系的整理については文献5)を参照）といえる。

最も簡便に定式化すれば，まず，計画に対して何らかの利害をもち，かつ，社会的な意思決定に関与する資格をもつ個人とその集合を $i \in I$ で表す。個人 i の状態を x_i として，社会全体の状態を $x = (x_i)_{i \in I}$ とする。この社会の状態に対して個人 i が望ましさの順序関係を表明することができるとして，それが関数

$V_i(\boldsymbol{x})$ の大小で表せると考える．評価の対象となっている計画を実施した場合に実現する状態を $\boldsymbol{x}^b$ とし，それと比較対照されるべき状態 $\boldsymbol{x}^a$（通常は計画を実施しない場合の状態）について，$\underset{a \to b}{\Delta} V_i = V_i(\boldsymbol{x}^b) - V_i(\boldsymbol{x}^a) > 0$ であれば，個人 i には計画の実施が望ましいことになる．

社会全体としての評価指標は，各個人 i の $V_i(\boldsymbol{x})$ を変数とした関数 $W(V)$，$V = (V_i)_{i \in I}$ の大小で判断する場合と，$\underset{a \to b}{\Delta} V_i$ を変数とした関数 $H(\Delta V)$，$\Delta V = (\Delta V_i)_{i \in I}$ で判断する場合がある．前者は経済学におけるいわゆる社会的厚生関数と呼ばれる考え方であり，$\Delta W(V) = W(V^b) - W(V^a) > 0$ となるような道路計画の実施が社会的に支持されることになる．後者としては，例えば単純な多数決による意思決定を表すものとしてつぎのような関数を考えることができる．

$$H(\Delta V) = \sum_{i \in I} \mathrm{sgn}(\Delta V_i) \tag{2.1}$$

ただし

$$\mathrm{sgn}(\Delta V_i) = \begin{cases} +1 \text{ for } \Delta V_i \geqq 0 \\ -1 \text{ for } \Delta V_i < 0 \end{cases} \tag{2.2}$$

$H(\Delta V) > 0$ であれば，変化を望ましいとする個人の数が過半数を上回り，多数決を行ったとすれば，このような変化をもたらす道路計画の実施が可決されるということを意味する．

このような帰結主義的な意思決定において，重要となる問題点について述べておく．まず，最も重要なものは，社会的意思決定に関与する個人の集合 $i \in I$ である．もし，この集合がただ1人の個人からなるとすれば，この場合はその個人が独裁者であると解釈できる．そのような決定メカニズムはとうてい民主的であるとはみなされない．また，少数の個人からなる場合も同様であろう．しかし，一方ですべての個人がつねにどの計画に関しても意思決定に関与することが効率的であるとは限らない．間接民主制はある信託のもとに少数の個人が具体的な個別の計画に対して意思決定を行うシステムであるといえる．また，選挙権がある資格を満たすものに付与されるということも，意思決定の合理性を担保するうえからは必要な措置であるといえる．特定の個人またはその

グループが，合理的な理由がないままに排除された集合であってはならない。

帰結主義的な評価においても，$V_i(\boldsymbol{x})$ を $V_i(\boldsymbol{x}_i)$ と置き換えれば，個人 i は自らの状態のみに関心をもち，他の個人や社会全体の状態に対しては関心をもたないことになり，利己的な個人を想定することになる。もし，個人 i が $\boldsymbol{x}_{i', \neq i}$ にも関心を払うならば，利他的な選好を有すると解釈できる。利己的な個人を想定することはそうでない場合と比べて，評価の作業を実際には大幅に簡便にする。

もう一つの根本的な問題として，$\boldsymbol{x}_i$ の中身をどのように設定するかという問題がある。主流派経済学においては伝統的に，これを市場取引などによって交換できたり，あるいは政府が強制的に徴収・割当てしたりすることによって，個人間で移転することが可能な資源や財としてとらえている。そのような再配分可能あるいは補償可能な資源や財の各個人への配分状況を $\boldsymbol{x}_i$ としている。一方，鈴村[5]によれば，帰結主義的な立場のなかでも非厚生主義的帰結主義と呼ばれる立場からは，$\boldsymbol{x}_i$ の中身をそのような再配分可能な資源だけでなく，選択可能な機会の集合や非市場的な場面での活動なども含めて，個人が置かれている状態をより幅広くとらえようとする立場もある。しかし，再配分可能な資源や財の配分であれば，ある程度までは観測に基づいて客観的に把握することが可能であるが，非厚生主義的帰結主義の立場に立って $\boldsymbol{x}_i$ の中身を定義することは容易ではなく，それについての広い合意を得るのは難しい。そして，それを観測に基づいて客観的に把握するのが実際上は不可能な場合も多数あるといえる。

以上から，帰結主義的な立場からの評価は計画が個々人の状態をどのように変化させるのかということに基礎を置いている。したがって，計画が合意されるまでのプロセスがもつ価値とは独立であろうとする立場であるといえる。また，伝統的には利己的な個人を想定し，個人が関心をもつ対象も自らの状態であり，しかも，再配分可能あるいは補償可能な資源や財におもに関心を寄せるという想定である。したがって，帰結主義的な立場からの評価が今日の多様な政策要求に照らしてみるときわめて限定的であることは確かである。しかし，

これらの特徴は計画を評価する作業を実際に行ううえでは必要である。もちろん，これらの特徴を超えた評価を可能にするための努力や試みには積極的に取り組むべきであるが，まずはこのように限定的であっても帰結主義的な立場からの評価は必要最低限の作業として必ず行われるべきである。非帰結主義的な立場での社会的意思決定あるいはそのための評価という作業にはさまざまなものがありえる。そして，そのなかから限られたものがただちに実際に定着していくとは期待できない。したがって非帰結主義的な立場はいまだ当面は多様なものが並存していくといえる。そのため，帰結主義的な評価はどのような非帰結主義的な立場で社会的意思決定が行われるようになるとしても，まずは最も基本的な要件だけで組み立てられた，そして，最低限必ず試みるべき評価として，非帰結主義な立場に対しても重要な参照点としての情報を提供するという機能を果たすことになる。

　注意すべきは，帰結主義的な立場からの評価はこのような限定的な意味をもつものであるため，その結果だけに従って機械的に計画の実施が社会的に合意されるべきであるというような決定的な機能をもつものではないことである。あくまで多様な社会的意思決定プロセスに資するべき，最も重要ではあるが一つの参照情報を提供するものであることを正しく理解するべきである。

2.2.2　帰結主義的な評価としての費用便益分析

（1）　**費用便益分析の特徴**　　費用便益分析は，最も単純にいえばつぎのような作業であり，帰結主義的な立場からの評価を代表するものであるといえる。まず，計画の実施によって社会に生じるさまざまな変化を影響として特定する。つぎに，それぞれの影響を価値判断に従って望ましい影響を効果，望ましくないものを不効果として整理して，そのなかから定量的に計測できるものを抽出する。そして，定量的に計測できるものを貨幣量に換算して便益または費用（あるいは不便益）とする。便益が費用を上回る場合，すなわち，純便益が正である場合に，計画は実施に値すると判定する。したがって，費用便益分析において重要な前提となるのは，価値判断が明確に確立されていることと，

貨幣量に換算できることである。

多くの先進諸国では，道路交通計画を費用便益分析によって評価することは以前からすでに定着しており，長い経験を有している（例えば，文献6）を参照）。世界銀行などの国際援助機関でも多数の経験が蓄積されている。わが国でも事業採択の段階で計画の事前評価に費用便益分析を用いるのは，すでにここ十数年の間に定着してきたといえる。また，近年では事業実施の途中段階での評価や事業終了後の評価にも用いられるようになっており，広く活用されている。

（2）**費用便益分析の基本的構造**　伝統的な費用便益分析の考え方を，2.1節の帰結主義的な評価のやり方をさらに特定化したものとして以下に説明していく。

個人が置かれている状態 x_i を，所得 Y_i とそれ以外の要素 Q_i で表すとする。

$$V_i(x_i) = V(Y_i, Q_i) \tag{2.3}$$

所得 Y_i は貨幣として異なる個人の間で移転させることができる。道路交通計画がもたらすいわゆる経済効果が所得水準の向上となる場合は，これが変化することになる。また，それぞれの個人が税金や賦課金などを通して道路交通計画の実施に要する費用を負担している場合は，それも所得の変化として表現することができる。また，要素 Q_i には目的地への所要時間や料金費用といった道路交通のサービス水準を表す変数あるいは道路沿道で受ける騒音レベルなどの環境水準を表す変数が相当する。

道路計画が実施されたことの有無を先と同様に添字 a, b で表し，なしのとき (Y_i^a, Q_i^a)，ありのとき (Y_i^b, Q_i^b) であるとする。代表的な2種類の定義である等価的偏差（equivalent variation, EV）と補償的偏差（compensating variation, CV）による便益（例えば，文献7）を参照）によって，それぞれに従って便益はつぎのように定義される。

$$\text{等価的偏差} \quad V(Y_i^a + EV_i, Q_i^a) = V(Y_i^b, Q_i^b) \tag{2.4}$$

$$\text{補償的偏差} \quad V(Y_i^a, Q_i^a) = V(Y_i^b - CV_i, Q_i^b) \tag{2.5}$$

等価的偏差は，なしの状態において EV_i だけ所得を追加して，ありの場合

と同じ効用水準を実現するということを意味し,補償的偏差は,ありの状態において CV_i だけ所得を減額して,なしの状態と同じ効用水準にすることを意味している。いずれも有無による効用水準の差を所得のタームに変換したものとして便益を定義している。費用便益分析に道路計画の実施基準は,この便益を意思決定にかかわる利害関係者全体にわたって合計したものが正であることであり,等価的偏差で表現すれば

$$\sum_{i \in I} EV_i > 0 \tag{2.6}$$

所得の変化 $Y_i^a \rightarrow Y_i^b$ に事業費用 (project cost) をそれぞれの個人が負担する分 ΔC_i が含まれており,$EV_i = ev_i - \Delta C_i$ と書き換えられる場合は

$$\sum_{i \in I} ev_i - \sum_{i \in I} \Delta C_i = B - C > 0, \quad B = \sum_{i \in I} ev_i, \quad C = \sum_{i \in I} \Delta C_i \tag{2.7}$$

となり,いわゆる純便益 $B-C$ が正(>0)であることが実施判定の基準となる。

(3) 費用便益分析による意思決定についての重要な留意点　等価的偏差 (EV) と補償的偏差 (CV) の理論的な特徴の解説と実際的な計測方法については,文献7) および文献8) などの関係専門書を参照されたい。計測上の技術的な留意点も重要であるが,集団的な意思決定に資するという観点から,費用便益分析の特徴として以下の点に特に留意しておくべきであると考えられる。

第1は,総純便益が正であるという式 (2.7) の基準は利害関係者の間での便益の分布状況については何ら判断をしていないという点である。正の便益を受ける者が負の便益を被る者を補償することによって,利害関係者全員が実施によって,不利になることがない状況を実現できるかどうかは,補償テストと呼ばれており,いくつかの種類が提案されている。このテストは道路計画の実施によって不利になる個人を作り出さないということであるので,実施が社会的に合意されるために満たすべき最も基本的な基準であるといえる。しかし,式 (2.7) に示した純便益基準は厳密な意味で補償テストをパスすることとはつねに必要十分な関係にはないという点に注意が必要である。道路計画の実施が利害関係者のそれぞれが置かれている状況を大きく変化させるような場合には,テストをパスしないような理論的な例がすでにいくつも示されている。

第2は，文献7)で解説されているように，式(2.7)での基準が一種の逆進性をもち，所得の高い個人が受ける便益を重くみるという性質をもつ可能性があるという点である。これは公平性の観点から特に留意しておくべきである。もともと所得水準の低い個人と高い個人が混在しているような社会でそれぞれに影響が及ぶような場合，公平性の観点は社会的意思決定において効率性の基準と同様に重要であることはいうまでもない。公平性の観点も含めて社会が合意している価値規範が社会的厚生関数 $W(V)$，$V=(V_i)_{i\in I}$ で表されるものとする。それぞれの個人の所得が変化したことによる社会的厚生関数の変化は

$$dW(V) = \sum_{i \in I} \frac{\partial W}{\partial V_i} \frac{\partial V_i}{\partial Y_i} dY_i \qquad (2.8)$$

式(2.7)と対比させるために所得の変化 dY_i を EV_i で置き換えて社会的厚生の変化をつぎのように書き改める。

$$\Delta W = \sum_{i \in I} \frac{\partial W}{\partial V_i} \frac{\partial V_i}{\partial Y_i} EV_i \qquad (2.9)$$

文献7)では，社会的厚生の増大 $\Delta W > 0$ と式(2.6)の $\sum_{i \in I} EV_i > 0$ が一致する場合として，つぎの条件が成り立つ場合を挙げている。

$$\frac{\partial W}{\partial V_i} \frac{\partial V_i}{\partial Y_i} = k = 一定 \qquad (2.10)$$

$\partial W/\partial V_i$ は，社会的厚生 $W(V)$ に対する個人 i の効用 V_i がもっている影響度，すなわち，社会において実現している状態の望ましさを判断するに際して，i という1人の個人が享受している満足度（幸福の度合い）がどのくらい重要視されているかという程度を表している。これはつぎのように表される。

$$\frac{\partial W}{\partial V_i} = \frac{k}{\partial V_i/\partial Y_i} \qquad (2.11)$$

$\partial V_i/\partial Y_i$ は所得の限界効用と呼ばれ，所得1単位が追加的に増加したときに，個人 i の効用がどれだけ増大するかを表している。一般には所得の限界効用は，もとの所得水準が高くなるほど小さいという逓減的な性質をもつため，式(2.7)から個人 i の所得が高いほど結果として $\partial W/\partial V_i$ は高くなる。所得が高い個人ほど社会的厚生のなかでの重要度が高いという意味で逆進的であるとい

うことになる。

　費用便益分析が逆進的な構造をもっている可能性があるということには特に注意が必要である。費用便益分析は資源配分の効率性だけを評価する基準として限定的にとらえ，また，社会的意思決定のなかでもそれ以上の役割をもつべきではないという意見は，従来から非常に強く主張されてきた。しかし，一方で，逆に個人iごとに重み係数ϕ_iを設定して，式(2.6)の基準をつぎのように変更した基準を用いた判断を行うべきであるという主張もある。

$$\sum_{i \in I} \phi_i EV_i > 0 \tag{2.12}$$

重み係数ϕ_iは所得水準に基づいて決定される場合は，以前から Distributive Weight（解説としては文献9）を参照）と呼ばれており，また，文献10）では地域間格差に着目して地域修正係数と呼んでいる。もちろん，重み係数ϕ_iをどのように決定することが最も妥当であるか，そして，それについて社会的な合意を得ることが可能かという問題は，さらに困難な課題である。しかし，このような試みを繰り返していくことが合意を得るために必要であり，そのような試みを議論の出発点として行うことには大きな意義があるといえる。

2.3　道路交通計画の非帰結主義的な社会的意思決定

　以上，帰結主義に基づく道路交通計画の考え方について述べたが，ここでは，非帰結主義の考え方，ならびに帰結主義と非帰結主義の双方を含めた実際的な社会的意思決定に基づく交通計画について，道路を例にとりつつ論じる。なお，本節ではそれに先立ち，社会的意思決定の方式，つまり「決め方」の"多様性"を理解することをめどとして，その分類を詳細に論じることとしたい[11]。

2.3.1　中央決定方式と民主的決定方式

　本章の冒頭で，意思決定の「基準」として何を採用するかという観点から，

帰結主義と非帰結主義に，社会的意思決定を分類した。ただし，この分類は，「社会的」な意思決定の分類というよりはむしろ，「意思決定」そのものについての分類である。ここでは，より包括的に道路交通計画の社会的意思決定を議論するために，「社会的」な側面に着目した分類を述べる。

図 2.1 は，社会的意思決定の方式（決め方）を分類したものである。以下，ここに示したそれぞれの「決め方」を概説する。

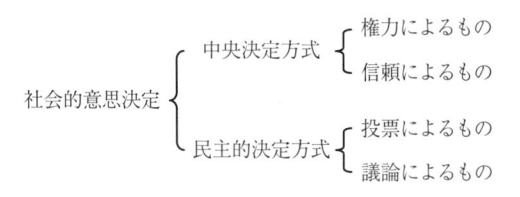

$$
\text{社会的意思決定}\begin{cases} \text{中央決定方式}\begin{cases} \text{権力によるもの} \\ \text{信頼によるもの} \end{cases} \\ \text{民主的決定方式}\begin{cases} \text{投票によるもの} \\ \text{議論によるもの} \end{cases} \end{cases}
$$

図 2.1　社会的意思決定方式の分類[5]

（1）**中央決定方式**　まず，社会的意思決定方式は唯一，あるいは一部の意思決定者が下した決定をそのまま社会的意思決定として採用するという方式（以下，中央決定方式）と，一人ひとりの多様な意見，選好を集約して社会的意思決定を行う方式（以下，民主的決定方式）に分類される。

さらに，中央決定方式には，信頼によるものと権力によるものとに分けられる。信頼による中央決定方式とは，人々が，一部の意思決定者を「信頼」し，その意思決定者が下す意思決定を「自発的」に受け入れる，という方式である。国民の多くが，政府はおおよそまともな選択をするであろうと期待し（＝信頼し），それゆえに，政府が下す決定を，特に大きな不満もなく受け入れるという状態が成立している場合，その決定方式は信頼による中央決定方式である。これに対して，権力による中央決定方式とは，一部の意思決定者が社会的意思決定を下す権限をもち，その権限を行使する形で社会的意思決定を下し，しかる後にその決定を人々に強制する，という決定方式である。

（2）**民主的決定方式**　一方，民主的決定方式は，投票によるものと議論によるものとに分類される。投票による民主的決定方式とは，人々の選好（意見）を与件として，それが変化することを前提としないままに，それを集約す

ることで社会的決定を下す方式である。例えば，わが国のさまざまなレベルにおいて実施されている選挙は，投票による民主的決定方式であるし，昨今の公共事業で時折見られるようになってきた住民投票もこの方式である。

一方，議論による民主的決定方式とは，人々の選好（意見）が変化することを前提として，議論を重ねることで選好を集約していく方法である。いわば，"落としどころ"を模索していく方式が議論による民主的決定方式である。この場合の議論は必ずしも一同に会する会議だけではなく，一人ひとり個別に議論を重ねていく"根回し方式"も含まれる。全員一致を旨とするような会議の進め方は，議論による民主的決定方式の代表的な例である。

（3）それぞれの意思決定方式の特徴 さて，それぞれの「決め方」についての研究は，厚生経済学や社会心理学を中心としてなされている。ここでは，それらの研究のなかで明らかにされている知見をとりまとめることとしたい。まず，「決定の質」という観点について着目した社会心理学研究より，以下の知見が明らかにされている[3),11)]。

① 決定の質（つまり，社会的厚生の水準）の観点から，民主的決定方式が，社会内の最も優秀な個人ひとりの決定を下回ることが多い[12)]。

ただし，この傾向は，判断に高い専門性が必要とされない場合には成立しないが，難解で複雑な問題の場合には顕著にその傾向が現れる。社会のなかの優秀な個人を選抜し，彼/彼女に社会的決定を任せるという官僚体制がいずれの社会でも何らかの形で行われ，それが一定の成功を収めているのは，このためである。

民主的決定方式のなかでも，投票選好集約に基づく方式にはつぎのような問題点が挙げられる。

② つねに単一の決定をもたらす，投票選好集約による民主的決定方式はあり得ない[1),2),12)]。

このことは，投票さえすれば適切に社会的決定が可能である，という民主主義的な素朴な期待を裏切る事実であろう。例えば，多数決を採用するにしても，投票方式を操作することで結果を操作する可能性を排除することは難しい。

一方,議論集約方式の民主的決定方式を採用したとしても,つぎのような傾向があることが知られている。

③ 議論の後の意見分布は,意見の前の意見分布における多数派がより多数派となった分布になる傾向が強い[6]。

このような現象は,一般に極化といわれており,議論を重ねた後で得られる結論が,議論をせずに投票選好集約で決定した結果と変わらない可能性が強いことを意味している。換言するならば,結果としては,議論を重ねても重ねなくても,最初から多数決をとるのとそう変わらない,ということを意味している。このことは"話せばわかる"という素朴な議論に対する期待を裏切るものである。

こうしてみると,民主的決定方式は

① それが難しい問題であるならば決定の質の観点からは優秀な個人の意思決定を上回るものではなく,

② 投票をしても適切な唯一の答えが得られるのではなく,かつ,

③ 議論をしようがしまいが,あまり関係がない,

という点から,中央決定方式を優越するものではないということがわかる。日本を含めた近代国家の大半において,社会的決定のすべてを,民主的決定方式で執り行っていないのは,こうした自明な問題点があるからである。

ただし,中央決定方式で下された意思決定よりも,民主的決定方式を採用したほうが,人々がその意思決定を「公正」であると認識し,その決定を「受容」する傾向が増進することも知られている[11]。さらに,専門的知識がそれほど必要とされない問題であるなら,中央決定方式よりも民主的決定方式のほうがより良質な意思決定を下すことができることも知られている[11]。

以上を踏まえるなら,何もかも民主的決定方式が望ましいわけでも,何もかも中央決定方式が望ましいわけでもなさそうである。民主主義への過信も,中央決定方式への過信も厳に慎みつつ,専門的な知識が必要とされる局面や,長期的・広域的な多様な影響を及ぼす難しい問題においては中央決定方式を重視する一方で,非専門的な領域の問題や,短期的・局所的な問題においては民主

的決定方式を重視しつつ，意思決定を下していくことが望ましいであろう．

2.3.2 現実の道路交通計画における社会的意思決定

（1）意思決定基準を加味した分類 以上，意思決定の基準に着目した分類（非帰結主義 vs. 帰結主義），ならびに，意思決定の方式に着目した四つの分類についてそれぞれ述べた．ここで，より詳しく現実の社会的意思決定の問題を考えるために，この両者の分類を加味して，より詳細に社会的意思決定を分類することとしたい．双方の分類を考慮すると，**表 2.1** に示したように 2×4 の合計八つのタイプの社会的意思決定が考えられることとなる．以下，これら八つのタイプを二つずつまとめて説明する．

表 2.1 意思決定の基準と方式の双方を考慮した社会的意思決定方式の分類

		中央決定方式		民主的決定方式	
		信頼によるもの	権力によるもの	投票によるもの	議論によるもの
帰結主義		費用便益分析に基づく計画決定（国民の信頼を受ける）	費用便益分析に基づく計画決定（法的・政治的に正当性あり）	住民投票方式（各人が費用便益に配慮）	議会・審議会方式（各人が費用便益に配慮）
非帰結主義		意思決定規範（ルール）に基づく計画決定（国民の信任を受ける）	意思決定規範（ルール）に基づく計画決定（法的・政治的に正当性あり）	住民投票方式（各人が意思決定規範に配慮）	議会・審議会方式（各人が意思決定規範に配慮）

左上：費用便益タイプ／右上：審議会タイプ／左下：意思決定規範タイプ／中下：住民投票タイプ

（a）費用便益タイプ

まず，政府が専門家などの援助を受けつつ費用便益分析を行い，それに基づいて計画決定をするタイプが代表的なものとして挙げられる．この方式は，2.3.1 項で詳細に論じたとおりである．なお，政府が国民の信頼を受け，取り立てて強制しなくともこの計画決定が社会に自然と受け入れられるとき，その社会的意思決定は「信頼による中央決定」の側面が強く，逆に，国民の信頼が不在のままに，法的・政治的な正当性に基づいて決定する傾向が強い場合は「権力による中央決定」の側面が強くなる．将来予測が確実に可能であり，し

かも，何が"良質な選択か"の基準が明確な場合には，良質な選択を行うことができるが，将来の不確実性が高い場合，あるいは良質な選択についての基準が将来変化する可能性がある場合には，必ずしも良質な選択を行うことができるとは限らない．

なお，費用便益を基準とした意思決定をする場合，数理的な分析に基づいて意思決定を下す場合と，定性的な分析に基づいて意思決定を下す場合の双方が考えられる．数理的分析を行うほうが単純な議論が可能であるが，数値が"ひとり歩き"する危険性がある点に注意が必要である．また，定量化可能な項目（例えば，時間損失など）は的確に反映できるが，定量化が難しい項目（例えば，景観や地域コミュニティの凝集性への影響など）が反映できないがゆえに，軽視されがちになるという点にも注意が必要である．逆に，定性的な分析に基づいて意思決定を下す場合，その説得力を科学的に保証することが課題となる．

（b） 意思決定規範タイプ

「一定の環境基準を満たす」「特定の人口規模を満たせば高速道路を整備する」「すべての地点から一定の時間以内で高速道路に乗れるように高速道路を整備する」などの意思決定規範（ルール）に準拠して計画を立てていく方式．こうした意思決定規範が法的に正当性をもつものである場合には「権力」による意思決定の側面が強い一方，国民の信頼を得た政府が，例えば社会的な慣習に沿った規範で意思決定を行う場合には「信頼」による意思決定の側面が強いということができる．この場合ももちろん，現実の意思決定は両者の側面を併せもつ．

この方式で選択をする場合，場合によっては，この意思決定方式だけで，一つの計画に絞ることができるケースも考えられるが，複数の計画が許容されうることも，すべての基準を満たす計画が存在しないという場合もありうる．また，いずれの基準を採用するのか，あるいは，複数の基準が異なる選択肢を指し示す場合にいずれの基準を重視するのかの判断によって，選択結果が異なることとなる．それゆえ，費用便益タイプの意思決定方式よりも，意思決定を下

す組織の相違によって選択が大きく異なる可能性が高い。ただし，健全な政治的・行政的議論が保証され，重視すべき意思決定の基準を選定することができるなら，文化的，歴史的，伝統的，時代背景的なさまざまな状況を加味しつつ，適切な意思決定規範に基づいて適切な計画決定を下すことが期待できる。

（c）住民投票タイプ

その計画に関与する人々の意見（選好）の表明を依頼し，それに基づいて，社会的意思決定を行うタイプ。表明された意見や選好に基づいてどのように一つの計画・選択肢を選択するかについては，さまざまな方式がありうる。最も得票数が多かったものに決定する方式，得票数が多かった選択肢を複数残し，そのなかから「決選投票」を行う方式，二つずつ投票していくトーナメント方式など，さまざまなものが考えられる。「住民投票」がその代表的な例である。一般に，どの方式を採用するかで，選ばれる選択肢が大きく異なることがあることが知られている。なお，人々がどのような基準に基づいて意見・選好を決定しているかによって，帰結主義的な住民投票となるか，非帰結主義的な住民投票となるかに分けられるが，通常は，一人ひとり，基準は異なる。

この方式では，全員が意思決定のプロセスに参加することができるという点において，社会的意思決定のプロセスを"公正"とみなし，そこで下された決定を"納得"して"受容"する可能性が，中央決定方式よりも大きく増進する。

ただし，人々の納得や受容という問題と，意思決定の質の問題が必ずしも関連しているわけではない点に最大の注意が必要である。しかも，投票以前に，十分に議論がなされるという保証はなく，変動しやすいあいまいな"世論の動き"によって意思決定が左右されてしまう点にも注意が必要である。これらの留意点に加えて，通常，道路交通計画のプロジェクト期間は長期的・広域的に影響が及ぶが，その影響を被る人々全員を投票に参加させることが難しい点も重大な注意点である。もし，少しでも影響が及ぶ公共計画のすべてにわれわれが参加しなければならないとしたら，毎日数十から数百の投票をせざるを得なくなる。そうなれば，それら一つひとつについて十分に検討することなどあり得ない。あるいは，例えば，自分が生まれる前に下された公共計画に，われわ

れは投票することはできない。したがって、通常、影響を被る人々のなかの、ごく一部の人々、例えば、現在その周辺に居住している住民などだけがその決定に参加することとなる。しかし、たまたま特定の場所に"居住していた"というだけで、決定する権限をもつと考えることが正当であると考える根拠は特にない。

これらの問題すべてを踏まえたとしても、その計画の微細な部分、例えば、計画の大枠ではなく、河川の右側と左側のいずれに道路を建設するほうが望ましいかといったような、計画決定の影響が"狭い地域"に限られる場合においては、住民投票も一定の妥当性をもちうる。その地域の人々全員に、その地域にこれから住むであろう将来の人々全員の"代表者"として検討することを期待し投票を要請することで、その地域の事情を加味することが可能となる。

（d）審議会タイプ

その計画に関与する組織や人々の代表者を取り入れた人々の間で「議論」を行い、一つの結論を導き出そうとするタイプ。住民や国民全員が参加する議論をすることは現実的に不可能であることから、"代表者"を選定せざるを得ないが、その代表者を人々が本当に"代表者"とみなしているか否かによって、人々の、その審議会に対する意識（態度）は大きく異なったものとなる。なお、議論の争点が帰結主義的な側面と非帰結主義的な側面のいずれに置かれているかによって、帰結主義的な審議会と非帰結主義的な審議会に分類される。

（2） 現実の道路交通計画における基本的留意事項　　以上に論じたように、「決め方」にはさまざまなものが考えられるが、以上に論じたものはいずれも、意思決定の「要素」にしかすぎない点に留意が必要である。現実社会の道路交通計画の社会的決定は、これらを組み合わせた複合的なものであり、純粋に住民投票だけで決められるものでも、純粋に1人の独裁者が権力をふるって強引に決定するものでもない。「意思決定のプロセス」全般を考えたとき、民主的な方式も中央的な方式も、帰結主義的な考え方も非帰結主義的な考え方も、信頼も権力も、投票も議論も、いずれもが、さまざまな段階で部分的に取り入れられて、最終的な道路交通計画が決定されているのが実態である。

2.3 道路交通計画の非帰結主義的な社会的意思決定

意思決定プロセスの種類は，以上に論じたさまざまな意思決定方式の順列・組合せで規定されるものである以上，そのバリエーションは膨大な数にのぼる。ただし，より健全な意思決定のためには，各意思決定要素の"長所と短所"をそれぞれ踏まえなければならない。以下，その点についてとりまとめる。

(a) 帰結主義と非帰結主義

物理的に実施可能な選択肢は膨大な数にのぼる。それらの一つひとつを帰結主義に基づいて費用と便益を計算していくことは，著しく非効率的である。通常は，意思決定の初期の段階は非帰結主義的な考え方で，重要な意思決定規範を加味しつつ，いくつかの選択肢に絞ったうえで，それぞれの一つひとつの費用と便益を考慮して最終的な判定に持ち込むことが現実的である。すなわち，相対的には，意思決定プロセスの前半のほうでは非帰結主義を，後半のほうでは帰結主義を採用することが概して望ましい。

また，将来予測の可能性が高く，便益や費用の評価の視点（あるいは，それを導く関数）が明確な場合には，帰結主義的な意思決定の有用性が高まるが，将来予測の可能性が低く，また，評価の視点が明らかではない場合は，最低限の規範を遵守するように意思決定を下す非帰結主義の有用性が高まる。

(b) 中央決定方式と民主的決定方式

中央決定方式の長所は，長期的・広域的な視野で総合的判断が下せることであり，その短所は，地域や時代に個別の詳細な事情を十分に加味できない点にある。民主的決定方式の長所・短所は，そのちょうど逆である。ついては，より長期的・広域的な計画については中央決定方式を，より短期的・狭域的な計画については民主的決定方式を採用することの有効性が高い。ただし，いずれの社会的決定を行うにあたっても，その決定の法的正当性，社会慣習的正当性，あるいは伝統的正統性が担保されることが不可欠であることは，政治学的な常識といって差し支えない[14]。その意味において，そうした正当性が不在の民主的決定は，その採用を回避することが必要である。特に，わが国は議会制民主主義を基本とした政治体制となっているが，しばしば「住民投票」などの直接民主主義的手続きは，そうした政治体制と整合しないことも多く，法的正

当性をもたない場合が多い点にも留意が必要である[15]。

それらを十分に踏まえたうえで,例えば,国土交通省の「公共事業の構想段階における住民参加のガイドライン」[16]に準拠しつつ,①事業者による複数案の公表,②事業者による意見徴集,③手続き円滑化のための組織の設置,④必要な情報提供,などを進めていくことで,中央決定方式と民主的決定方式を適切に融合することが望ましい。一般に,こうした融合に基づいて公共事業を進めていく考え方は,**パブリック・インボルブメント**(**PI**)と呼ばれる。

（c） 議論と投票

民主的決定をためすにあたり,その基本的な方式には議論と投票の双方がありうるが,参画者数が一定数以下で,時間的制約が緩い場合には「議論」は現実的であるが,そうでない場合には「議論」の考え方は非現実的であり,「投票」の考え方に頼らざるを得ない。そして現実的には,上述のPIの考え方に基づいて中央決定方式と民主的決定方式を適切に融合することが必要である。具体的には,純粋な住民投票を直接実施する代わりに住民意識を何らかの形で把握し,その結果を踏まえて中央決定方式をためすという方法が考えられるし,また,中央決定権が委ねられた組織に地域の代表者を数名含めるという形で,議論による民主的決定方式を部分的に採用するなどの方法も考えられる[16]。

（d） 信頼と権力

中央意思決定の「正当性」は,国民や住民の行政・政府に対する「信頼」と,国家的社会的な伝統やその表出たる法制度に準拠する「権力」の双方から演繹（えんえき）される。中央決定方式を執り行う以上,いかなる局面においても,その両者の正当性の確保は最重要課題である。ここに,一方だけを重視するようなことがあると,中央決定方式の安定性は揺らぐことは避けられない[9]。

なお,民主的決定方式に関しても,同様の議論が成立する。例えば,「議会」で下される決定は民主的決定といえるはずだが,その「信頼」が低下すれば,その決定に国民は不満を抱くこととなる。その意味でも,複数の人間に影響を及ぼすことが宿命付けられている社会的意思決定には,中央決定方式や民主的

決定方式にかかわらず,「信頼」と「権力（権限）」が付与されなければならない.

参　考　文　献

1) 藤井　聡：土木計画学 ——公共選択の社会科学——, 学芸出版社 (2008)
2) 佐伯　胖：決め方の論理, 東京大学出版会 (1980)
3) 藤井　聡：公共事業の決め方と公共受容, AHPとコンジョイント分析, pp.15-43, 現代数学社 (2004)
4) D. Parfit：Reasons and Persons, Oxford University Press (1984)（森村　進 訳：理由と人格——非人格性の倫理へ——, 勁草書房 (1998)）
5) 鈴村興太郎：厚生経済学の情報的基礎：厚生主義的帰結主義・機会の内在的価値・手続き的衡平性, 現代経済学の潮流 2000（岡田　章, 神谷和也, 黒田昌裕, 伴　金美 編）所収, 東洋経済新報社, pp.3-42 (2000)
6) 中村英夫 編：道路投資の社会経済評価, 東洋経済新報社 (1997)
7) 森杉壽芳：公共投資の投資基準, 新体系土木工学 49, 社会資本と公共投資（森杉壽芳, 御巫清泰 著), 技報堂出版, pp.151-194 (1981)
8) 森杉壽芳 編著：社会資本整備の便益評価, 勁草書房 (1997)
9) 福本潤也：交通プロジェクトの評価における公平性の視点, それは足からはじまった——モビリティの科学——（家田　仁 編集代表, 東京大学交通ラボ 著) 所収, 技報堂出版, pp.396-404 (2000)
10) 上田孝行, 長谷川専, 森杉壽芳, 吉田哲生：地域修正係数を導入した費用便益分析, 土木計画学研究・論文集 No.16, pp.139-145 (1999)
11) 藤井　聡：土木計画のための社会的行動理論——態度追従型計画から態度変容型計画へ——, 土木学会論文集, No.688, /IV-53, 19-35 (2001)
12) 亀田達也：合議の知を求めて——グループの意思決定, 共立出版 (1997)
13) A. K. Sen：Collective Choice and Social Welfare, Holden-Day, San Francisco (1970)（志田基与師 訳：集合的選択と社会的厚生, 勁草書房 (2000)）
14) M. Weber：Politik als beruf (1919)（脇　圭平 訳：職業としての政治 (1980)）
15) J. S. ミル：代議制統治論, 岩波書店 (1861 [1997])
16) 屋井哲雄, 前川秀和 監修, 市民参画型道路計画プロセス研究会 編：市民参画のみちづくり, ——パブリックインボルブメント (PI) ハンドブック, ぎょうせい (2004)

3
ITSに基づく交通管理の新展開

　近年の情報通信技術（information and communication technology，ICT）の進展はめざましく，ICTを利用した製品の普及に伴い，私たちの生活も大きく変化してきている。例えば，コンピュータ，携帯電話の普及は企業などの経済活動のみならず，私たちの日常生活におけるコミュニケーションや消費行動の姿を大きく変容させてきたことは明らかである。現代の道路交通システムではICTを利用して，道路交通の利用者，道路インフラストラクチャ，車両を有機的に連携させることで，道路交通の管理，運用の高度化，効率化を図り，交通渋滞，環境への負荷，交通事故などの諸問題の緩和・解決を目指している。

　このようなICTの活用により高度化を指向した（道路）交通システムを総称してITS（intelligent transport systems）と呼ぶ。本章では，ITSを活用したいくつかの交通コントロールの方策について，具体的な事例も織りまぜて講述する。

3.1 ITSの全体像

3.1.1 ITSとは[1),2)]

　ITS（intelligent transport systems）の基本コンセプトは，ひと，道路インフラ，車両を進展めざましいコンピュータ技術ならびに通信システムにより有機的に統合し，道路交通を中心とした交通システムの利用状況を改善することであり，その結果として，交通混雑の緩和，ネットワークの有効利用，安全性の向上，燃料消費の改善，環境保全などに関する課題の解決に，ITSが貢献するものと期待されている。

　ITSの実現のためには，道路インフラ，通信インフラおよび車両の情報化・

知能化が必要であり，産官学の連携のもとで各種ハードウェアおよびソフトウェアの研究開発およびその実用化への取組みが求められてきた。わが国においては，1994年1月に設立された道路・交通・車両インテリジェント化推進協議会（VERTIS，現 ITS-Japan）が，ITS の研究開発および実用化の推進役としての役割を担ってきた。ITS-Japan が掲げているおよそ30年後の ITS の目標（1995年時点の試算）は，つぎの3項目である。

① 現状の交通死亡事故件数を半減させる（安全性の向上）
② 交通渋滞を解消する（効率性の向上）
③ 環境改善のために自動車の燃料消費量と CO_2 をおのおの約15％削減し，都市部の NO_x を約30％削減する（環境の改善）

上記の目標の実現に向けて，ITS 関係省庁（警察庁，総務省（旧郵政省），経済産業省（旧通商産業省），国土交通省（旧建設省，旧運輸省））が連携して「高度道路交通システム（ITS）推進に関する全体構想（1996年7月）」を策定し，実用化に向けての取組みを推進すべき九つの開発分野と20のユーザーサービスを**図**3.1に示すとおりに決定した。

これまでに，図3.1のなかの開発分野「ナビゲーションシステムの高度化」に分類される道路交通情報通信システム（vehicle information and communication system, VICS）が1996年にサービスを開始している。ETC（electronic toll collection system）は開発分野「自動料金収受システム」に属するシステムであり，2001年より本格的に導入されてきている。これらに加えて，開発分野「安全運転の支援」に属する走行支援道路システム（advanced cruise-assist highway system, AHS）についても，その実用化に向けた研究開発が進められつつある。なお，VICS，AHS，ETC の概要・特徴については，それぞれ3.2，3.5，4.2の各節で説明する。

3.1.2 ITS を支えるシステム

ITS の根幹は，道路・交通情報の適切な収集・処理加工・利用にあるといっても過言ではない。わが国において，ITS がこれまで比較的円滑に導入されつつ

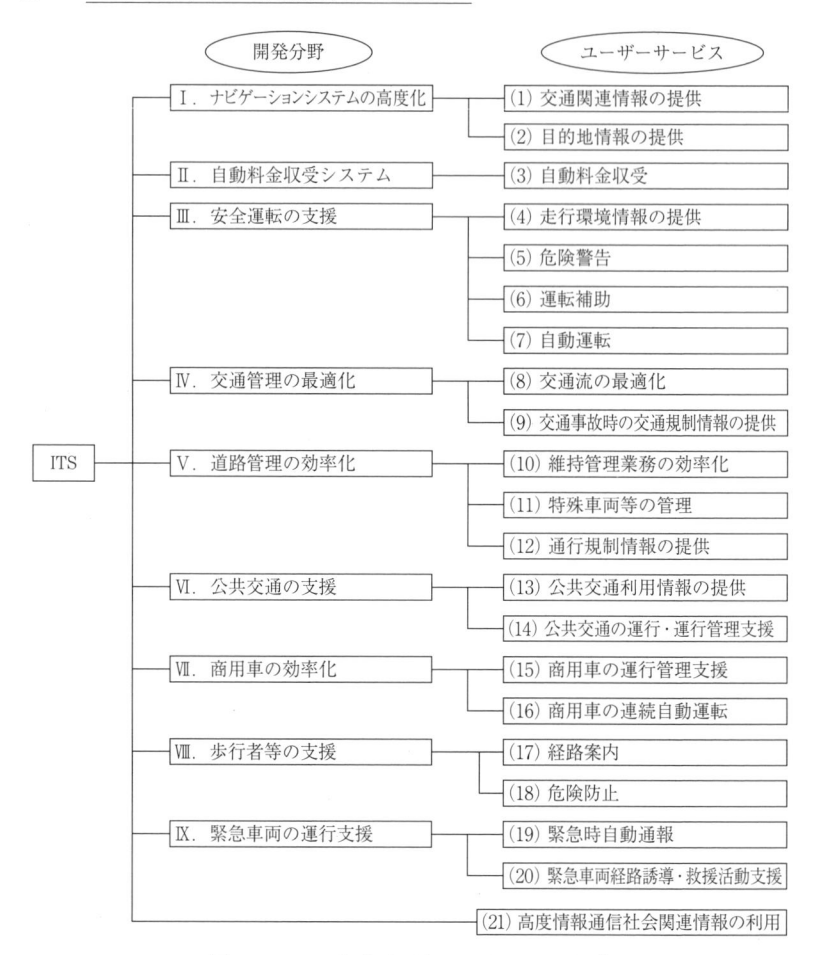

3. ITSに基づく交通管理の新展開

```
                 開発分野                    ユーザーサービス

            ┌─ Ⅰ. ナビゲーションシステムの高度化 ─┬─ (1) 交通関連情報の提供
            │                                  └─ (2) 目的地情報の提供
            ├─ Ⅱ. 自動料金収受システム ───────── (3) 自動料金収受
            ├─ Ⅲ. 安全運転の支援 ──────────────┬─ (4) 走行環境情報の提供
            │                                  ├─ (5) 危険警告
            │                                  ├─ (6) 運転補助
            │                                  └─ (7) 自動運転
            ├─ Ⅳ. 交通管理の最適化 ────────────┬─ (8) 交通流の最適化
            │                                  └─ (9) 交通事故時の交通規制情報の提供
    ITS ──┼─ Ⅴ. 道路管理の効率化 ────────────┬─ (10) 維持管理業務の効率化
            │                                  ├─ (11) 特殊車両等の管理
            │                                  └─ (12) 通行規制情報の提供
            ├─ Ⅵ. 公共交通の支援 ──────────────┬─ (13) 公共交通利用情報の提供
            │                                  └─ (14) 公共交通の運行・運行管理支援
            ├─ Ⅶ. 商用車の効率化 ──────────────┬─ (15) 商用車の運行管理支援
            │                                  └─ (16) 商用車の連続自動運転
            ├─ Ⅷ. 歩行者等の支援 ──────────────┬─ (17) 経路案内
            │                                  └─ (18) 危険防止
            ├─ Ⅸ. 緊急車両の運行支援 ──────────┬─ (19) 緊急時自動通報
            │                                  └─ (20) 緊急車両経路誘導・救援活動支援
            └──────────────────────────────── (21) 高度情報通信社会関連情報の利用
```

図 3.1 ITS の開発分野とユーザーサービス[3]

つある背景として，交通管制システムが都市圏を中心として全国レベルで普及しており，その結果，既存インフラを活用して，道路・交通情報の収集・処理加工を支援可能であった点を挙げることができる．

（1） 交通管制システム[4]　　交通管制システムは，道路交通の安全性と円滑性の維持・増進を基本として，交通管理を一元的に実施するために設置された社会システムである．わが国においては，1960 年代後半以降，急速にモータリゼーションが進み，交通の安全性ならびに円滑性の点で多くの問題が生じ

てきた．とりわけ，交通事故の急増は最大の問題であり，1970年には年間の交通事故による死者が約17 000人に達した．このような問題を踏まえて，交通安全施設整備事業5か年計画の枠組みのなかで，順次交通管制センターが整備され，現在では全47都道府県に整備されている．交通管制センターを中心とした，交通管制システムのおもな機能は**図3.2**に示すとおりである．

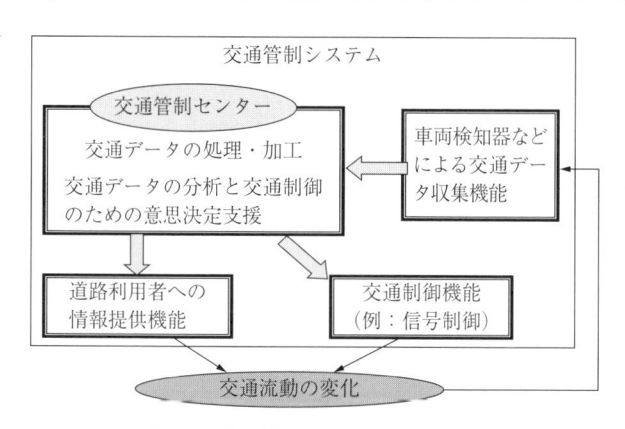

```
┌─ 交通管制システム ──────────────────────┐
│  ╭─ 交通管制センター ─╮                      │
│  │                      │  ┌──────────┐    │
│  │ 交通データの処理・加工 │←─│ 車両検知器など │←┐
│  │ 交通データの分析と交通制御│  │ による交通デー │ │
│  │ のための意思決定支援   │  │ タ収集機能   │ │
│  │                      │  └──────────┘ │
│  ╰──────────────────╯                 │
│      ↓            ↓                        │
│  ┌──────────┐  ┌──────────┐          │
│  │ 道路利用者への │  │ 交通制御機能  │          │
│  │ 情報提供機能  │  │（例：信号制御）│          │
│  └──────────┘  └──────────┘          │
│         ╲            ╱                     │
│       ╭─ 交通流動の変化 ─╮                   │
│       ╰────────────╯ ──────────────┘
```

図3.2 交通管制システムの機能構成

わが国においては，ITSの開発が本格化する以前に，すでに高度な交通情報収集・処理加工・分析の仕組みが導入されており，このことがITS実用化（とりわけVICSの導入）を促進する結果になったと考えられる．

（2） **データ収集の高度化** 近年の道路交通の観測技術の進展が，ITSの実用化プロセスにおいて重要な役割を担っていることは明らかである．上述の交通管制システムの普及期においては，車両検知器がおもな交通データの収集装置であり，交通量・速度・時間占有率などの計測に利用されてきた．車両検知器は交通状態の時間変化の観測が可能ではあるが，あくまでも検知器設置位置の状態のみを計測可能である．交通状態の時空間変化を計測可能な二つの方法について簡単に触れておく．

一つには画像処理技術の適用が考えられ，車両を画像から自動的に識別する技術を用いれば，交通状態の空間計測が可能となり，混雑度を直接評価できる「交通密度」を計測することができる．また，画像処理により車両の走行挙動

を把握することも可能であり，この技術を利用すれば追突などの突発事象を自動的に検知することができる。画像処理技術を利用した計測システムで広く用いられているのが，車両番号読取装置（automatic vehicle identifier, AVI）である。これは，CCD カメラで撮影されたナンバープレートの画像から，4桁の車両番号を読み取る装置である。この装置をある道路区間の上下流の2か所に設置すれば，車両番号をマッチングすることで，AVI 設置地点間の旅行時間を直接計測することができる。

他方はプローブカーである。これは GPS（global positioning system）端末を搭載した車両の時々刻々の緯度・経度を計測し，デジタルデータを道路データにマッチングすることで，道路ネットワーク上の交通状態を計測する方法である。プローブカーが増加すれば，多くの道路区間の速度を計測することが可能となり，ネットワークレベルでの交通状態の計測に利用できる。

（3）　**通信システム**　ITS では必要とされる情報を適切なタイミングで，ドライバーや車両に伝達することが必要である。また，ITS のセンターシステム側に車両の存在位置や速度などのデータを伝達することが可能であれば，道路上を走行する車両を用いて交通状態の計測が可能となる。通信システムが ITS において果たす役割は，非常に大きいといえる。

通信方式は1回の送信で同一の情報を複数の受信者に伝える「同報型」と，受信者個々に情報を個別に伝える「個別型」とに分類することができる。同報型の通信方式としては，従来から広く用いられている路側ラジオ，VICS の通信方式の一つであり，広域への情報伝達を主眼とした FM 多重放送などがある。

個別型の通信方式としては，VICS で採用されている電波ビーコンならびに光ビーコン（光学式車両検知器），ETC で採用されている専用狭域通信（dedicated short-range communication, DSRC）がある。この電波ビーコン，光ビーコンの伝送速度はそれぞれ 64 Kbps，1 Mbps，通信エリアは 70 m，3.5 m であり，短時間に大量の情報を伝達可能である。1ビーコン当りの伝達可能な情報量は，前者が約 8 000 文字，後者が約 10 000 文字である[5]。DSRC は 5.8 GHz の高周波数帯の通信により，1 Mbps の電波方式で伝送速度を実現することが

でき，短時間で料金計算に必要な情報（車両情報，入口情報，経路情報など）ならびに通行料金の情報を車載器とETC地上設備側で交換可能とした。

3.1.3 ITSに期待される効果

ここでは，ITSに期待される効果を安全性の向上，効率性の向上および環境改善への寄与の観点から概説する。

（1）**道路交通の安全性向上**[1]　ITSを活用した道路交通の安全性向上の考え方として，つぎの二つが挙げられる。

① ITS技術により，道路・人・車両の連携を促し，車両制御の高度化を図り，ヒューマンエラーを回避することで，交通事故の予防・被害の軽減に資する。

② ITS技術により，事故などの突発事象の発生をいち早く管理者や周辺車両に伝達し，2次災害の防止，救助活動の迅速化を図る。

①は，現在研究中の走行支援道路システム（AHS）に期待される部分である。ドライバーの発見遅れを防止する情報提供，判断の誤りに対する警告，操作の誤りを修正する操作支援などをシステムが担うことで，安全性の向上が期待される。

②は，事故発生時の事後対応のためのシステムである。警察庁主導のUTMS21の緊急通報システム（help system for emergency life saving and public safety, HELP）が事後対応システムの一例であり，GPSによる事故車の位置情報と音声情報をHELPセンターに即座に送り，初動対応の迅速化を図るものである。

（2）**道路交通の効率性の向上**　ITSを活用した道路交通の効率性向上の考え方としては，つぎの二つがある。

① ITSを利用して，交通の発生・分布・機関選択などの段階で，道路交通需要を抑制することを企図した方策。

② 顕在化した道路交通需要の円滑な通行を確保するため，道路ネットワークの効率的な利用を促進することを目的とした方策。

①は，交通需要マネジメント（transport demand management, TDM）をITSの利用により実現化していく考え方である．例えば

- 公共交通情報を含むリアルタイム交通情報提供方策により，パークアンドライド施設などにドライバーを誘導し，公共交通の利用を促進する．
- ETCにより，道路上の混雑状態を課金額に反映させた形でのロードプライシングの実施が可能となる．

などが考えられる．

②は，顕在化した交通需要を効率的に処理するため，ITS技術を適用するものであり，例えば

- リアルタイムに収集される旅行時間や各車両の目的地・経路の選択状況などの動的交通データに基づき，主要パラメータを決定するよう信号制御の高度化を図り，一般道路の交通処理能力を向上させる．
- リアルタイムでの交通情報提供により，利用経路の分散・誘導を図り，道路ネットワークの効率的利用を促進する．

などが考えられる．

（3）環境改善への寄与[6] ITSの導入により道路交通の効率性が向上すれば，間接的には環境改善にも寄与するものと考えられる．日本の自動車燃料消費量のうち，約11％は渋滞によりむだに消費されているとの推計結果もあり，渋滞の緩和・解消はCO_2などの排出量の削減にもつながるものと期待される．また，ITSを利用した商用車の運行管理支援の実施により，往路・復路ともに貨物車に積み荷を割り当て，輸送効率を改善することも，自動車交通量ならびに燃料消費量の削減に資することができる．さらに，環境改善を主眼としたITSの研究開発も進められつつあり，前述のUTMS21では，交通公害低減システム（EPMS）の開発が進められている．

EPMSは路側の各種公害などの測定装置より得られる環境情報と，光ビーコンなどにより収集した交通情報をもとに，交通流制御，交通情報提供および車両誘導などを行うことで，自動車の騒音・排出ガスなどの交通公害の軽減を目指したシステムである．1996年から実施された静岡市での実証実験結果を踏

まえて，2000 年 4 月より神戸市内の国道 43 号に実用システムとして EPMS が導入されている。

3.2 ATIS

3.2.1 ATIS とは

ATIS とは advanced traveler information system の略称であり，わが国では「旅行者情報システム」などの邦訳があてられる場合が多い。広義には，自動車を利用する際のドライバーや公共交通を利用する際の乗客を対象として，その目的地までの移動（旅行）が円滑で快適なものとなるよう必要な情報を適切なタイミングで提供するシステムと定義することができる。本書では，ドライバーをおもな利用者とした ATIS の実例を示すとともに，その期待される効果や検討すべき課題について述べることとする。

ドライバーを対象とした ATIS では，主として渋滞情報，通行止め情報，交通規制情報，旅行時間情報，駐車場情報などが提供される。このうち，渋滞情報や通行止め情報などは，ATIS という概念ができあがる以前より，道路・交通管理者により提供されてきている。ATIS という概念は，利用者の情報に対するニーズに合致したつぎの四つのキーワードによって特徴付けられる。

① リアルタイム性

　道路上の混雑状況や所要時間などの情報が定期的に更新され，可能な限り新しい状況が提供可能である。

② 随意性

　利用者が入手を希望する情報を適切なタイミングで入手可能である。路側の情報板，ラジオ，インターネット，あるいは次項で説明する道路交通情報通信システム（VICS）を通して，必要情報が容易に入手できる環境が整いつつある。

③ 広域性

　利用者の現在位置近辺の情報だけではなく，広い範囲の情報を入手可

能である．

④ 明快性

　交通情報をデジタル地図上に重ね合わせて表示したり，グラフィックスや動画を多用して，情報が伝えるメッセージを容易に理解可能である．

3.2.2　ATIS の 事 例

（1）　**ATIS に属するシステムの分類**　　ATIS の各システムは，提供情報の「個別性」と情報端末の「汎用性」の2軸で整理できる．提供情報の個別性の点からは，情報システムを同報提供型と個別提供型に大別できる．前者は全利用者に均一な情報を提供するものであり，提供主体が情報を押し出す形態（push 型情報提供）である．後者は利用者が各自のニーズに応じて情報を引き出す（pull 型情報提供）である．つぎに，情報端末の汎用性の点から情報システムを分類すると，情報を受け取るために専用端末が必要な専用端末型と，ラジオ，携帯電話，インターネットなどの交通情報の受発信に限定しない端末を利用する汎用端末型に大別される．

　例えば，路側の情報板は同報型・専用端末利用型，テレビやラジオによる情報提供は同報型・汎用端末利用型，後で事例紹介するが，車載のナビゲーションシステムを利用して情報提供する VICS は個別型・専用端末利用型，そして，インターネットによる交通情報提供（JARTIC の web など）は個別型・汎用端末利用型の情報提供システムにそれぞれ分類される．初期の ATIS は同報型の情報システムに分類されるものが多かったが，情報通信技術の目覚ましい進展と利用者の情報ニーズの多様化が相まって，大きな流れとしては個別型システムに重心が移行しつつある．

（2）　**VICS**[5]　　道路交通情報通信システム（vehicle information and communication system, VICS）は，道路交通情報を車載機を介してリアルタイムにドライバーに提供するとともに，その適正な活用を促すことで，道路交通の安全性，円滑性の向上ならびに環境保全などへの寄与を目的としている．（財）道路交通情報通信システムセンター（VICS センター）により，1996年4月に

東京圏（東京都，千葉県，埼玉県，神奈川県）の一般道路，東京から100 km程度までの高速道路，東名・名神高速道路全線をサービスエリアとしてVICS情報の提供が開始された．現在では，47都道府県の主要道路に関する情報提供が実施されている．VICS対応車載機の累計出荷台数に着目すると，1996年6月で2.1万台であったものが，2009年9月時点で2 500万台に達している．

VICSには**図3.3**に示すように，① 情報収集機能，② 情報処理機能，③ 情報提供機能，④ 情報活用機能の四つの機能がある．VICSの特徴は，複数のソースからの情報を統一的なフォーマットで利用者に提供可能な点である．情報提供メディアとしては，光ビーコン，電波ビーコン，FM多重放送の3メディアが利用されている．おもに一般道路に設置された光ビーコン，高速道路に設置された電波ビーコンの基本技術は，専用狭域無線通信技術であり，必要最小限の狭い領域のみに，光もしくは電磁波が照射されるので，同一周波数での通信システムを効率的に構成することができる．また，光ビーコンは双方向通信の機能を有しており，車載装置から所要時間などの情報をアップリンクデータとして収集することも可能である．FM多重放送は既存のFMラジオ放送にデジタルデータを重ねて送信する広域同報型のデータ通信である．現在，NHK-FM各局の設備と放送波を借用して，VICS情報の提供が行われている．

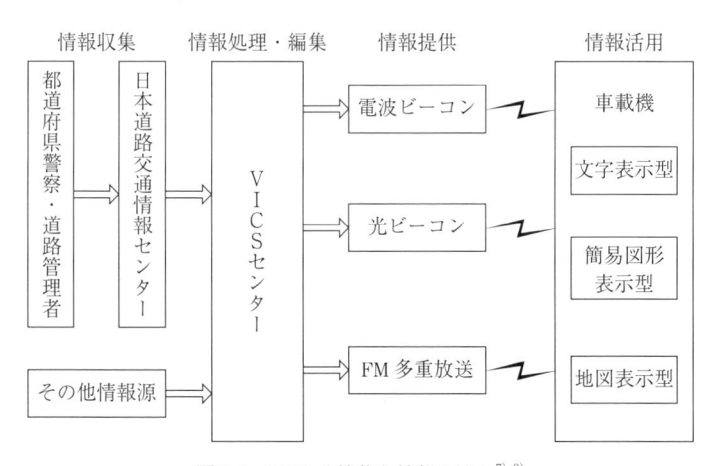

図3.3 VICSの機能と情報の流れ[7),8)]

86   3. ITSに基づく交通管理の新展開

（a） 文字表示型（レベル1）

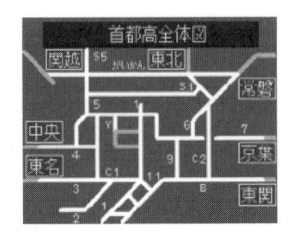

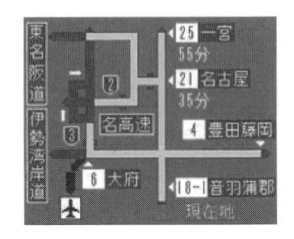

（b） 簡易図形表示型（レベル2）

（c） 地図表示型（レベル3）

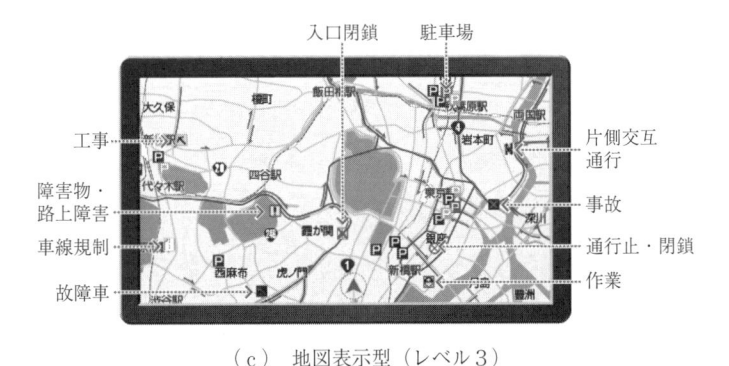

図3.4 車載機による情報の表示形式
〔出典：http://www.vics.or.jp/about/indicate.html〕

車載機における情報の表示形式としては，**図3.4**に示すように，文字表示型（レベル1），簡易図形表示型（レベル2），地図表示型（レベル3）の3タイプから選択可能である。文字表示型と簡易図形表示型については，利用する情報提供メディアに応じて表示内容が異なる。光ないし電波ビーコンより情報提供を受ける場合，車両の現在位置近傍の道路交通状況や現在位置から主要都市への所要時間などが表示される。FM多重放送を利用する場合は，同一放送局の受信エリアでは提供内容は共通となり，エリア内で重要な事象が情報として提供される。地図表示型はナビゲーションシステムのデジタル道路地図上に，渋

滞情報を重ねて表示することが可能である。VICS 情報としては，渋滞情報，所要時間情報，交通障害情報，交通規制情報，駐車場情報が提供される。上記のシステムにより，各ドライバーの目的地や走行位置に応じて，適切な情報が提供されることとなる。また，VICS により定義された道路リンクごとに所要時間が車載機側に提供されており，これを用いて車載機のもつ経路探索アルゴリズムにより，動的な経路推奨を行うことも可能である。

3.2.3 ATIS に期待される効果

VICS をはじめとする ATIS に期待される効果は，直接効果と間接効果に分類される。直接効果は道路交通システムの利便性向上，渋滞緩和，事故減少，社会的負荷の低減をおもな効果と考えることができる。一方，間接効果としては，社会的負荷の軽減，ドライバーの心理的安定，まちの活性化を挙げることができる。

（1）**直 接 効 果**　道路交通システムの利便性向上とは，利用者の立場から見た効果であり，交通状況についてあらかじめ情報提供されることによって，道路利用の偏りを解消することで生じる効果を指す。これにより目的地到着の定時性が高まるなど，道路交通システムの信頼性向上にも寄与すると考えられる。渋滞緩和効果については，混雑道路区間・駐車場から他へ誘導することで渋滞が減少し，交通の円滑性が向上することが期待される。また，渋滞が激しいときに発生する，空いている道路，駐車場を探して走り回る，いわゆるうろつき交通を抑制することが可能となる。

事故減少の効果については，渋滞の発生があらかじめわかっていることにより渋滞後尾の判別が容易になり，結果的に渋滞末尾への追突の減少が期待される。また，各自の目的地に応じた適切な駐車場の位置がわからないため，違法路上駐車が生じる可能性もあろう。駐車場情報の提供によって，このようなやむを得ず行われている違法路上駐車が減少することが期待される。違法路上駐車減少による視界確保および歩行空間確保も事故減少に寄与すると考えられる。

（2）**間 接 効 果**　ATIS の間接効果としては，まず，社会的な負荷の軽

減が挙げられる．典型的な外部不経済である自動車による環境負荷の低減と，渋滞や交通事故による社会的損失の減少が期待できる．また，ドライバーの心理的な安定も間接的な効果である．いつ到着するか，目的地に時間どおりに到着可能かが明らかでないために生じる不安を軽減することが可能である．提供情報により遅れが見込まれる場合，目的地での活動の開始時刻を変更することも可能である．駐車場情報については，駐車場の利便性が向上することでまち全体の魅力度が向上し，来訪者の増加やそれに伴う売上げの増加なども期待できる．

3.2.4 ATISに関する今後の展望

（1） **ATISの効果検証**　ATISの直接的効果，とりわけ渋滞緩和や道路交通システムの利便性向上の観点から効果を検証するためには，利用者行動や交通流動の変化を観測することが必要となる．すなわち，ATISから得られた情報に基づき，道路ネットワーク上の交通状態を正確に知ることにより，利用者は混雑か所の利用を避けることができ，その結果，ネットワーク全体の混雑も軽減されるという，想定シナリオが実際の行動，交通流動の観測を通じて確認できるかということである．

これまで実施された効果検証の多くは，アンケート調査などによりATISに対する利用者の意識を問い，利便性や有用性について主観的な評価を求めるタイプの検証，並行する2経路からなる限定的な道路区間における交通流動観測に基づく効果評価，交通シミュレーションを用いた机上検討に基づく効果評価などが中心であった．言い換えれば，ATISの効果をネットワークレベルで，観測結果に基づき定量的に評価した事例はほとんど見あたらない．

ATISというものの価値を確認し，道路交通の管理運用のうえでの役割を確固たるものとするためにも，その直接効果を定量的に評価することが必要である．このための取組みとして，情報提供下の車両やドライバーの動きをAVIやプローブ調査機器などの先進的な計測システムを用いて把握し，提供情報がドライバーの判断やネットワーク上の交通状況に及ぼす影響を推測すること，

そして，**図 3.5** に示すいわゆる逆解析的なアプローチにより，観測リンク交通量より経路交通量を推定することで，情報提供下の交通流動の変化を把握することなどが考えられる。

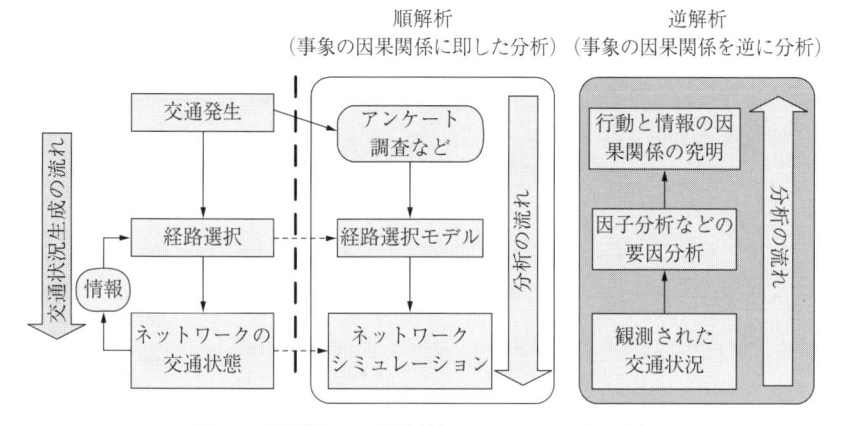

図 3.5 順解析および逆解析による ATIS の効果評価

（2） 情報提供のソフトウェア面の改善 提供時点によって情報は，過去情報，現在情報，予測情報の3種類に大別される。過去（履歴）情報についてはリアルタイム性を認めることはできないが，豊富な過去の交通実態の蓄積に基づき，提供内容が定められる情報である。例えば特定区間の所要時間分布などから，ある基準値以上の所要時間を要する確率などを情報提供することが可能と考えられ，ある基準旅行時間より所要時間が大きくなる確率に基づき，明日以降の運行計画を立てるといった利用に適している。現在時間情報とは，現時点までに観測，収集されたデータをもとに計算される所要時間であり，現在の情報提供の大多数では現在情報の提供が行われている。予測情報とは，現在および過去の交通状況に基づき，今後どのような変化が生じるかを予測するものである。利用者にとっては，今の状況ではなく，今後ある経路を利用した際にその所要時間を知ることが可能であるという点から非常にニーズが高い情報である。一方，この情報によって利用者が対応行動を起こすとすると，提供した情報によって交通状況が変化するという入れ子構造となるため，正確に予測

情報を提供することは容易ではない。

現在情報の提供内容を生成する際には，基本的に情報を受け取った側の反応を考慮しておらず，また，情報提供時点と利用者の当該区間の走行終了時点とではタイムラグがあるため，利用者が提供情報に鋭敏に反応した場合，いわゆるハンチング（hunting）現象が生じる可能性が高い。ハンチング現象とは，情報に依存したドライバーが一定数以上を占めるに伴い，情報提供により，むしろ交通状況が悪化する現象をいう（図3.6）。つまり，情報で所要時間が短いとされた経路に利用者が集中し，結果的に所要時間が増加してしまうような状況となる。ハンチング現象は結果的に，提供情報の精度を大幅に低下させることとなる。このような提供情報の精度低下が生じると，利用者の情報遵守状況も悪化すると考えられる。

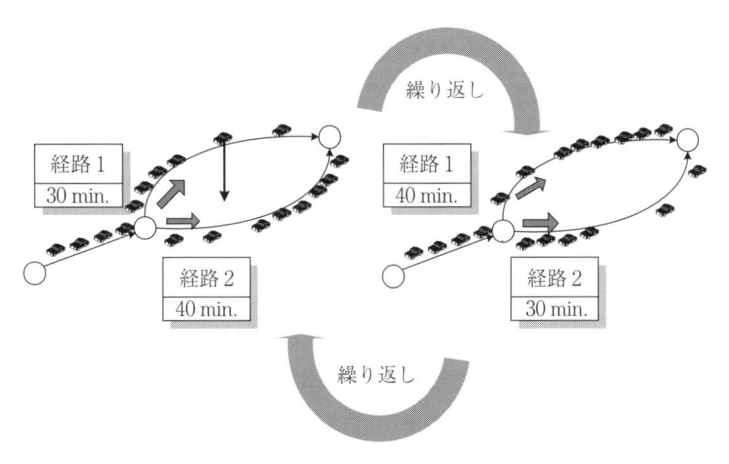

図3.6　ハンチング現象のイメージ

図3.7は室内実験により旅行時間情報提供下の経路選択行動を観測し，旅行時間情報の経路差と経路選択率との関係を示した図である。この図より，低精度情報では旅行時間が相対的に短いとされる経路を選択しない利用者も少なからず認められることがわかる。すなわち，低質な情報を提供しても，利用者の意思決定に影響を及ぼすことは難しいといえる。

上記の課題を緩和・解消するためには，予測情報あるいは分布情報などと

3.2 ATIS 91

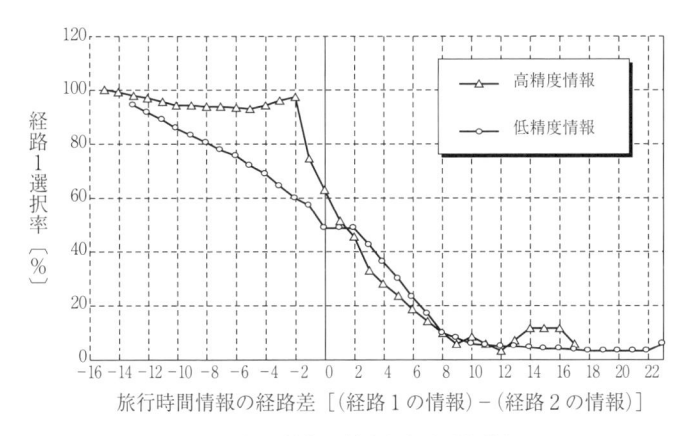

図3.7 提供情報の精度と経路選択状況

いったより質が高く，利用者が自身のトリップ目的などに応じて適切に行動選択可能とすることが望ましいが，情報提供の効果検証結果を踏まえつつ，情報のソフトウェア面の改善を試みることが望まれる．

（3）**民間開放と多様なニーズへの対応**　わが国では道路交通の管理は公安委員会が所掌すべきものと規定されており，これに付随して交通情報の収集・加工編集・提供も，公安委員会が行うこととされてきた．近年，海外の交通情報提供の実施方法を参考にした場合，交通情報提供は民業でも可能ではないかという気運が高まってきた．わが国全体としての規制緩和の潮流もあり，警察庁，国土交通省が中心となり，学識経験者を交えて構成されたトラフィックインフォメーションコンソーシアム（TIC）において，交通情報の民間開放について検討が加えられた．その結果として，細街路への誘導は行わない，渋滞判定基準はおおよそ同一の基準を用いる，などの条件を遵守することを条件として，2002年6月より道路交通情報センターに収集されたデータの2次利用が可能となった．今後，これらの提供情報を用いたより質の高い，そして，利用者のニーズをきめ細かく考慮できる情報提供サービスが実施されることが期待される．

3.3 街路の交通制御[10]

3.3.1 概　　　要

本節においては，ATMSに含まれる高度交通管理のなかで，特に街路における交通制御手法と位置付けられる要素について説明する．わが国においては，街路の交通管理は警察により行われており，警察によるITSを用いた交通管理の高度化は，UTMS（universal traffic management systems）として研究開発，実用化が進められている．本節においては，UTMSに定義される交通管理の高度化について紹介する．

3.3.2 UTMSの全体像

UTMSとは，光ビーコンを各システムのキーインフラとし，個々の車両との双方向通信により，ドライバーに対しリアルタイムの交通情報を提供するなど，「安全・快適にして環境にやさしい交通社会の実現」を目指すシステムである．UTMSは，高度交通管制システム（ITCS）を中心にして，交通情報提供システム（AMIS），公共車両優先システム（PTPS），車両運行管理システム

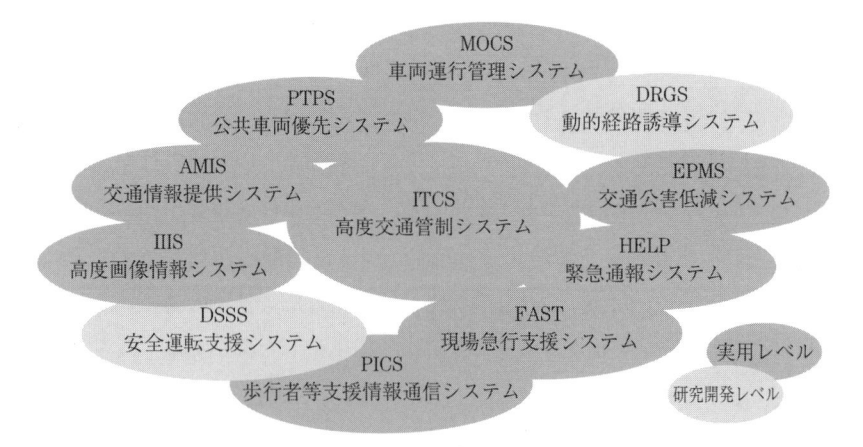

図3.8 UTMSの全体像[10]

(MOCS),動的経路誘導システム(DRGS),交通公害低減システム(EPMS),安全運転支援システム(DSSS),緊急通報システム(HELP),高度画像情報システム(IIIS)の九つのサブシステムで構成されている(**図3.8**)。また,これらに,歩行者等支援情報通信システム(PICS),現場急行支援システム(FAST)の二つを加え,11のサブシステムが警察のITSと位置付けられている。ここでは,おもなサブシステムに関する概要を説明する。

3.3.3 UTMSの構成要素

(1) **高度交通管制システム** わが国においては,1960年代に急激なモータリゼーションを背景に,都心部を中心に交通渋滞,交通事故が多発し,その対策として交通渋滞の把握のための車両検知器,および交通制御のための信号の設置が進められた。これらの交通観測と交通制御を統合したトータルシステムが交通管制システムであり,わが国では1970年代から全国の主要都市に順次導入されている。

(a) 信号制御の考え方

信号制御の目的は交錯する交通流に対して,交通流比率に応じて適切に通行権を割り振ることである。そのために,信号制御の設計は現示(信号の表示パターン)の決定と制御パラメータの設定を行うことになる。信号制御パラメータの3要素とは,サイクル,スプリット,オフセットである。サイクルとは,信号灯が一巡する時間であり,その長さをサイクル長と呼ぶ。サイクル長の決定には,交差点へ到着する交通量をその流入路での飽和交通流率で除した値である飽和度を用いる。スプリットとは,信号制御に対する各現示(信号機のパターン)に割り当てる時間比率のことであり,パーセントあるいは秒で示す。スプリットは,各流入路の流入比率に応じて配分することが基本であるが,歩行者の横断に必要な青時間の確保なども考慮して設定する必要がある。オフセットとは複数の信号機を系統的に制御する場合の青開始時間のずれを示し,秒あるいはサイクル長に対するパーセントで示す。信号制御の基本的な考え方は,信号停止による遅れ時間をいかに小さくするかという点にあるといえる。

信号制御方式には，事前に調査された交通量をもとにあらかじめ決められたスケジュールで制御パターンを変化させる定時制御あるいは定周期制御（fixed time control）と，変動する交通流を検知器で観測し，これに合わせて信号制御を行う感応制御（traffic-actuated control）がある．また，制御範囲の面からは，単独制御，系統制御，広域制御に分類される．単独制御は，単独の交差点を近接する交差点とは無関係に制御する方法である．単独制御については，遅れ時間を最小化するような最適な制御パターンを求めることが可能である．系統制御とは，隣り合った信号機をオフセットで関連付け，車両を信号で停止することなく通過させるための制御である．系統制御を実施する際にはオフセットの設定が最も重要である．一般に，上り・下りのいずれの方向とも高い系統効率を実現することは困難であり，どの経路を優先させるのかといった決定が重要となる．広域制御とは，都市内のある地域全体の信号機を互いに関連付けて制御することである．広域制御においては，一般にいくつかのサブエリアに分割した制御を行う．このサブエリアの決定が制御の効率性を確保するためには非常に重要といえる．ここでは，信号制御の基本的な考え方を述べるにとどめているが，より詳細な内容については，例えば文献11)を参照されたい．

（b）　交通管制システムの高度化

効率的な信号制御のためには，時々刻々と変化する交通状況に対応して適切な広域制御を実施することが重要である．そのためには，都市内に多数設置された車両検知器からの情報を踏まえ，瞬時に制御対象のサブエリアを決定しつつ，サブエリア内の制御パラメータを求めるアルゴリズムが求められる．わが国の交通管制システムは，高度な情報処理技術に支えられ，世界でもトップレベルにある．わが国においては，上記のような機能はすでに実現されており，モデラート（management by origin-destination related adaptation for traffic optimization, MODERATO）と呼ばれている．モデラートでは，重要交差点の流入路上流の複数地点に検知器を配置し，観測データをもとに5分あるいは15分ごとにサブエリアの結合/分離，信号制御パラメータの設定を行っている．モデラートのおもな機能について**表**3.1に示す．

表3.1 MODERATOの機能[10]

項　目		機　能
車両検知器配置		重要交差点の各流入路で，停止線上流 150 m，300 m，500 m の位置に設定し，500 m 以降は 250 m ごとに設置 ・渋滞計測は全地点 ・交通量計測は 150 m 地点で，全車線に設置することを推奨
検知器情報収集		サイクル同期収集（信号サイクルと同期して交通量・占有率を収集）
交通指標	サイクル長決定用 スプリット決定用 オフセット決定用 飽和交通流率	交差点負荷率 流入路負荷率 オフセット制御単位の上り・下り飽和度および渋滞長 半自動計測（設定・自動計測）
現　示		固定（4種類の中から選択）
サブエリア	結合タイミング 結合方式 サイクル長決定方式 制御目標	15分または5分ごと サブエリアサイクル長の差が設定値以内の場合に結合 サブエリア内で最大のサイクル長をサブエリアサイクル長 遅れ時間・停止回数の最小化および事故危険性の減少化
サイクル長	変更タイミング 変更量 決定方式 制御目標	15分または5分ごと 増加時は算出値，減少時は設定値（5秒，10秒） 交差点負荷率（クリティカル流入路の負荷率合計）および損失時間の関数 〈非飽和時〉遅れ時間の最小化 〈過飽和時〉処理量最大化
スプリット	変更タイミング 変更量 決定方式 制御目標	5分または2.5分ごと 1%単位の算出値（現示ごと） （重要交差点） 〈非飽和時〉クリティカル流入路の負荷率による負荷率比配分方式（遅れ時間の最小化） 〈過飽和時〉総処理量最大化による総遅れ時間の最小化および各現示のクリティカル流入路の旅行時間の均等化 （一般交差点） サイクル長に連動してスプリット値を決定（歩行者横断秒数は確保される）
オフセット	変更タイミング 変更量 決定方式 制御目標	15分または5分ごと 7パターン＋渋滞時オフセットまたは算出値 オフセットパターン選択またはリアルタイムオフセット自動生成 〈非飽和時〉遅れ時間・停止回数の最小化および事故危険性の減少化 〈過飽和時〉非渋滞方向の遅れ時間の最小化および停止回数の最小化または交差流入路の抑制
ミクロ感応制御		・ギャップ感応制御 ・高速感応制御 ・リコール制御 ・ジレンマ感応制御 ・バス感応制御 ・歩行者感応制御 ・交通弱者感応制御

（2）　**公共車両優先システム**　　公共車両優先システム（public transport priority systems, PTPS）とは，大量輸送が可能なバスなどの公共交通機関に対して優先通行を確保するシステムであり，その目的はバスの利便性向上による道路の利用効率の向上，交通需要の適正化，バスの機能確保である．バスに専用IDを発信する機器を搭載し，路側に設置された光ビーコンと双方向通信を行うことでバスの存在位置を認識し，受信タイミングに応じて青時間の延長あるいは赤時間の短縮を行うことでバスの信号停止を極力少なくする．さらに，バス専用レーンを走る違法走行車両に対して違反警告も行っている．

PTPSは1996年に札幌市で運用が開始されて以来，2009年3月現在，41都道府県で導入されている．運用を開始しているPTPSのうち代表的なシステムでの旅行時間短縮効果を見ると，おおむね5～15%の削減効果があった．さらに，PTPS導入によって，バスの走行位置が把握できるため，バスの接近情報を停留所で表示させたり，あるいは車内で所要時間を知らせたりすることも可能である．

（3）　**車両運行管理システム**　　車両運行管理システム（mobile operation control systems, MOCS）は，バス，トラックなどの運送事業者が自車車両についての現在および過去の運行状況を把握し，車両を適切に管理することで道路運送事業の高度化を図るシステムである．2009年3月現在，11の道府県で導入実績がある．情報のやりとりには光ビーコンを使用する．PTPSと同様に車両に車載器を搭載し，光ビーコンが受信した車両IDが交通管制センターに送信される．交通管制センターでは，受信したID，時刻，通過したビーコンの位置などを運送事業者に送信し，それをもとに運送事業者は適切な運行管理を行う．バス事業者に関しては，先のPTPSと同様，バスの接近情報の提供や所要時間の情報を提供することが可能となる．MOCSの最大の目的は物流の効率化であり，リアルタイムでの情報収集および交通状況の把握により適切な運行管理および運送物の管理が可能となる．

（4）　**緊急通報システム・現場急行支援システム**　　緊急時において，緊急車両が現地に到着するまでの時間が短縮することは，被害を最小限に抑えるた

めにも非常に重要である．例えば，救急車の到着を早めることで救命率の向上や回復を早める効果が期待される．また，火災発生時には延焼率を減少させる．緊急車両の到着を早めるためには，事象発生からの関係機関への通報時間の短縮と，通報から現場到着までの時間短縮の2段階が必要であり，前者を実現するのが緊急通報システム（HELP），後者が現場急行支援システム（FAST）になる．

HELPは，事故発生時に手動あるいは自動で車載器からGPSによる位置情報と音声情報がオペレーションセンターに通報される．オペレーションセンターでは，通報者との連絡により，しかるべき関係機関へ連絡を行う．HELPシステムは2000年9月より運用が開始されている．

一方，FASTは，パトカー，救急車，消防車の出動件数が増え続けたことを背景に，緊急事案の発生に対して事案発生現場への早期到着を図るものである．緊急車両に搭載された車載器から道路上に設置された光ビーコンに車両IDなどを送信することによって，緊急車両が進行方向の交差点において青信号で通過できるように信号を制御する．さらに，緊急車両に搭載された車載器と道路上に設置された光ビーコンとの間で通信することにより，事案発生場所まで渋滞，規制などを避け，最速で到着できる経路を推奨する．2009年3月現在，13都道府県に導入されている．平成11年度における東京都および千葉県での実証実験の結果，東京都ではおよそ14.6％，千葉県ではおよそ12.0％の所要時間短縮が実現されている[12]．

（5） 交通公害低減システム　　交通公害低減システム（environmental protection management systems, EPMS）は，路側に設置された環境センサにより各種公害量を計測し，その観測値と交通状況をもとに交通流の制御や交通情報の提供を行うことで，大気汚染やその他の交通公害を低減することを目的としている．具体的には，① 信号制御パラメータを変化させ対象道路への流入を抑制する，② 公害情報を提供しドライバーに注意を呼びかけるとともに大型車規制をかける，③ 光ビーコンや情報板を通じて迂回誘導を行う，④ 大気汚染情報，適正速度を情報提供する，の四つの機能を有する．EPMSについ

ては，1996年に静岡市で実証実験が行われ，その結果，NO_x，CO_xと交通量の相関関係が認められ，環境汚染量を減少させる最適速度が確認された．この結果より，適切な交通制御を行うことで沿道の自動車排出ガス公害量を低減させる可能性があることが確認されたといえる．EPMSについては，2009年3月現在，静岡，神奈川，兵庫で導入されている．

（6） **歩行者等支援情報通信システム**　高齢社会の到来を迎え，高齢者，身体障害者などが自立した日常生活および社会生活を営むことができる社会を形成することは非常に重要である．このような背景を踏まえ，「歩行者などに適時適切な情報を提供し，歩行者などの安全・安心・利便・快適な移動を支援するとともに高齢者や障害をもった人々の生活の向上を図る」ことを目的とし，歩行者のためのITS整備が歩行者等支援情報通信システム（PICS）である．

PICSは，視覚障害者用と聴覚障害者・車いす利用者の二つに大別される．視覚障害者用のものとしては，白杖に反射シートを巻き付けるタイプ（タイプ1）と，携帯端末機を用いるタイプ（タイプ2）がある．タイプ1は，信号機柱に取り付けた近赤外線センサで白杖を検出することで，信号機に取り付けられたスピーカから交差点名および信号の状態を音声で確認できるものである．タイプ2は，より積極的に情報を取得することを目的に開発されたものであり，タイプ1と比較してより多くの情報が入手できる．タイプ3は，聴覚障害者や車いす利用者に対して文字や地図情報を送受信するシステムであり，携帯情報端末の利用を想定している．車いす利用者は，行き先を指定することで階段や段差のない経路情報を受信することができる．PICSは，2009年3月現在，36都道府県にて導入されている．

3.4　高速道路の交通制御

　高速道路は，高速自動車国道に相当する「都市間高速道路」と，阪神高速道路，首都高速道路などの「都市高速道路」に大別できる．しかしながら，一般に高速道路という場合，有料道路とほぼ同義に用いられる．高速道路は国民生

活と密接に関連し，産業の立地振興・生活領域の拡大により，国土・地域の一体化と普遍的開発を図るための道路網である[13]．

　高速道路では，出入制限された大量の交通処理を行うための円滑・安全・快適な交通を目指した運用管理が必要である．時々刻々と変化する交通状況に応じて，技術的に指示を交通に与え，円滑で安全な交通流を現出させるものが交通制御（traffic control）である．交通の運行に関する規制を文書，告知などで通知，あるいは交通標識で標示する交通規制がある．これらを動的制御，静的制御と考えてもよい．高速道路では，両者の総合的運用で交通管理が行われる．また，交通管制センターで実行される交通制御と情報提供を併せて交通管制ともいう．交通制御には，流出制御，迂回推奨制御もあるが，本線上の交通調整には流入制御が一般的である．

3.4.1　流入制御の方法

　高速道路の交通流特性は，平常時と緊急時で相違する．特に平常時には交通集中渋滞の予防，緊急時には交通事故渋滞の解消が中心的な制御目標となる．**流入制御**（inflow control）は，高速道路本線上の渋滞が発生または予測されるとき，入路部で流入交通の抑制を行って，混雑を緩和するものである．

　（1）**ブース制御**　　わが国では，有料制の高速道路が多数であり，料金徴収所が設置されている．このため，流入制限の手段に料金徴収ブースを利用できる．本線の交通状況に応じて開口ブース数を制御（流入制限）あるいは，全ブースを一斉に閉鎖する入路閉鎖（ramp closure）行う制御を「入路閉鎖・ブース制限方式」という．すなわち，交通管制センターにおいて，規定された「流入制御パターン」に基づき，交通制御の意思決定を行う場合の基本的な考え方である．実用性が高く，都市高速道路の現行制御方式である．ただし，料金所ブース単位の離散的な交通制御（discrete traffic control）であり，詳細な交通制御量の調整は難しい．また，近年では，ETCブースに対応した運用方法が問題となっている．

　（2）**ランプメタリング**　　外国においては，無料の高速道路が多く，流入

100　　3. ITSに基づく交通管理の新展開

抑制の手段として交通信号機を利用する。入路部で信号制御を行う流入制御をランプメタリング（ramp metering）という[14]。ランプメタリングには，① 本線交通量とランプ交通量の一定比率制御，② 流入比率を調整する交通需要対応型制御，③ 上流車両の間隔から青信号とするギャップアクセプタンス制御，④ 上流側の車両ギャップに対応して車両速度を最適化する間隔調整・青時間制御（ギャップアクセプタンス制御の拡張型）などが挙げられる。図3.9にブース制御とランプメタリングの概念を示す。

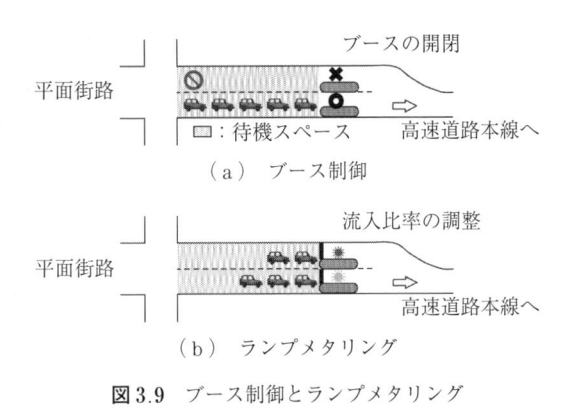

図3.9　ブース制御とランプメタリング

（3）　**流入調整方式**　わが国の高速道路では，ETCの導入にともなって，料金所ブースの開閉を基本とした入路閉鎖・ブース制限方式運用の必要性が低減し，一方でETCブースを入路制御装置として利用できることから，流入調整方式による交通制御が提案されている[15]。すなわち，入路閉鎖・ブース制限方式が料金所単位の離散量による交通調整であるのに対して，流入交通量を連続量とした交通調整である。概念的にはランプメタリングと同様であるが，料金徴収の必要性から，一般道路と分離された高速道路施設を利用して，流入交通量の調整を図るものである。したがって，調整方法に交通信号機を利用する場合には，ランプメタリングと等価であると考えられる。

3.4.2　流入制御手法

実際の高速道路の流入制御においては，前項に示した交通制御理念に従っ

て，交通制御目標や現実的制約を具体的に設定し，流入交通量を定量的に決定するための数理的な定式化が必要である．ここでは，基本的な流入制御方法であるLP制御および関連する流入制御手法を紹介する．

（1）**LP 制 御**　高速道路各区間の交通量を容量以下に抑えるという条件で，予防的な交通制御手法として，高速道路流入量を最大にする制御方式をLP制御（LP control）という[16]．定常状態の交通を前提として，つぎのように定式化される（**図3.10**）．

$$\max \ z = \sum_i U_i \overline{l}_i \tag{3.1}$$

s.t.

$$\left. \begin{array}{l} U_t Q + \varepsilon \leq C \\ 0 \leq U_t \leq L_t + U_{\Delta t}^d \\ L_t + U_{\Delta t}^d - U_t \leq N \end{array} \right\} \tag{3.2}$$

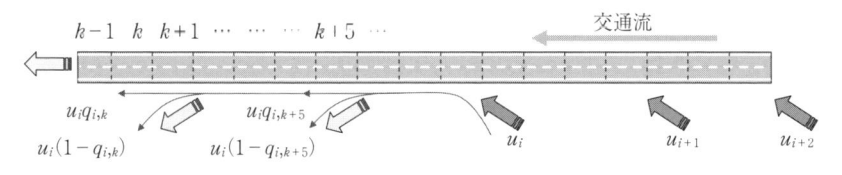

図3.10　都市高速道路流入制御の概念

ここで，流入ランプはkか所，流出ランプはrか所とし，高速道路区間数をmとする．また，U_t：時刻tの許容流入交通量（ベクトル），Q：影響係数行列，ε：予測誤差，C：本線区間の交通容量，L_t：時刻tにおける待ち行列長，$U_{\Delta t}^d$：時刻$t \sim t+\Delta t$間の到着台数，N：許容待ち行列（台数），U_i：各流入ランプiからの許容流入交通量（すなわち，$U_t=(U_1, U_2, \cdots, U_i, \cdots, U_k)_t$），$\overline{l}_i$：流入ランプ$i$からの流入車両の高速道路上のトリップ長の平均である．

この定式化では，式（3.1）で示されるLP制御の目的関数は，高速道路の利用量最大に対応する総走行距離の最大化である．また制約条件式（3.2）の1番目は，高速道路区間に進入する交通量が交通容量を超えないことを示す．流入ランプiへ交通量1台が流入した場合に，高速道路区間jで増加する交通量を

影響係数といい，影響係数行列 Q を定義する．

$$Q = \begin{pmatrix} q_{11} & q_{12} & \cdots & q_{1m} \\ q_{21} & q_{22} & \cdots & q_{2m} \\ & & \vdots & \\ q_{k1} & q_{k2} & \cdots & q_{km} \end{pmatrix} \quad (3.3)$$

これより，式 (3.3) の転置行列を利用して，次式のように表現できる．

$$U_t \cdot Q = \begin{pmatrix} U_1 q_{11} + U_2 q_{21} + \cdots + U_k q_{k1} + \varepsilon_1 \\ U_1 q_{12} + U_2 q_{22} + \cdots + U_k q_{k2} + \varepsilon_2 \\ \vdots \\ U_1 q_{1m} + U_2 q_{2m} + \cdots + U_k q_{km} + \varepsilon_m \end{pmatrix} \leqq \begin{pmatrix} C_1 \\ C_2 \\ \vdots \\ C_m \end{pmatrix} \quad (3.4)$$

すなわち，$U_t = (U_1, U_2, \cdots, U_i, \cdots, U_k)_t$ の交通量が流入した場合に，高速道路各区間の交通容量を超過しないことを示してしている．制約条件の式 (3.2) の第2式は，流入交通量の非負および流入需要量非超過（解の存在領域）の条件であり，第3式は待ち行列制約（許容待ち行列長を超えない）である．

目的関数に関して，利用台数の最大化は都市高速道路の利用率を高め，かつ料金収入を最大にすることになるので，利用台数最大

$$\max \sum_{i=1}^{k} U_i = \max(U_1 + U_2 + \cdots + U_k) \quad (3.5)$$

を目的関数として採用することもできる．

（2） LP 制御の展開　前項で述べたランプメタリングあるいは流入調整方式は，いずれも数学的に定式化すると，流入交通量を決定変数とした LP 制御の形式で書くことができる．したがって，LP 制御は流入制御の一般的な定式化と考えることができる．モデル構造が数理的に明確であり，基本構造を保持して現実的な制約を付加することが容易であるため，各種の拡張が提案された．例えば，非定常最大原理による動的制御[17]，運転者の経路選択を考慮した制御[18]，本線交通量の空間分布を考慮したモデル[19]，影響係数を更新して逐次最適化する方法[20] などが提案された．また，交通観測技術・情報処理技術の進展を背景として，観測データを用いた時間変化を考慮した動的 LP 制御[21]，

遺伝的アルゴリズムにより最適化を図るリアルタイム制御[22]，リンク速度条件を付加した動的LP制御[23]などが提案された。さらに実用的側面から，一般道路を含む制御[24]，オンライン制御[25]などが提案された。今後は，各種の交通観測データ利用を前提とした高度な制御手法の開発が課題となるものと思われる。

（3） その他の流入制御　都市高速道路の入路閉鎖・ブース制限方式に関する経験的知識を明示的に定式化するためのファジィ制御の利用が提案された。また，都市高速道路全体の交通制御パターンを知識ベースとして定式化して，具体的に運用可能とした「交通制御エキスパートシステム」が提案された[26]。いずれも初期の「知的情報処理」の基本的技術の交通制御への適用可能性を示すものである。ファジィ制御は，あいまい性を含む「IF～THEN」形式のルール群により制御を実行する。1980年代後半に実用面での多数の成果があり，技術的な進展が見られた[27]。一方で，計算機の高速化やデータ処理の高度化を踏まえて，流入調整方式を基本としたファジィ流入制御が提案された[28]。

図3.11は阪神高速道路堺線を例として，現行制御方式（入路閉鎖・ブース制限方式），LP制御，ファジィ制御をそれぞれ実行した場合の流入交通量の時間推移を示したものである[29]。ここでLP制御方式は，離散的な現行方式（入路閉鎖・ブース制限方式）に比して連続的な流入交通量変化を算定できる。また，知識ベースを利用したファジィ制御では，流入交通量の急激な増減が緩和

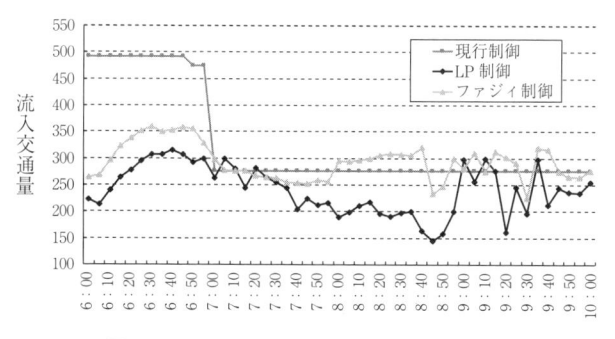

図3.11　ファジィ制御による流入交通量変化

された制御結果を与えることがわかる。また，**表 3.2** に示す算定指標から，交通制御効果の比較検討ができる。また，ファジィ制御は多様な知識表現が可能であり，予見的な制御方式や学習機能を有する制御形式の展開が期待できる。

今後の流入制御運用は ETC 装置の普及と関係して，料金政策と統合した交通運用の枠組みを検討する必要がある。

表 3.2 各交通制御方式の比較

		現行制御	LP 制御	ファジィ制御
流入交通量（台/6 時間）		22 753	17 670	20 556
所要時間 (hour)	高速道路	11 505	3 006	7 851
	迂回交通	354	9 486	653
	合　計	11 859	12 492	8 504

3.4.3　流出制御の方法

本線上の渋滞・通行止めなどの交通障害区間への進行需要を上流出路で流出させる交通制御を流出制御（discharge control）という[30),31)]。交通事故時の緊急の交通制御として運用される場合が多い。具体的には，① 流入指示（discharge enforcement）：当該区間を閉鎖して車両を直前出路より強制的に流出させる方法と，② 流出推奨（discharge recommendation）：出路手前で情報提供を行い，当該区間への進入を利用者の自由選択に委ねる方法がある。

3.5　安全性向上のための ITS の活用

3.5.1　交通事故の発生状況

警察庁の発表によれば，2004 年の 1 年間における交通事故死者数は 7 358 人であり，死者数が 7 500 人を下回ったのは，1956 年以来，じつに 48 年ぶりのことであった。1995～2004 年の 10 年間のデータをひも解いてみても，多少の変動はあるものの，基本的には減少基調にあり，1995 年の死者数 10 679 人と比較すると，3 000 人あまり死者数が減少している。減少傾向はその後も続き，

2008年の死者数は5 155人であった。一方,交通事故発生件数や負傷者数に着目すると,死者数とは逆の増加基調にある。発生件数については1995年で761 789件であったものが2004年には951 371件と約25％の増加,負傷者数については,1995年時点の922 677人が2004年には1 181 585人と約28％増加し,2004年の事故件数ならびに負傷者数が過去最高を記録した。この数字の解釈を深めるため,自動車保有台数(二輪車を含む)ならびに運転免許保有者数も同一の2時点間で比較してみると,自動車保有台数は1995年に約70 100 000台であったものが,2004年には78 146 000台となり約11％の増加,運転免許保有者数は1995年末時点で68 563 830人であったものが,2003年末時点で77 467 729人と約13％の増加となっている。これらの数字から事故発生件数ならびに負傷者数の増加率が,自動車保有台数ならびに運転免許保有者数の増加率を上回っていることは明らかである。

この約10年の間に,道路交通を取りまく諸条件も大きく変化した。交通安全にかかわるものに限定しても,法制度面,車両面でさまざまな大きな変化を見いだすことができる。法制度面の例としては,1999年には6歳未満の幼児のチャイルドシートの使用が義務化され,2002年には道路交通法が改正・施行され,とりわけ飲酒運転に対する厳罰化が進められた。また,2004年には運転中の携帯電話使用の罰則が強化され,より実効性の伴うものとなった。2004年以降,死者数とともに事故件数,負傷者数が減少傾向に転じたが,依然として高い水準にあり,抜本的な交通事故対策の必要性は高いといえる。平成15年1月の交通事故死者数半減達成に関する内閣総理大臣(中央交通安全対策会議長)の談話によれば,これからの10年間で交通事故死者数を5千人以下とし,「世界一安全」な道路交通の実現を目指すという決意を示している。このためには,近年進展の著しいITSを交通事故の予防や発生後の被害の拡大防止に活用していくことも検討すべきと考えられる。

3.5.2　安全性向上の考え方とITSの活用場面

道路交通の安全性を向上させるためには,①事故を予防すること(予防安

全性の向上），②事故時の乗員などへの被害を可能な限りくい止めること（衝突安全性の向上），③事故発生時に後続の車両などが巻き込まれるのを防ぐこと（2次被害の防止）の三つの観点から対策を検討することが必要である．ここでは，これらの三つの観点のもとでITSの適用可能性について述べることとする．

（1）**予防安全性の向上**[32]　ITSの活用により従前と比して，ドライバーにより広範囲の詳細な情報を提供することが可能となる．わが国は国土の約70％が山地を占めることもあり，急カーブ・急勾配が連続し幅員も狭い道路区間が多数存在している．このような道路では，運転席からの視野・視距が非常に限定されるため対向車の接近を認識できず，また，運転者にとっても安定的な走行を行うことが難しい区間もあるため，対向車線側へはみ出して正面衝突するケースも多数観測されている．このような致命的な事故を防ぐため，国土交通省が中心となり導入しているのが，対向車接近表示システムならびにガイドライトシステムである．ともに，路側に設置されたカメラにより対向車の接近を認識し，これを情報板によりドライバーに伝達するのが対向車接近表示システムであり，カーブ区間に連続的に設置されたガイドライトの点滅によりドライバーへ対向車接近の警告と減速を促すのが，ガイドライトシステムである．このようなシステムが導入された多くの区間で死傷事故件数の減少が報告されており，対向車接近表示システムならびにガイドライトシステムは，予防安全性の向上に資する実用化されたITSシステムとみなすことができる．

（2）**衝突安全性の向上**[33]　衝突安全性の向上については，おもに車両側での新たな取組みによるところが大きい．本書のおもな対象とは異なるかも知れないが，代表的な車両側のパッシブセーフティ（衝突安全）技術について簡単に整理しておく．衝突時の乗員への衝撃をできるだけ吸収する技術としてエアバックが広く普及している．わが国で使われているエアバックは，シートベルトの働きを補助して衝突時の乗員への衝撃を軽減するタイプであり，SRS（supplemental restraint system）エアバックとも呼ばれる．これは前面衝突時に衝撃をセンサが感知し，瞬時に膨張し乗員がハンドルやインストルメントパ

3.5 安全性向上のための ITS の活用　　107

ネルに直接衝突するのを防ぐ装置である．最近では，側面衝突時の衝撃軽減のためのサイドエアバックの普及も進みつつある．

　最新の衝突安全技術としては，プリクラッシュセーフティと呼ばれる車載システムの搭載が始まっている．これは車載のセンサ（ミリ波レーダーなど）で前方の車両や障害物を検知し，衝突が避けられないと車載コンピュータが判断した場合には自動的にブレーキをかけ，速度を低減するとともに，シートベルトの早期巻き取りにより，乗員の初期拘束性能を高め衝突被害軽減に貢献するシステムである．これは（4）項で述べる AHS の開発研究の成果として得られた車載システムを有効活用し，実用システムに結びつけたものである．

（3）　**2 次被害の防止**　　先に起きた事故に後続の車両が巻き込まれないよ

（a）　突発事象警告表示板

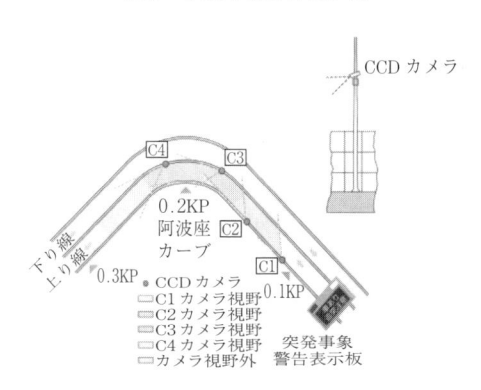

（b）　突発事象検出システムのカメラ配置

図 3.12　突発事象検出システム[34]

うにするためには，事故を早期に検出し，後続のドライバーに適切な情報提供を行うことが有効である．ここでは，急カーブ部における突発事象検出システムを一つの事例として取り上げる．**図 3.12** は阪神高速道路に導入されている突発事象検出システムのカメラ・表示板のレイアウト例である．当該システムは，前方の見通しがきかない急カーブ部に設置されており，突発事象検出カメラが検出した事故や故障，渋滞などによる停止車両の発生を表示して，後続車両への注意喚起を行うことを目的としている．とりわけ，事故車の存在を検出して，後続ドライバーに適切な警告を示す機能は，2次被害の防止という観点で有用と考えられる．また，平成17年には急カーブの先の渋滞や停止・低速車両をセンサがリアルタイムに検知し，その情報を後続の車両の3メディアVICS対応カーナビゲーションの搭載車両に，カーブの手前で提供する社会実験が実施されている．

　被害の拡大を防ぐという意味では，事故の被害者に対する救助活動の迅速化も重要な課題である．ここでは，救急車をはじめとする緊急車両の現地到着までの時間短縮を目的として，ITS関連技術の適用を試みた事例について述べる[35]．現地到着までの所要時間を短縮するためには，事故発生の通報に要する時間の短縮ならびに緊急車両の走行時間の短縮が有効である．前者については，緊急通報システム（HELP）が，わが国の代表事例である．これは警察庁が中心となり研究開発が進められてきた新交通管理システム（UTMS）の主要サブシステムの一つである．HELPシステムは，GPSによる車両の位置特定と，移動体通信網による情報伝達を組み合わせたものであり，事故の発生をHELPボタンを押すだけで通報でき，また，運転者が地理不案内な場所で事故に遭遇したとしても正確な車両位置が自動的に通報される．2000年秋からは民間企業による実用サービス（HELPNETサービス）の提供が開始されている．

　（4）　**走行支援道路システム**　　走行支援道路システム（advanced cruise-assist highway system, AHS）とは，スマートカー（知能化された自動車）とスマートウェイ（知能化された道路）が協調し，情報をリアルタイムにやりとりすることによりドライバーの走行を支援するシステムである．スマートウェ

イとは，路車間通信システム，各種センサ（路面状況把握センサ，障害物検知センサなど），走行支援のためのレーンマーカ，光ファイバーネットワークなどを組み込んだ先進的な道路システムであり，AHSをはじめとするITS実現のためのキーインフラである．スマートカーは，路車間通信の受信機，障害物検知や車間距離計測のための各種センサ，自動（車両）制御装置を搭載した車両である．旧運輸省が中心となり開発を進めてきた先進安全自動車（ASV）もスマートカーの一種と考えられる．

　AHSの導入により，道路交通の安全性向上，効率性向上，道路交通環境の改善，ドライバーの利便性・快適性の向上などの効果が期待される．特に，障害物や交差車両の情報を瞬時にAHSが把握し，ドライバーの発見遅れを防止するための情報提供，判断の誤りに対する警告，操作の誤りを修正する操作支援などを行い，ドライバーの走行安全性・快適性を改善し，交通事故の削減を図るものである．わが国における交通事故の発生原因は，約50％が発見の遅れ，約16％が判断の誤り，約9％が操作の誤りであり，AHSは交通事故の削減に有効と考えられる．

　AHSは，運転に必要な情報収集，車両の操作，運転に対する責任をドライバーとAHSシステムのいずれが担うかによって，つぎの三つの発展段階が想定されている．

① AHS-i：ドライバーの情報収集の一部をシステムが支援する段階．車両の操作ならびに運転に対する責任はドライバーがすべて担う．

② AHS-c：ドライバーの情報収集に加え，運転操作の一部をシステムが支援する段階．運転に対する責任は，この段階でも100％ドライバーにある．

③ AHS-a：情報収集と運転操作のすべてをシステムが担うことが可能な段階．走行にかかわる責任をすべてシステム側が負うこととなるため，法制度面，社会的受容性などの点から検討を加えることが必要である．

　AHSの研究開発は，先に述べた次世代道路交通システム（ARTS）の一部として，旧建設省が中心となり1989年に着手され，車間・側方コントロールの

自動化に関する検討が進められた。1991年には官民共同研究として自動運転に関する研究が開始された。これらの成果を踏まえて、1995年11月には建設省土木研究所テストコースにおいて、自動運転の基礎的な機能に関する公開実験（世界初）が実施され、1996年9月には供用開始前の上信越自動車道において自動運転走行実験を実施した。それとほぼ同時に民間企業21社の参加を得て、技術研究組合 走行支援道路システム開発機構（略称：AHS研究組合）が設立され、以後のAHSに関する研究開発は、旧建設省とAHS研究組合との共同研究として推進されてきた。上信越自動車道における実験では、11台の車両がプラトーン走行を行う自動走行機能に関する実証実験、ならびに安全走行システムに含まれる車線逸脱警告機能、車間維持機能、自動停止機能などに関する実証実験を行った。

2000年10月には、ここで述べたAHSと、旧運輸省が中心となり推進してきた先進安全自動車（ASV）について、土木研究所テストコースにおいて共同研究実証実験「スマートクルーズ21」を実施した。この実証実験の成果を踏まえて、前方障害物衝突防止支援、カーブ進入危険防止支援、車線逸脱防止支援、出合い頭衝突防止支援、右折衝突防止支援、横断歩道歩行者衝突防止支援、路面情報活用車間保持等支援の七つのユーザーサービスの実用化を目標に開発が進められている。あくまでも社会実験の段階ではあるが、首都高速道路の参宮橋カーブにおいてVICS搭載車両を対象に、カーブ区間で発生する渋滞や停止・低速車両の情報を提供する取組みが2005年春に実施された。これは、カーブ進入危険防止支援サービスに属する取組みであり、前出のAHSの発展段階に即してみればAHS-iの実用化に向けた社会実験といえる。

参 考 文 献

1) （社）交通工学研究会 編：ITS インテリジェント交通システム，丸善（1997）
2) 山海堂 ITS 調査班：ITS 白書 1998→1999, pp.13-19, 山海堂（1998）
3) 警察庁，通商産業省，運輸省，郵政省，建設省：高度道路交通システム（ITS）に係るシステムアーキテクチャ（1999）
4) （社）交通工学研究会 編：交通工学ハンドブック 2001, 第 27 章（2001）

5) (財) 道路交通情報通信システムセンター 編：VICS の挑戦, pp.51-55, p.102 (1996)
6) 警察庁交通局 監修：警察による ITS, (財) 日本交通管理技術協会・(財) 都市交通問題調査会, pp.74-113 (1998)
7) (財) 道路交通情報通信システムセンター：道路交通情報通信システム（VICS）の概要 (1996)
8) 建設省 監修：Intelligent Transport Systems Hand Book in Japan, (財) 道路新産業開発機構 (1997)
9) 山海堂 ITS 調査班 編：ITS 白書 1999→2000, pp.132-138, 山海堂 (1999)
10) 警察庁 監修, (財) 日本交通管理技術協会 編：交通管制システムの技術と実際, オーム社 (2002)
11) (社) 交通工学研究会 編：改訂 交通信号の手引, 丸善 (2006)
12) 横山雅之：「FAST」(現場急行支援システム) について, 2003 予防時報 213, pp.14-19 (2003)
13) 佐佐木綱 監修, 飯田恭敬 編著：交通工学, 国民科学社 (1992)
14) 越 正毅, 明神 証：土木学会編, 新体系土木工学 61, 道路（Ⅰ）──交通流, 技術書院 (1987)
15) 武井克兒, 雪本雄彦, 奥嶋政嗣, 大藤武彦：都市高速道路における流入調整方式による入路制御手法の評価, 第 21 回交通工学研究発表会論文報告集, pp.233-236 (2001)
16) 明神 証, 坂本破魔雄, 岩本俊輔：待ち行列を考慮した LP 制御, 交通工学, Vol.10, No.4, pp.15-23 (1975)
17) 松井 寛, 佐藤佳朗：都市高速道路の動的流入制御理論に関する研究, 土木学会論文集, No.326/Ⅳ-40, pp.103-126 (1982)
18) 飯田恭敬, 朝倉康夫, 田中啓之：複数経路を持つ都市高速道路網における最適流入制御モデルの定式化と解法, 土木学会論文集, No.449/Ⅳ-17, pp.135-144 (1992)
19) 松井 寛, 藤田素弘, 堀尾朋宏：交通量の空間的分布を考慮したファジィ LP 制御, 土木計画学研究・論文集, Vol.10, pp.95-102 (1992)
20) 飯田恭敬, 金 周顯, 宇野伸宏：都市高速道路ネットワークに対する動的流入制御モデルの開発, 土木計画学研究・論文集, Vol.12, pp.757-768 (1995)
21) 朝倉康夫, 柏谷増男, 山内敏通：観測データの利用による都市高速道路の動的な LP 型流入制御モデル, 土木計画学研究・論文集, Vol.13, pp.923-931 (1996)
22) 森地 茂, 清水哲夫：都市高速道路における新たなリアルタイム流入制御手法に関する研究──遺伝的アルゴリズムの適用──, 土木計画学研究・論文集, Vol.13, pp.915-922 (1996)
23) 楊 曉光, 飯田恭敬, 宇野伸宏：走行速度の時間変化を考慮した動的 LP 制御モデル, 土木学会論文集, No.597/Ⅳ-40, pp.113-126 (1998)

24) 奥嶋政嗣, 秋山孝正：一般街路の交通状態を考慮した都市高速道路交通制御方式の検討, 第23回交通工学研究発表会論文報告集, pp.21-24 (2003)
25) 宇野伸宏, 粟田大貴, 倉内文孝：都市高速道路におけるオンライン流入制御モデルの渋滞抑制効果に関する分析, 土木計画学研究・論文集, Vol.24, No.4, pp.835-842 (2007)
26) 秋山孝正, 佐佐木綱, 奥村 透, 広川誠一：ファジィ流入制御モデルの作成と検討, 土木計画学研究・論文集, Vol.4, pp.93-100 (1986)
27) 秋山孝正, 佐佐木綱：ファジィ流入制御モデルを用いた交通制御方法の評価と検討, 土木学会論文集, No.413/IV-12, pp.77-86 (1990)
28) 奥嶋政嗣, 秋山孝正：一般道路を考慮した都市高速道路交通管理へのファジィ流入制御方法の導入, 第2回ITSシンポジウム論文集, pp.105-110 (2003)
29) M. Okushima, Y. Takihi, T. Akiyama：Fuzzy Traffic Controller in Ramp Metering of Urban Expressway, ournal of Advanced Computational Intelligence & Intelligent Informatics, Vol.7, No.2, pp.207-214 (2003)
30) 奥嶋政嗣, 秋山孝正：都市高速道路における予見的ファジィ流入制御の導入, 土木計画学研究・論文集, Vol.22, No.4, pp.741-750 (2005)
31) 巻上安爾, 井上矩之, 三星昭宏：交通工学, 理工図書 (1990)
32) http://www.jice.or.jp/itschiiki-j/benefits2002/index.html（地域ITS効果事例集, 平成14年8月 国土交通省 道路局ITS推進室）
33) 大阪交通科学研究会編：交通安全学, 企業開発センター交通問題研究室, p.97-99 (2000)
34) 阪神高速道路（株）：阪神高速の交通管制システム (2010)
35) （財）日本交通管理技術協会：交通管理システムの技術と実際, 9章, 10章 (2002)

4 道路交通のマネジメント

　道路交通の効率性，円滑性が阻害され，いわゆる渋滞が発生する主因の一つとして，交通需要が道路交通システムの処理能力（容量）を超過することが考えられる。容量超過が生じる場合でも，容量の1.5倍や2倍という大量の需要が生じることはまれであり，実際には容量に対して数パーセントから十数パーセントの超過により，大幅な効率性，円滑性の低下が生じるといわれている。

　本章ではこの種の需要超過を抑制し，道路交通をマネジメントするための方策として，混雑課金，TDM（transport demand management）について講述する。加えて，混雑課金の実施上重要な役割を担うETC（electronic toll collection）システムについても，交通調整への適用事例を含めて説明する。最後に，地震などの大規模災害の発生を想定し，非常時のマネジメントのあり方，課題，実践例について講述する。

4.1　ロードプライシング

4.1.1　は　じ　め　に

　道路混雑は莫大な経済的損失を生じさせる。これらの損失の多くは，個々のドライバーが社会的にみて非効率な選択を行った結果生じるものであり，原理的には防ぐことが可能である。多くの地域が混雑課金導入による道路混雑の緩和方策に関して検討を行っており，ロードプライシングは交通政策に関する最重要検討課題の一つとなってきた。ロードプライシングは交通需要を管理し，また，例えば，交通環境の改善に利用可能な予算を増やすための有効な手段を提供する可能性も期待される。全世界において，ロードプライシングに関する非常に数多くの計画が提案され，検証され，そして実行に移されてきた。具体

的には,米国の value pricing, 近年の EU 諸国における green and white papers, Dutch initiatives, シンガポールや香港における electronic road pricing, そして,ロンドンにおいて 2003 年 2 月に導入された congestion charging などの例が挙げられる。多くの混雑した道路ネットワークにおいて,道路利用に対して課金するための新たな技術が広く検討され,また,導入されるであろうと考えられる。これらすべての新たな課金技術は,交通管理を目的としたロードプライシング導入に資する効率的なツールであるが,ツール開発と同時にこの革新的な施策であるロードプライシングを評価し,施策を計画・設計するための効率的な課金モデルを開発することが重要である。

ロードプライシングに関する最初のアイデアは Pigou が提唱した[1]。彼は,混雑による外部性と最適な混雑課金について説明するために,混雑した一つの道路を例に用いた。ロードプライシングに関する基本的な概念は簡単で,「市場経済のあらゆる場面で適用されるものと同様の価格メカニズムを適用する」ということである。過度な利用を抑制するため,課金額は混雑した状況下ではより高く,混雑度が相対的に低い場所・時間帯においては低く設定されるべきとした。ここで重要な問題は,経済(学)的・技術的な条件が複雑に組み合わされた状況下で,どのようにシンプルかつ実用的な方法で適切な課金額を決定するかということである。また実用的な観点からの重要な論点は,技術的に効率的な課金メカニズムの開発に関する概念だけでなく,ロードプライシングが有効な政策手段として受容されるための概念をどのように導入するかということである[2]。Pigou が交通混雑を抑制するために,ロードプライシングという手段を用いるというアイデアを提唱してから,ロードプライシングに関する知的かつ実用的な発展がなされてきた。また,現代の都市が直面している交通問題がいっそう顕著になっており,その本質が変わってきたため,経済学者や交通分野の研究者がロードプライシングに関するテーマについて再び大きく注目している。

道路利用に対する課金に関する理論的背景は,**限界費用課金**(marginal cost pricing)に関する基本的な経済原理,すなわち,混雑した道路の利用者は,社

会的余剰（social surplus）を最大化するために社会的限界費用と私的限界費用の差に相当する料金を払うべきであるという原則に基づいている。そうすることによって，個々の利用者は私的限界費用ではなく社会的限界費用を意識するようになるであろう。混雑した道路では，社会的限界費用には排気ガス，騒音，事故発生の危険性を価値換算したものだけでなく，他の利用者がロスした時間の価値が含まれている。社会的総便益と社会的総費用の差として定義できる社会的余剰は，社会的厚生を表す適切な指標であると考えられており，社会的余剰の最大化は経済的に効率であるため，条件として広く用いられている。

道路利用者に対する限界費用課金に関する標準的な議論の多くは，1本のリンクに対する抽象的な需要-供給モデルを用いて行われている。均質な利用者からなる一般的な交通ネットワークを対象としたケースでは，リンクごとに社会的限界費用と私的限界費用の差に相当する金額を徴収すべきであるという最適な混雑課金の理論は，外部費用を内部化し，システム最適なフローパターンを実現するために有効である[3]。限界費用課金は，需要が固定されている場合においては，ネットワークの総旅行費用を最小化し，需要が弾力的である場合においては，交通を行うことで得られる利用者便益と社会的費用の差に等しい社会的厚生の総量を最大化する。

この節では，ロードプライシングに関する理論的背景，すなわち限界費用価格形成に関する経済の基礎的原理について述べる。そして，古典的な限界費用課金の法則が，一般的な混雑したネットワークにおいてどのように機能するかを理論的に示す。なお，単純化のために，この章を通して所要時間と旅行コストという用語は，同等の内容を表すものとして取り扱い，時間価値換算して表している。

4.1.2 交通均衡と限界費用課金

（1）限界費用課金の図解説明　一般的なネットワークにおける限界費用課金について検討する前に，限界費用課金に関する基本的な理論を図解によって説明しよう。一定の出入口があり，道路容量の制約に起因する障害（渋滞）

以外に交通を阻害するものがない，均質な道路区間を均一な交通が流れる，単純ではあるが標準的なケースを考えよう．混雑課金に関する標準的な分析については，図 4.1 に示された模式図を用いて説明することができる．

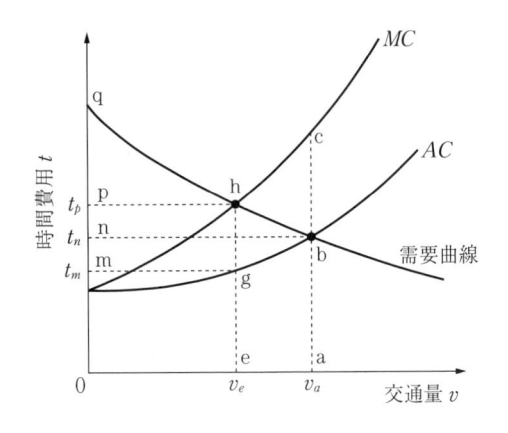

図 4.1 限界費用課金の図解表現

曲線 AC は，各レベルの交通量における混雑に関する（私的）平均費用を表している．また曲線 MC は，新たに 1 台の車両が交通流に加わることにより生じる費用の増加分を含む，（社会的）限界費用を表す．曲線 MC は，道路利用者グループ全体が払うコストであるという意味において，「社会的費用」を表しているとみなすこともできる．しかし，個々の道路利用者は，各自が個人的に負担するコスト（AC）のみを考慮している．そして，その人が道路を利用することで，他の道路利用者に負担を求めることとなる外部混雑費用に気付かないでいるのか，もしくは考慮したくないと考えているのか，そのいずれかである．したがって，曲線 MC は追加的に参入した道路利用者および既存の道路利用者にとっての社会的限界費用を表すのに対して，曲線 AC は追加的に参入した道路利用者だけが知覚し，負担する私的限界費用と対応している．いかなる交通量レベルであっても，AC と MC の差は，その交通量レベルにおける混雑を経済的コストとして表したものになる．

図 4.1 をみてもわかるように，社会最適な交通量は社会的限界費用と需要曲線の高さが等しくなる v_e である．一方で，通行料金がかからない場合，道路

利用者は他の利用者に及ぼす混雑を無視するので,実際の交通量は v_a となる。社会的な観点からみれば,v_a 番目の利用者は $\overline{ab}$ の便益を得ているのに対して,$\overline{ac}$ のコストを負荷しており,実際の交通量 v_a は過剰であるといえる。最適な交通量 v_e を超えた部分の追加的な交通は,$\overline{ache}$ の面積に相当するコストを負荷しているのに対して,$\overline{abhe}$ の面積に相当する便益しか得ておらず,$\overline{bch}$ に相当する厚生の**死重損失**(deadweight welfare loss)が存在している。一方で,交通量が v_e より少ない場合も,交通によって得られる**消費者余剰**(consumer surplus)が最大化されないので,最適な交通量とはならない。

この道路における所要時間関数,すなわち曲線 AC を $t(v)$ で表すとしよう。交通量 v のときの総費用 $TC(v)$ は,つぎのように表せる。

$$TC(v) = vt(v) \tag{4.1}$$

社会的限界費用 MC は

$$MC(v) = \frac{dTC(v)}{dv} = t(v) + v\frac{dt(v)}{dv} \tag{4.2}$$

と表せる。式 (4.2) 右辺の第 1 項は平均費用 AC である。利用可能な道路容量を効率的に利用するために課せられる料金は,式 (4.2) 右辺の第 2 項に等しい。

$$u(v) = v\frac{dt(v)}{dv} \tag{4.3}$$

これは,最適料金 u は,社会的限界費用 MC と平均費用 AC の差であることを意味している。

ここで得られた結果は,集計レベルでの経済的便益最大化問題を解くことによっても導出可能である。すなわち,限界費用課金原理のもとで,経済的便益(総旅行便益から総社会的費用を引いたもの)は最大化される。いま,交通需要がつぎの需要関数により与えられるものとする。

$$d = D(\mu) \tag{4.4}$$

ここに,μ は,道路上を移動するのに要する課金額あるいは一般化費用であり,$B(d)$ は,この逆関数(逆需要関数)すなわち便益曲線である。便益曲線は,利用者が交通に対する支払い意思額の総額,すなわち,交通により利用者

が得る便益とみなすことができる。このとき，経済的便益（EB）は，つぎのように計測することができる。

$$EB(v) = \int_0^v B(\omega)\,d\omega - vt(v) \tag{4.5}$$

ここでは，単一リンクのみを考慮しているので $v=d$ である。経済的便益（EB）は，図4.1においては $\overline{\text{ghqm}}$ の面積に相当する。また，EB は消費者余剰（$\overline{\text{hqp}}$ の部分）と総課金収入（$\overline{\text{ghpm}}$ の部分）の和に等しい。1階の最適性条件より，明らかに，経済的便益 $EB(v)$ が最大になる点は，需要曲線と限界費用曲線の交点（$B(v) = t(v) + v(dt(v)/dv)$）の交通量 v_e となる。

（2） 需要固定型の限界費用課金　　ここでは限界費用課金原理の本質について，ネットワーク均衡問題において，それがどのように機能しているかという点を吟味することを通して重点的に取り上げる。一般的に，利用者均衡配分とシステム最適配分とでは，リンクフローパターンが異なるが，ここでの役目は，一般のネットワークにおいて，システム最適なフローパターンから利用者均衡のフローパターンに導くためのリンク通行料金（の集合）を決定することである。この作業は，道路ネットワークの利用に対して，限界費用課金原理を適用することで実現可能である。すなわち，ネットワークにおいて特定のリンクを利用するものから，リンクフローに依存した適切な混雑料金を徴収することによって，任意のODペア間においてコスト最小ルートを選択した結果生じるフローパターンがシステム最適状態となるのである。この特別な料金レベルは，1人の利用者があるリンクに追加的に参入することによって，既存の利用者に課されるコストの増加分に相当する。

　いま，ノード集合が N，リンク集合が A の場合に，ODペア集合 W とともに交通ネットワーク $G(N, A)$ を考えよう。そして，ODペア $w \in W$ を接続する経路集合を R_w，ODペア $w \in W$ の需要を $d_w > 0$，経路 $r \in R_w$ の経路フローを f_{rw}，経路フローベクトルを f，リンク $a \in A$ のリンクフローを v_a としよう。リンクフロー，経路フローとOD需要の間の関係はつぎのように表せる。

$$v_a = v_a(f) = \sum_{w \in W} \sum_{r \in R_w} f_{rw} \delta_{ar}, \quad a \in A \tag{4.6}$$

$$\sum_{r \in R_w} f_{rw} = d_w, \quad w \in W \tag{4.7}$$

ここに、δ_{ar} はリンク a が経路 r に含まれれば 1 を、そうでなければ 0 をとる変数である。あるリンクの所要時間は、そのリンクフローの関数 $t_a = t_a(v_a)$、$a \in A$ で表されるとし、OD ペア $w \in W$ 間の経路 $r \in R_w$ のコスト c_{rw} は、経路を構成する全リンクの所要時間の和としてつぎのように与えられるとしよう。

$$c_{rw} = c_{rw}(\boldsymbol{f}) = \sum_{a \in A} t_a(v_a(\boldsymbol{f})) \delta_{ar}, \quad r \in R_w, \ w \in W \tag{4.8}$$

各経路フロー $\boldsymbol{f}$ に対して、OD ペア $w \in W$ の最小コストを μ_w とし、μ_w をベクトル表現したものを $\boldsymbol{\mu} = \{\mu_w | w \in W\}$ としよう。すなわち

$$\mu_w = \min\{c_{rw}(\boldsymbol{f}) | r \in R_w, \ w \in W\} \tag{4.9}$$

である。これらの記号表記や関係式を用いて、需要固定型の確定論的ネットワーク交通均衡を表現することができる。すなわち、経路フローベクトル $\boldsymbol{f}^*$ が Wardrop の均衡条件を満たす必要十分条件は、OD ペア $w \in W$ 間の任意の経路 $r \in R_w$ に対して、以下の条件を満たすことである。

$$c_{rw} = \mu_w \text{ if } f_{rw}^* > 0\ ;\ c_{rw} \geqq \mu_w \text{ if } f_{rw}^* = 0, \quad r \in R_w, \ w \in W \tag{4.10}$$

つぎに、システム最適なフローパターンを実現するための限界費用課金について考えてみよう。システム最適化問題は需要固定のもとで、ネットワーク上の総旅行時間コストまたは総費用 TC の最小化問題として、つぎのように定式化できる。

$$\min \ TC(\boldsymbol{v}) = \sum_{a \in A} v_a t_a(v_a) \tag{4.11}$$

subject to

$$\sum_{r \in R_w} f_{rw} = d_w, \quad w \in W \tag{4.12}$$

$$f_{rw} \geqq 0, \quad r \in R_w, \ w \in W \tag{4.13}$$

ただし、$v_a \ (a \in A)$ は式 (4.6) で与えられるリンクフローである。式 (4.11)〜(4.13) で定式化される問題の 1 階の最適性条件より、つぎの関係を満たす最適解 $(\boldsymbol{f}^*, \boldsymbol{v}^*)$ を得る。

$$\tilde{c}_{rw} = \mu_w \text{ if } f_{rw}^* > 0\ ;\ \tilde{c}_{rw} \geqq \mu_w \text{ if } f_{rw}^* = 0, \quad r \in R_w, \ w \in W \tag{4.14}$$

ここに，μ_w は式 (4.12) に対するラグランジュ乗数であり

$$\tilde{c}_{rw} = \sum_{a \in A} \tilde{t}_a(v_a^*) \delta_{ar}, \quad r \in R_w, \ w \in W \tag{4.15}$$

$$\tilde{t}_a(v_a^*) = t_a(v_a^*) + v_a^* \frac{\mathrm{d}t_a(v_a^*)}{\mathrm{d}v_a}, \quad a \in A \tag{4.16}$$

である．ここで注目すべきことは，これらの最適性条件は，リンク旅行時間の定義を除いては，利用者均衡問題から得られた最適性条件である式 (4.10) と類似していることである．式 (4.16) で定義された新たなリンク旅行時間は，二つの部分から構成されている．まず，$t_a(v_a)$ はそれぞれの利用者がリンク a を通過するときに，個人的に経験あるいは知覚する旅行時間である．そして，$v_a \mathrm{d}t_a(v_a)/\mathrm{d}v_a$ は 1 人の利用者がリンク a に追加的に参入することにより，すでにリンク a を利用しているすべての者に課される旅行時間の増加分である．式 (4.16) により定義された旅行時間は，リンク a の利用者が 1 人増加することにより，総リンク旅行時間に及ぼす限界的な影響，すなわち，$\tilde{t}_a(v_a) = \mathrm{d}(v_a t_a(v_a))/\mathrm{d}v_a$ として解釈することができる．リンクコスト関数が線形分離可能 (separable) であると仮定した場合，$\tilde{t}_a(v_a)$ は総旅行時間に対する限界的な影響，すなわち $\tilde{t}_a = \partial TC(v)/\partial v_a$ を表すこととなる．（混雑）課金理論において，式 (4.16) における $v_a \mathrm{d}t_a(v_a)/\mathrm{d}v_a$ の項は，混雑による外部効果 (congestion externality) と呼ばれる．

このように，すべての利用者がリンク旅行時間を式 (4.16) に基づき評価するならば，システム最適状態のフローパターンは，式 (4.14) で表された利用者均衡状態として導き出されることがわかる．しかし，利用者が経路を選ぶときは，通常，旅行時間 $t_a(v_a)$ のみを考慮し，他の利用者に課す混雑による外部効果 $v_a \mathrm{d}t_a(v_a)/\mathrm{d}v_a$ を含めて考えることはしない．そこで，混雑課金が導入され，それぞれの利用者は各リンクを通過するときに，式 (4.17) に示すような需要固定型のシステム最適状態での解 $(v_a^{*,F}, a \in A)$ に基づき評価される，混雑による外部効果と等価な料金が課金されるものとしよう．

$$u_a = v_a \left. \frac{\mathrm{d}t_a(v_a)}{\mathrm{d}v_a} \right|_{v_a = v_a^{*,F}}, \quad a \in A \tag{4.17}$$

そうすれば，利用者が各リンクにおいて，式 (4.16) で与えられる混雑による外部効果に関する項を含む実際の旅行コストを知覚した状況下で，利用者均衡状態に達する．いいかえると，混雑による外部効果に相当する通行料金を課金して，利用者が知覚するリンクコストを修正すれば，利用者個々の最適な経路選択の結果が社会的に最適な状態になる．すなわち，システム最適なフローパターンは利用者均衡により実現されるのである．このことが，よく知られた限界費用課金原理，すなわちシステム最適なフローパターンを実現するために，混雑した道路の利用者は社会的限界費用 $\tilde{t}(v_a)$ と私的平均費用 $t_a(v_a)$ の差に等しい料金を払うべきだということに対する理論的根拠である．

（3）**需要変動型の限界費用課金**　ここでは，需要固定型の場合と同様に，需要変動型のネットワーク均衡問題において限界費用課金原理がどのように機能するかという点について見ていこう．需要変動型の場合は総旅行コストが最小となるような料金パターンを求めることは意味がない．この理由は単純で，課金すればするほど顕在化する需要が少なくなり，その結果，総旅行時間が少なくなるためである．したがって，総旅行コスト最小化を目的関数に設定した場合の最適な解は，受け入れられないほど高い金額を徴収してフローが 0 に近い状態であるが，明らかにこれは現実的ではない．しかしながら，需要変動型における最適料金はシステム最適（配分）に対応する定式化を用いて導くことが可能である．ここでのポイントは，システム最適問題は純経済便益あるいは社会的厚生の最大化として定義されることである．ここで，トリップを行うことによる総利用者便益（UB）は次式により評価されるという点を思い出しておきたい．

$$UB = \sum_{w \in W} \int_0^{d_w} B_w(\omega)\, d\omega \tag{4.18}$$

ここに，$B_w(d_w)$ は OD ペア $w \in W$ に対する便益関数であり，需要関数 $D_w(\mu_w)$ の逆関数として $B_w(d) = D_w^{-1}[d_w]$ のように表せる．需要関数 $D_w(\mu_w)$ は OD ペア間の交通コスト μ_w のみの関数であるとする．ネットワーク利用者による**社会的総費用**（SC）はつぎのように与えられる．

$$SC = \sum_{a \in A} v_a t_a(v_a) \tag{4.19}$$

したがって，経済的便益（EB）は次式により評価される．

$$EB = UB - SC = \sum_{w \in W} \int_0^{d_w} B_w(\omega) \, d\omega - \sum_{a \in A} v_a t_a(v_a) \tag{4.20}$$

交通ネットワークの利用状態が最適になるためには，経済的便益（EB）が最大化される必要があり，すなわち，この意味でシステム最適状態が実現される必要がある．それゆえ，ここでの問題は，以下のような等価な最小化問題として定式化することができる．

$$\min \ EB(\boldsymbol{v}, \boldsymbol{d}) = \sum_{a \in A} v_a t_a(v_a) - \sum_{w \in W} \int_0^{d_w} B_w(\omega) \, d\omega \tag{4.21}$$

subject to

$$\sum_{r \in R_w} f_{rw} = d_w, \quad w \in W \tag{4.22}$$

$$f_{rw} \geq 0, \quad r \in R_w, \ w \in W \tag{4.23}$$

$$d_w \geq 0, \quad w \in W \tag{4.24}$$

ここに，リンクフロー $\boldsymbol{v}$ は式（4.6）によって与えられ，$\boldsymbol{d} = \{d_w | w \in W\}$ である．需要固定の場合と同様の手順により，最適解 $(\boldsymbol{f}^*, \boldsymbol{v}^*, \boldsymbol{d}^*)$ として，つぎの結果を得ることとなる．

$$\tilde{c}_{rw} = \mu_w \ \text{if} \ f_{rw}^* > 0 \, ; \ \tilde{c}_{rw} \geq \mu_w \ \text{if} \ f_{rw}^* = 0,$$
$$r \in R_w, \ w \in W, \ r \in R_w, \ w \in W \tag{4.25}$$

$$B_w(d_w^*) = \mu_w, \ \text{if} \ d_w^* > 0 \, ; \ B_w(d_w^*) \leq \mu_w, \ \text{if} \ d_w^* = 0, \ w \in W \tag{4.26}$$

ここに，μ_w は OD 需要に関する制約条件式（4.22）に対するラグランジュ乗数であり，また，以下の関係式が再度用いられる．

$$\tilde{c}_{rw} = \sum_{a \in A} \tilde{t}_a(v_a^*) \delta_{ar}, \quad r \in R_w, \ w \in W \tag{4.27}$$

$$\tilde{t}_a(v_a^*) = t_a(v_a^*) + v_a^* \frac{dt_a(v_a^*)}{dv_a}, \quad a \in A \tag{4.28}$$

これらの最適性条件は，需要変動型のネットワーク均衡条件にすぎない．需要変動型均衡モデルとの唯一の違いは，均衡を支配しているリンクコストは式（4.28）によって与えられることである．すでに述べたとおり，この新たなリ

ンクコスト関数は二つの要素から成り立っている.すなわち,$t_a(v_a)$は,それぞれの利用者がリンクaを通過するときに個人的に経験あるいは知覚する所要時間であり,$v_a \mathrm{d}t_a(v_a)/\mathrm{d}v_a$は1人の利用者が新たにリンク$a$を利用することにより,すべての利用者に課す旅行時間の増加分である.いいかえると,システム最適条件では,混雑による外部効果が含まれており,そして,混雑の影響を考慮した道路利用に対する社会的に最適な課金は,利用者均衡条件とシステム最適条件が一致するように混雑の外部効果を内部化するものである.すなわち,$v_a^{*,F}$,$a \in A$が需要変動型システム最適化問題の式 (4.21)〜(4.24) の最適解であるときに,リンク通行料金がつぎのように与えられるとする.

$$u_a = v_a \frac{\mathrm{d}t_a(v_a)}{\mathrm{d}v_a}\bigg|_{v_a = v_a^{*,F}}, \quad a \in A \tag{4.29}$$

このとき,新しいネットワークの需要・パフォーマンス均衡が確立されるが,この新しい均衡は経済的便益が最大化されているという意味において,まさしくシステム最適なのである.

需要固定型と需要変動型の両方の場合において,限界費用課金は閉じられた系として表現されており,局所的なリンクフローと混雑関数が関連付けられているように見えるが,(この課金は)暗黙のうちに全域的な限界的影響をも反映している.すなわち,1人の利用者がネットワークに加わることによる全域的な限界的影響は,ネットワークフローの再配分に起因する総旅行費用の変化と,需要が変動する場合は需要の変化に起因する利用者便益の変化を含むことになる.これらの全域的な影響は,暗に課金の影響を含んだネットワーク均衡状態において,式 (4.17) ならびに式 (4.29) により全リンクの課金額を計算することを通して,モデル式 (4.11)〜(4.13) あるいは式 (4.21)〜(4.24) に反映される.つまり,リンク通行料金はネットワーク均衡モデルにおいて内生的に決定できるのである.さらに,利用者均衡問題の需要が固定型であるか変動型であるかにかかわらず,リンクの課金額を求める式は同一であるが,計算の結果得られるリンク課金額は,求められるシステム最適配分によるリンクフローに依存しており,それぞれの均衡問題によって結果は異なる.

4.1.3　各国でのロードプライシングの導入

　ケンブリッジ大学の Marshall によって外部経済が提案され，その弟子 Pigou の「厚生経済学（Welfare Economics）」のなかで，社会的に最適な状況を達成するために，私的な費用に社会的な費用を税として上乗せするというピグー税のアイディアが提唱された英国では，都市における道路混雑や環境問題についての議論が積み重ねられ，その議論のなかから，**ロードプライシング**という着想が生まれた。

　1962 年に大規模な「ロンドン交通量調査」が実施され，翌 1963 年には環境問題を枠組みに取り入れた最初の交通計画であるブキャナンレポート（Traffic in Towns：Colin Buchanan）が発表される。このレポートでは，都市において良好な居住環境を維持しつつ自動車の利便性と効率性を発揮させるには，大規模な都市再開発が必要となり，そのためには巨額な投資が必要となることが指摘された。そして 1964 年のスミードレポート（Smeed Report：Reuben Jacob Smeed）では，道路交通に対して価格による需給調整機能を活用することが考えられ，道路容量と交通需要の調整を図る種々の方法が検討された。その結果，最良の方法として，混雑に応じた料金を課すロードプライシングが提案される。しかし，ロードプライシングは，技術的，政治的な制約が大きく，すぐに実施されることはなかった。

　1975 年，最初のロードプライシングがシンガポールで実現する。エリア・ライセンシング・スキーム（area licensing scheme, ALS）と呼ばれ，約 7 km^2 の課金区域内に流入する自動車に対し，あらかじめ購入したライセンスステッカーをフロントガラスに提示することを義務付け，これを監視員に目視でチェックさせるというものであった。導入時の課金時間は 7:30〜10:15，料金は 1 日 3 シンガポールドル，月 60 シンガポールドルとされた。その結果，実施直後の都心流入交通量は 44 % 減少した。その後，課金時間，課金対象車種，料金などを変更して試行錯誤が続けられる。1995 年には高速道路にもロードプライシング・スキーム（road pricing scheme, RPS）が導入され，1998 年には車載器にセットされたプリペイド方式のカードから料金を差し引くエレクト

ロニック・ロードプライシング（electronic road pricing, ERP）に移行した。交通需要マネジメントを都市交通政策の重要な戦略の一つと位置付けるシンガポールは，その後もロードプライシングにおいて世界を先導し続ける。

1986年，ノルウェーの第2の都市ベルゲンでトールリング（toll ring）と呼ばれる課金区域の境界線上に料金所を設けたコードンプライシング（cordon pricing）方式のロードプライシングが実施された。課金時間は平日の6:00〜22:00，料金は5ノルウェークローネ，月100ノルウェークローネとした。このロードプライシングは，道路財源の確保を目的とし，都心部の再開発や住環境整備とパッケージ化して進められているところに特徴がある。1990年には首都オスロで車両識別タグを採用した方式が，1991年には第3の都市トロンハイムでプリペードカードも採用した方式が実施された。オスロでの市民意識調査によると，トールリングへの賛成理由は，導入前の1989年には自動車交通の削減が46％，道路財源の創出が18％であったが，導入後の1995年にはそれぞれ20％，54％と比率が逆転し，道路財源確保という導入の目的が認知されてきたことがわかる。トールリングの導入により都心部の交通量は，ベルゲンで3％，オスロで2〜5％，トロンハイムで10％減少したと報告されている。

2001年，日本では都市高速道路の沿道環境の改善を目的として，課金ではなく，割引によるロードプライシングが開始された。これについては4.1.5項で述べる。

2003年，英国のロンドンで最も大きな課金区域をもつロードプライシングが開始される。これについても4.1.4項で述べる。

2007年，スウェーデンのストックホルムがロードプライシングの運用を開始する。ストックホルムでは1991年に環状道路整備，公共交通整備と，その財源確保のためのロードプライシングからなる交通基盤整備計画，デニス・パッケージ（Dennis Package，名称は提唱者Bengt Dennisに由来）が策定された。しかし，景気の後退と計画の柔軟性や科学的評価の欠如のため，1997年に計画は中止される。その後，2006年の1〜7月まで，DSRC（dedicated short range communication，専用狭域通信）方式の ETC により，朝夕ラッシュ時に 20 クローナを課金するロードプライシングが試験運用され，2007 年 8 月から正式に運用されることとなった．

　2008 年，イタリアのミラノに，おもに環境改善を目的としたロードプライシングが導入される．課金区域は市中心部の歴史的保存地区にあたる約 8 km^2 で，境界線の 43 か所にナンバープレート読取り装置（automatic vehicle identification，AVI）が設置された．このうちの地下鉄，トラム，バスに接続されている 20 か所には駐車場も整備された．利用者は事前に購入したエコパスカードをダッシュボードに掲示する．課金時間は平日の 7:30～19:30，課金額は欧州排出ガス規制基準によって区分され，2，5，10 ユーロの 3 段階となっている．2008 年 3 月の発表では，規制区域内の交通量は 17.3％減少，それ以外の市域の交通量も 8％減少し，PM（黒鉛などの微粒子状物質）排出量は 19％減少したとしている．このロードプライシングは 2009 年 12 月までとされており，その後，継続の是非が市民に問われることになっている．

　つぎに，米国のやや特殊なロードプライシングについて述べる．これまで述べた日本を除く各国のロードプライシングは，混雑緩和や環境改善を図る都心部や歴史的保存地区に流入する自動車に料金を課すものであるが，米国のロードプライシングは，混雑のない道路の利用に料金を課すというものである．1991 年に総合陸上輸送効率化法（Intermodal Surface Transportation Efficiency Act，ISTEA）が制定され，混雑料金パイロットプログラムに対して補助金が与えられることになるが，プログラムの提案は低調であった．そこで，この時限立法を受け継いだ運輸政策関連の長期計画 TEA-21（The Transportation Equity Act for the 21st Century）は，混雑料金 congestion pricing を value pricing と呼び代えて存続させる．この value pricing が混雑のない道路の利用に料金を課すものであり，1995 年にカリフォルニア州の州道 91 号線（SR-91）に初めて適用された．州道の中央分離帯に建設した専用レーンを 3 人以上の相乗り車は無料で，2 人以下の車は有料で利用させる．料金は交通状況に応じて設定され，2003 年末には最も混雑するスーパーピークラッシュアワー（木曜日の

16:00〜18:00と金曜日の15:00〜18:00の郊外方向）が5.50ドルとなっている。相乗り車のための専用レーンをHOVレーン（high-occupancy vehicle lanes）と呼んでいる。相乗り車を増加させることで総交通量を減少させ，非相乗り車を有料でHOVレーンへ転換させることで通常レーンの混雑を緩和させるというものである。

4.1.4 ロンドンのロードプライシング

2003年2月，経済学で理論が提唱され，交通計画で実施が提案された混雑税発祥の地，英国のロンドンでついにロードプライシングが実現する。1995年に英国下院交通委員会の審問による報告書「都市のロードプライシング（Urban Road Pricing）」が公表され，1997年には交通白書（A New Deal for Transport：Better for Everyone）でロードプライシングが国の政策として位置付けられ，1999年に大ロンドン法（Greater London Authority Act）でロンドン市長に実施権限が付与されて，2000年に市長に選出されたLivingstoneが2001年にThe Mayor's Transport Strategyで交通改善戦略として混雑課金制度を提案したあと，2002年に決定するという経緯をたどった。

官庁街，金融街シティー，バッキンガム宮殿などがあるロンドンの中心部，インナーリングロード（Inner Ring Road）内側の約21 km^{2}が課金区域とされた。課金時間（平日の7:00〜18:30）に区域内を走行する車両は，事前に1日5ポンド，月100ポンドなどの料金（区域内居住者は90％割引）を支払い，車両ナンバーを登録する。区域内に設置された固定式あるいは移動式のデジタルカメラでナンバープレートが読み取られ，違反者には80ポンドが請求される。

ロンドン交通庁（Transport for London）は，2003年6月に最初の年報（Impacts monitoring-First Annual Report-conditions before charging），翌年4月に2回目の年報を出している。この2回目の年報でロードプライシングの導入効果を見てみる。

フローティング法による走行速度調査によると，課金区域内の交通の遅れ時

間（Travel Rate：課金時間帯と夜間との単位距離当り旅行時間差を分/kmで表している）は2.3分/kmから1.7分/kmへと30％減少した。課金区域の境界となっているインナーリングロード（課金なし）での遅れ時間も1.9分/kmから1.5分/km〜1.7分/kmに減少し，課金区域から伸びる放射状の道路では1.5分/kmから1.2分/kmへと20％減少した。

通勤ドライバーを対象としたパネル調査（Panel Survey）では，出勤，帰宅とも課金区域内での旅行時間は14％減少し，旅行時間の標準偏差も出勤で27％，帰宅で34％減少した。

交通量調査によると，課金時間帯に課金区域に流入する交通（二輪車を除く）は18％減少，流出する交通は21％減少，課金区域内の交通は15％減少となった。

その他の調査からは，65 000〜70 000人のドライバーが課金区域への流入をやめ，そのうちの50〜60％が公共交通へ転換し，区域内居住者の少なくとも30％は道路の横断のしやすさ，大気汚染，騒音，公共交通の信頼性と利用しやすさ，混雑が改善されたと感じ，市民の5人のうち4人までが課金制度は目的を達成しているとの意見であることがわかった。

2003年上期の小売業の沈滞については他の要因も考えられ，2003年下期や2004年の初期には回復していることから，ロードプライシングがロンドンの経済活動に与える影響は小さいとしている。

大気環境への影響については，交通量や遅れ時間の減少から窒素酸化物 NO_x と粒径10ミクロン以下の粒子状物質 PM_{10} の総排出量が12％減少したと推計されるが，大気汚染監視局の観測結果では，2003年の不順な気象のために効果を確認できなかったとした。

ロンドンのロードプライシングは，2005年7月に課金額が5ポンドから8ポンドへと値上げされ，課金時間が18:30から18:00へと30分短縮された。また，2007年1月には課金区域が広げられた。

4.1.5 日本のロードプライシング

2001年11月，日本でも環境保全を目的としたロードプライシングが導入された．ITS開発分野の一つであるETCが整備され，普及が進んだことがロードプライシングの実施を可能にした．ETC車載器セットアップ台数の累計は，2010年5月末には3795万台に達している．

首都高速道路と阪神高速道路に導入された環境ロードプライシングは，「住宅地域の沿道環境を改善することを目的として，料金に格差を設けて，住宅地域に集中した交通の湾岸部への転換を図る施策」とされている．すなわち，住宅地域の路線から湾岸部の路線へ交通を転換させるため，湾岸部の路線の料金割引をするというものであり，課金によって交通を抑制する方式とは大きく異なる．

ここでは阪神高速道路の例を見てみる．2000年6月に，警察庁，環境庁，通商産業省，運輸省，建設省の5省庁による道路交通環境対策関係省庁連絡会議は，「国道43号等の道路交通環境対策の推進について〈当面の取組〉」のなかで，環境ロードプライシングを総合的環境施策の一つとして位置付けた．さらに，2000年12月に和解が成立した尼崎訴訟の和解条項においても「3号神戸線と5号湾岸線において料金に格差を設ける環境ロードプライシングを早期に試行的に実施する」と明記された．2001年11月，5号湾岸線西行きの一部区間を利用するETC大型車と湾岸線阪神西線・東線の2線を連続して現金で利用する大型車を対象として，阪神西線の料金1000円を20％割り引くという試行が開始された．2002年7月には東行きも対象とし，ETC前払い割引との併用を開始．2004年2月には40％割引，2006年6月には50％割引で対象区間も拡大した社会実験が行われた．これらの社会実験のあと，2009年4月から，拡大された対象区間で30％割引（他割引併用で最大50％割引）の運用が開始され，2010年3月からは対象車両が普通車貨物車（車両総重量8t未満かつ最大積載量5t未満）で事前登録した車両（NEXCO東・中・西日本発行のETCコーポレートカード限定）にも拡大される．

2004年の社会実験では，割引を利用した台数（平日平均）が実験前（1月）

の1 200台/日から実験中の1 980台/日へと780台/日増加し，このうち神戸線や国道43号などから湾岸線へ転換した交通は，約300台/日と推定された。

また，2006年の社会実験では，割引を利用した台数（平日平均）が実験前の10 300台/日から実験中の11 900台/日へと1 600台/日増加し，このうち神戸線や国道43号などから湾岸線へ転換した交通は，実験開始の3週間後で0～600台/日，6週間後で570～1 450台/日と推定された。

料金値上げが難しいという制約のために，課金ではなく割引で対応したこの環境ロードプライシングは，Pigouが提唱した混雑税や環境税の理論とは異なるが，ある程度の効果をあげているといえる。

4.1.6 ロードプライシングの今後の課題

各国で実施されているロードプライシングの多くは料金が時間帯によって固定されている。ロードプライシングは，社会的に容認されることが前提となるが，混雑や環境の状況によって，時間的，空間的（課金される地区，路線など）に変動させながら効率的に運用することが望ましいと考えられる。そのためには，交通システム，環境システム，料金システム（ETCなど）を連携させることが必要となる。その前ぶれとなる事例はすでに登場している。

シンガポールは，2006年12月～2007年4月まで，交通システムと料金システムを連携させてリアルタイム可変課金（real-time variable pricing）の実験を行った。1時間先までの交通状況を予測し，事前に渋滞状況と課金額を情報として提供するというものである。

スウェーデン第2の都市ヨーテボリでは，2001年に交通システムと環境システムが接続された。ある地域に高濃度の大気汚染が計測されるか，あるいはリアルタイムの交通データも用いたシミュレーションによって推計されたときには，放送局のラジオ放送に割り込んで，道路利用者にその地域への進入を控えるよう要請するという。

これらの事例には，ITSの技術を駆使して混雑緩和や環境改善のためのロードプライシングを効果的に運用するためのヒントがあると考える。

4.2 ETCと交通調整

ノンストップ自動料金収受システム（ETC）は，図 4.2 に概要を示すように ITS の中心的な技術であり，利用率は順調に増加している。特に都市間高速道路における料金所渋滞の解消に効果的であり，割引料金設定も容易となった。また，都市高速道路における交通運用においては，交通調整と関連付けた高度な利用方法が期待できる。すなわち，混雑料金などの料金政策に関する利用方法と弾力的な料金設定は，自律的な交通行動変化を導出するための交通運用方法となりうる。

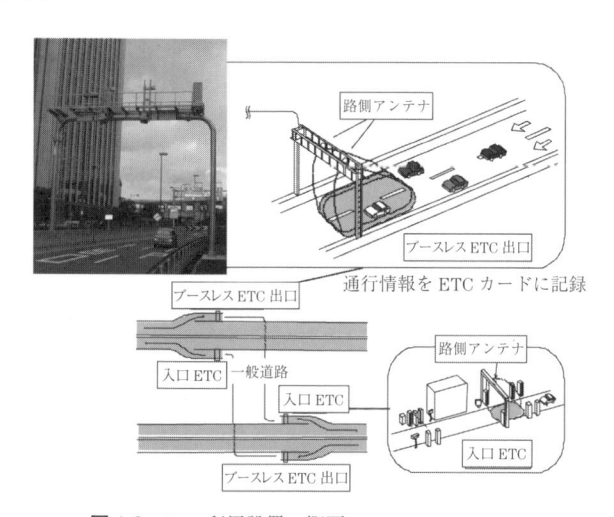

図 4.2 ETC 利用設置の概要
〔出典：旧阪神高速道路公団 Web サイト〕

4.2.1 料金自動徴収の概要

（1） ETC の役割　ETC システムは，**高度道路交通システム**（ITS）のなかで想定される各種サービスのなかでも最も実用化されている。この自動料金徴収方式に関して，世界的に各種の方法がある。わが国の ETC システムは，高速道路料金所に設置した道路側アンテナと自動車に装備した車載器との間で

無線通信を行い，自動的に通行料金を電子的に徴収するシステムである．具体的には，通行車両が料金所を通過する際に，専用狭域通信（DSRC）という非常に狭い範囲での通信を行い，1台1台の車両と確実に通信するための技術を用いている[9]．わが国の ETC システムは経由地点の記録や料金所以外での課金に対応するなど，海外の ETC システムと比べて高機能である．この ETC 通信技術は，有料道路の自動料金支払いの利用に限定されていたが，2001年4月に法律が改正され，さまざまなサービスに利用できるようになった．ETC の車載器で各種のサービスを受けられるようになれば，ETC は ITS サービスの通信プラットホームとなると思われる．

（2） **ETC の利用状況** 平成13年12月から，高速道路4公団を中心に ETC の全国展開が行われ，民営化後も順調に利用率は増加している．通行台数に対する ETC 利用台数の割合（利用率）は，平成13年の全国展開直後は，0.9％（約5万台/日）であった．その後，平成16～18年頃の急速な増加を経て，平成22年7月1日時点においては，全国平均で約82.7％（約666万台/日）となっている．都市間高速道路と都市高速道路では料金制度（対距離料金

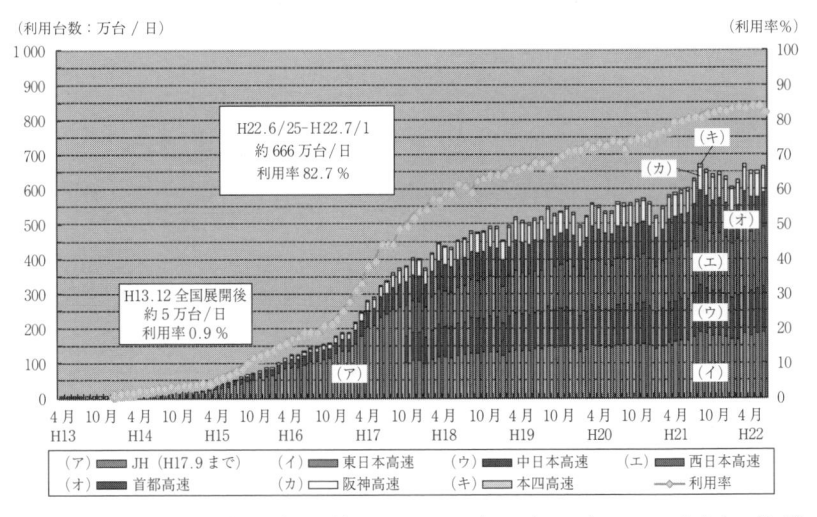

図 4.3 ETC 利用状況の推移〔http://www.mlit.go.jp/road/yuryo/riyou.pdf をもとに作成〕

制と均一料金制）が異なること，割引料金設定方法に相違があることなどから，一部の高速道路においては，相対的に利用水準が低い値で推移している（図 4.3）．

また，これに並行して，ETC 車載器のセットアップ台数も順調に増加を示している（図 4.4）．平成 17 年 9 月にハイウェイカードが販売終了し，平成 18 年 3 月には利用が停止された．また，ETC を対象とした利用料金の割引や，継続的に実施されているセットアップ費用の優遇などの普及促進策により，平成 22 年 5 月末時点において約 3 795 万台となっている．これらは，今後も増加傾向を維持するものと考えられる．

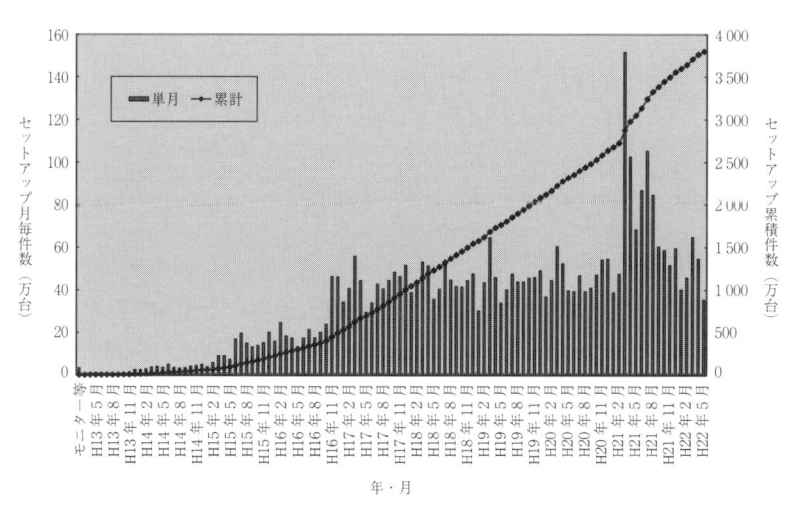

図 4.4 ETC 車載器のセットアップ件数の推移
〔http://www.orse.or.jp/use/pdf/fukyu02.pdf〕

一方で，最終的には，ETC 車載器の購入に関しては利用者各自の意思決定に委ねられており，高速道路の全車両が ETC 利用の状態を達成するまでには，かなりの長期にわたる ETC 車両・非 ETC 車両の混在期間が予想される．

（3） **ETC の有効性**　料金の自動徴収を ETC で行うことは，車両が高速道路料金所でいったん停車することなく通行できる点に加えて，以下に示すようないくつかの効果が期待できる．

① 環境改善効果：ETCの導入により，料金所の車両は停車・加速の頻度が大幅に減少し，騒音や窒素塩化物が軽減され，料金所周辺の環境が改善される。また，渋滞時のアイドリング状態が改善されCO_2排出量削減が期待できる。

② 利便性の向上：ETCは利用者の利便性を向上させ，快適走行をもたらす。料金所での渋滞回避，車両窓の開閉が不要，現金準備が不要（キャッシュレス），左ハンドル車・運転技術面の通過抵抗の軽減など，肉体的・心理的不快感を解消する。

③ 渋滞緩和効果：有料道路の交通渋滞は，約30％が料金所部で発生している。この渋滞解消のためには，大規模な料金所拡張工事よりも，料金所1車線当りの処理台数の増加が効果的である。従来の有人料金所と比較して，ETCでは約2～4倍の交通処理が可能であるとされ，料金所渋滞の解消が期待される。

4.2.2 ETCの利用

（1） ETCと高速道路料金政策　料金自動徴収が実用化されたことにより，高速道路をETCで走行する車両を対象として，各種の料金割引制度が適用され，高速道路の利便性が向上している。都市間高速道路においては，通勤割引（通勤時間帯・100 km以内），早朝夜間割引（大都市近郊早朝夜間時間帯・100 km以内），深夜割引（全国深夜時間帯），平日昼間割引，平日夜間割引，休日特別割引などの重複割引が実施されている。

都市高速道路においても，特定区間料金（首都高速），ETCポイント割引（阪神高速），日祝日割引（首都高速），土曜・休日割引（阪神高速），環境ロードプライシング（阪神高速・首都高速）などの割引が実行されている。また，本州四国連絡高速道路・名古屋高速道路・福岡北九州高速道路においても同様のETC割引が実施されている。このように，ETCは技術的な料金徴収を自動化した成果に加えて，きわめて多様で複雑な高速道路料金政策の運用可能性を増大した点で有用性が大きい。特に「均一料金制」が採用されている都市高速

道路では，都市間高速道路の場合と異なり，自動料金徴収自体の直接的な運用効果に多大な期待はできない。しかしながら，上記の各種割引制度，対距離料金の導入，さらには弾力的な料金の設定など料金政策としての交通需要調整機能に加えて，高速道路運用面でのETC利用も検討できる。

（2） **ETCと高速道路運用管理**　流入制御において言及したように，通常，高速道路の交通管理は流入交通量の調整によって行われる。一方で，適切な料金制度の導入は，高速道路交通需要の調整機能を有する。これらの関係を**表4.1**に整理した[10]。

表4.1　料金政策と交通制御の関係

	料金政策	交通制御
具体的方法	混雑料金 時間帯別料金 区間別料金など	流入制御 流出制御 経路誘導など
基本理念	交通需要の抑制 他交通機関との関係	交通需要の分散 一般道路との関係
対象時間	原則的に長期（制度的）	原則的に短期（動的）
対象地域	全道路網一律を基本	局所的対策が基本
意思決定者	利用者（自立的）	管理者（強制的）

すなわち，広義に交通管理をとらえる場合，前者は時間変化する交通流を前提とした強制的な交通運用であり，後者は平均的な交通需要均衡を前提とした交通運用である。これらは利用者の自律的調整に関して対極的な運用形態となっている。すなわち，道路混雑に対して迂回交通を促進して，直接本線上の交通流に介入する交通制御は即時的な交通管理にはきわめて有効である。一方で，料金抵抗に対する利用者判断に基づいて平均的な交通需要全体を調整する場合には料金政策が有効であるということがわかる。しかしながら，交通制御の場合には利用者に強制的な交通行動変化を要請することは問題であり，料金政策の場合には即時的な交通流変化を期待することが困難な点がある。したがって，ETC装置は，料金政策を考慮した自律的な交通運用を行う総合的な交通管理のための技術的な基盤を形成するものであるといえよう。

4.2.3 ETCを利用した交通調整

料金徴収の自動化は，さきに整理された料金徴収面での効率化に加えて，料金制度の実質的な運用面で多様な形態を構成することができる。ここでは，ETCを利用した交通調整方法として，高速道路乗り継ぎ制を紹介する。

（1） 高速道路乗り継ぎ制　都市高速道路では，新規建設路線が未共用で将来連続的な利用が可能である場合に，暫定的な料金制度として「乗り継ぎ制」が適用される。具体的には，本来の高速道路走行によりOD間移動の達成を期待する利用者が，一般道路の一時的利用を余儀なくされる場合に，追加的な料金を賦課しない制度である。均一料金制である都市高速道路の合理的利用を図るための料金制度上の特別措置である。**図4.5**に阪神高速道路で運用中の乗り継ぎ区間を示す。従来の運用では，車両に対して出路上で乗り継ぎ券を発行し，再利用時の通行料金を無料としている。

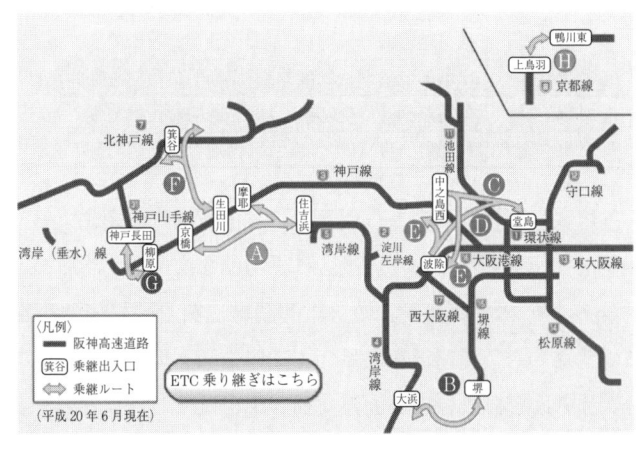

図4.5 均一料金制での乗り継ぎ経路の例
〔http://www.hanshin-exp.co.jp/drivers/douro/noritsugi/〕

したがって，本来は乗り継ぎ制度に交通調整としての意図はもたないが，① 自律的な迂回交通を生成できる，② ETCによる料金徴収業務が簡素化できることから，混雑緩和を意図した乗り継ぎ制が提案されている。この場合に

は，環状線などの交通集中区間を自律的に迂回させることによって，混雑緩和を図るものである．

（2） ETCによる乗り継ぎ制　都市高速道路のオンランプ・オフランプにETCが設置されると，多数の乗り継ぎ可能区間を料金水準にあわせて設定することがきわめて容易となる．したがって，混雑緩和を意図した迂回交通促進のための乗り継ぎ制は交通制御と料金政策の中間的な交通運用方法として適用可能となる[11)~13)]．

阪神高速道路を対象として，ETCを前提とした設定可能な乗り継ぎランプペアに関して交通混雑緩和効果を算定する．ここでは，本線交通量を交通シミュレーション，一般道路交通量を交通均衡配分により推計する結合型モデルを構成した．乗り継ぎ制の導入は，高速道路の迂回交通を誘導し，結果的に一般道路網の交通改善も与える．**表4.2**は，乗り継ぎ交通量の大きさの順に算定結果を整理したものである．高速道路本線の総走行時間は，いずれの場合も減少傾向にあるが，一般道路網に対する総走行時間は増加する場合もある[13)]．

表4.2　乗り継ぎ交通量の算定結果

No.	オフランプ	オンランプ	乗り継ぎ交通量 〔veh〕	総所要時間 〔10^3 veh·min〕 (A) 高速道路	(B) 一般道路	(A)+(B)	料金収入 〔10^3 yen〕
	乗り継ぎ制導入なし		0	13 759	12 072	25 831	578 135
1	R3 中之島西	R12 扇町	2 131	△291	162	△129	47
2	R3 海老江	R12 扇町	1 274	△185	△68	△253	27
3	R12 南森町	R11 中之島	817	△32	68	36	△28
4	R11 福島	R3 西長堀	399	△45	△26	△70	△55
5	R12 南森町	R3 西長堀	110	△142	77	△64	△407

このとき最大の乗り継ぎ交通量が算定された「中之島西→扇町」に関して都市高速道路上の交通状況を示したものが**図4.6**である[14)]．この例では，乗り継ぎ設定のない場合には，高速道路環状線を周回する経路を利用する必要のある交通が当該ランプ間の一般道路区間を利用可能となるため，高速道路本線の交

138　4. 道路交通のマネジメント

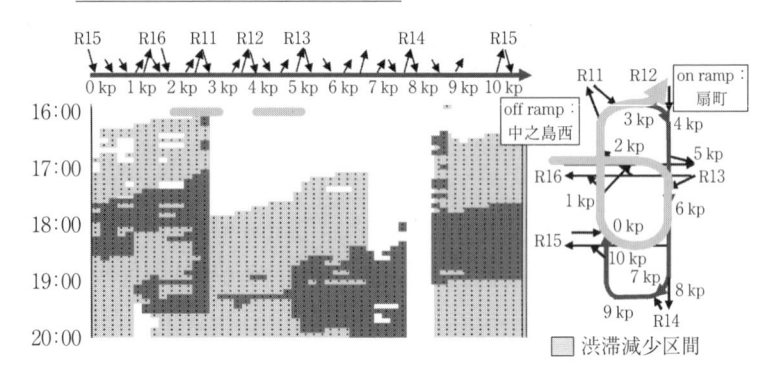

図 4.6　乗り継ぎ制導入による混雑緩和

通混雑(交通渋滞)は大幅に減少する。このとき，一般道路網においても混雑緩和効果が算定される。乗り継ぎ制は本線混雑区間の迂回促進を意図するものであるが，一般道路と高速道路を合わせた都市道路網の混雑緩和効果を与える。

　（3）　**乗り継ぎ制と交通情報**　　乗り継ぎ制は，交通制御と同様に迂回交通を発生させる機能とともに，料金抵抗を介して利用者の自律的交通行動を促進する機能をもつ。特にETCを前提とした対距離料金制では，乗り継ぎ交通への配慮が重要である。また，交通情報提供と有機的に結合して，時間帯乗り継ぎ制，緊急時乗り継ぎ制への拡張的利用を可能とするものと思われる。時間帯乗り継ぎ制は，混雑緩和効果の著しい特定時間帯に乗り継ぎ利用を推奨する方法である。また，緊急時乗り継ぎ制は，緊急時の高速道路から流出促進を意図して乗り継ぎを推奨する方法である。いずれも，交通状態と料金が時間変化するため，ETCの時間帯料金設定と交通情報提供の一体的な運用が必要である[15]。

4.3　TDM

4.3.1　TDM と ITS

　交通計画は，交通に対する需要と供給の釣合いをとる方法であるととらえることができる。従来は，自動車の普及や人口増加に伴って需要が増加してきた

ことに対して，需要に見合った交通施設を供給するという「施設増強型」あるいは「需要追随型」の交通計画が進められてきた．しかしながら，交通施設の建設に伴う資金および土地が限られてきたこと，沿道住民の理解を得られなくなってきたことなどにより，需要追随型の交通計画が受け入れられなくなってきた．そのため，需要側に働きかけることにより，供給側との釣合いをとろうとする交通計画が重要視されている．このような交通計画を TDM (transportation demand management) あるいは**交通需要マネジメント**と呼ぶ．

TDM には，交通需要が顕在化する各段階に働きかけるさまざまな施策が存

表 4.3 TDM 施策の種類[16]

施策分類		TDM 施策
短期施策	発生源の調整	通信手段による交通の代替 (在宅勤務，遠隔地会議，インターネットショッピング) 勤務日数の変更 (圧縮勤務)
	手段の変更	公共交通の利用促進 (パークアンドライドなどの複数手段の組合せ利用促進，走行条件の改善，サービス改善，情報提供) 自転車交通の利用促進 (自転車道整備，走行上の優遇，駐輪場整備，レンタサイクル)
	適切な自動車利用の誘導	自動車交通の規制・誘導(物理的な規制・誘導，経済的な規制・誘導，法的な規制・誘導) 駐車政策による規制・誘導 (供給量，料金，配置の調整，駐車規制の変更)
	出発時刻の変更	時差出勤，時差通学，フレックスタイム制 混雑料金，時間帯割引制度
	自動車の効率的利用	ライドシェアリング (相乗り，シャトルバス，乗合いタクシー) 自動車共同利用 (カーシェアリング，レンタカーシステム) 物流システムの合理化 (物資の共同集配，縦持ちの共同化)
中長期施策	成長管理	都市開発の速度管理，土地利用の規制
	交通負荷の小さい都市づくり	TOD (transit oriented development)，ABC ポリシー*，アーバンビレッジ

* 立地条件により A〜C の 3 段階に分け，住宅以外の施設を対象に，整備済みの交通手段とバランスのとれた商業，業務施設の立地を誘導し，自動車交通の負荷を軽減する施策．

在する。このうち,施策の導入により短期的に効果が現れる施策(短期的な施策)と,効果が現れるまでに時間のかかる施策(中長期的な施策)があり,前者を狭義のTDM施策と呼ぶ場合もある[16]。TDM施策の種類を**表4.3**に示す。

TDMは需要側に働きかける交通施策である。すなわち,人々の交通行動の変化を求める施策である。よって,需要追随型の交通計画に比べて,人々にいかに施策を受け入れてもらえるかという公共受容に関する視点がより重要となっている。そのため,TDMの推進に際しては,PR・啓蒙,推進体制,制度・仕組みに関する工夫が必要とされている[17]。

近年では,公共による受容という側面に着目した交通施策として,**モビリティマネジメント**(MM)にも注目が集まっている。MMは,人々の交通行動の変化を求めるという点でTDM施策と類似した施策である。しかしながら,一般的なTDM施策は表4.3に挙げたように,何らかの交通環境を変化させることで人々の交通行動を変化させようというものであるのに対して,MMでは,人々の意識や習慣に働きかけることによって自発的な行動変化を期待しており,交通環境がまったく変化しない場合でも行動変化をもたらす可能性をもつ。意識や習慣に働きかける手段としては,社会心理学理論に基づいた個別的なコミュニケーションを主体としており,人々の行動変化を効果的に導くための理論的・技術的な検討が進められている[18]。

一方で,近年ではTDMにおいても,ITSの活用によって人々とのコミュニケーションをより効果的に行うための工夫が見られる。

(1) **交通情報の提供** 人々は,普段自分が利用していない交通手段,経路,出発時刻に関する情報を正確に把握していないことが多く,普段の交通行動からの転換が妨げられる原因となっている。ITSの活用によってリアルタイムに収集された情報を含む総合的なデータベースから,必要とする人々に合わせた情報を個別に提供することで,交通行動の変化を促進することが可能となる。ダイナミックパークアンドライドは,自動車で都心部へ向かう運転者に対して,経路途上で都心部までの所要時間と都心部駐車場の混雑度,パークアンドライド駐車場と都心部までの鉄道所要時間などをリアルタイムに情報提供す

ることによって，パークアンドライドを促進することが可能である．

（2） **交通システムの制御・予約**　デマンドバスは，通常のバスを運行するには需要が少ない地域で，個々の利用者からの希望に応じて運行が決定されるバスシステムである．利用者は，電話やインターネットを通じて利用を予約し，センターで予約に応じて最適にバスを運行することにより，利用者の利便性を高めつつバス運営費用の削減を図ることが可能となっている．また，パークアンドライド駐車場予約システムでは，駐車場まで行っても駐車スペースがない場合に鉄道に乗り継げないという状況に対して，電話やインターネットなどにより，あらかじめ駐車スペースを予約することで，パークアンドライドの利用促進が可能となる．

（3） **料金収受**　混雑料金制度は，混雑時間帯の交通施設の利用に対して追加料金を徴収するものであるが，時間帯によって料金が変動すると窓口での対面による料金収受は煩雑になる．ETCや公共交通の切符のICカード化などによって自動的に料金を収受することで，窓口渋滞の緩和が可能であり，混雑料金の導入が容易となる．さらに，実際の混雑に合わせて動的に料金を調整したり，複数の高速道路や公共交通機関を乗り継ぐ場合の割引の導入も容易となる．

以上のように，ITSの活用によって人々の行動変化をもたらすTDM施策をさまざまな局面で促進することが可能となっている．以下では，ITSを活用したTDM施策の事例について紹介する．

4.3.2　ITSを活用したTDMの事例

（1） **カーシェアリング**　過度な自動車利用の抑制はTDMの目的の大きな部分を占めている．公共交通の利用促進は，おもに自動車利用からの転換を意図したものであるが，利便性や随意性でまさる自動車の利用にいったん慣れてしまうと自動車依存に陥るため，公共交通への転換は非常に困難となっている．カーシェアリング（自動車共同利用）は，1台の自動車を複数の会員が共同で利用することにより，自動車を保有することなく，必要なときに自動車を

利用することができるシステムである。自動車の総台数が削減されることにより，自動車の製造・廃棄に係る環境負荷や，駐車場用地を削減できるほか，おもに低燃費のエコカーや電気自動車が用いられることで燃料消費量の減少も可能となる。さらに，自家用車と異なり，利用のたびに支払う金額を意識するため結果的に自動車の利用頻度が減少する。また，利用時間と利用距離で課金されるため，自動車利用時にも効率的な利用となる。

このような効果をもつため，カーシェアリングは公共交通サービス水準の低い地域においても有力なTDM施策の一つとなっている。近年のカーシェアリングでは，限られた台数の自動車を多数の会員が円滑に利用できるように，多くのITS技術が導入されている[19]。カーシェアリングシステムの例を**図4.7**に示す。

ITS技術を活用したカーシェアリングの利用手順を以下に示す。

① 会員は，携帯電話やPCから利用予約用のウェブページにアクセスし，

図4.7 カーシェアリングシステムの例（京都パブリックカーシステム）[19]

利用を予約する。駐車場に設置されている情報端末から利用直前に申し込む。
② 予約・配車管理システムは，車両の配置状況や他の予約状況を勘案し，利用車両を割り当てる。
③ 会員は，利用駐車場でICカードによりドアロックを解除し車両を借り出す。
④ 車両利用中は，GPSにより取得した自車位置を予約・配車管理システムに自動的に送信することで，車両位置が管理センターでつねに把握される。
⑤ 会員は，車両を駐車場に返却し，ICカードでドアをロックし利用を終了する。
⑥ 予約・配車管理システムは，自動的に把握した会員の利用結果から利用料金を計算し，1か月ごとなど，料金を会員に請求する。

カーシェアリングは1980年代から欧米を中心として徐々にその規模を拡大している。わが国では，1990年代後半から各地で社会実験が開始され，2002年にはカーシェアリングを主たる業とする民間会社やNPOが起業している。今後は，欧米のように公共交通機関の定期券とカーシェアリングの会員カードを一体化するなどにより，利便性をより向上させるとともに，社会的な認知を高めることで普及を促進する努力が必要である。

（2）**交通エコポイント**　自動車から公共交通機関への転換を促すTDM施策として，運賃の割引によるサービス改善が挙げられる。しかしながら，財源不足の問題から，割引のための補助金を用意することは困難である。一方，クレジットカードやマイレージプログラムなど，たかだか数パーセントの還元率で消費者の行動変化を引き起こす「ポイント制度」を個人の交通行動に導入することは実現可能な一つの有効な策と考えられる。「交通エコポイント」は，交通渋滞の激しい都心部へ公共交通を利用して来訪すると電子的なポイントが与えられ，蓄積されたポイントによって公共交通の運賃割引などの特典が得られるシステムである[20]。ポイント制度は，過去の行動履歴が獲得ポイントとい

う形で可視化・蓄積されるという特長をもつ。したがって，例えば，ポイントを CO_2 削減量に応じて付与し，それを会員自身が確認できることによって，公共心を刺激し，自発的な態度・行動変容が生じることが期待される。「交通エコポイント」のシステム構築にあたっては，ITS が対象とする多くの IT（情報通信技術）がさまざまな側面で活用されている。「交通エコポイント」システムの概要を図 4.8 に示す。

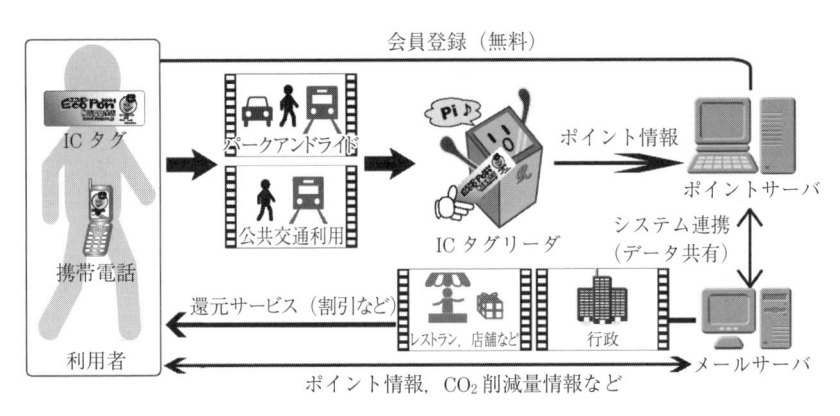

図 4.8 「交通エコポイント」のシステム

「交通エコポイント」実施の流れは，以下のとおりである。

① 「交通エコポイント」参加希望者は，携帯電話や PC などから電子メールをサーバに送付することで会員登録を行う。
② 会員登録が許可されると，管理センターから μ チップを用いた IC タグが郵送される。
③ 会員は，パークアンドライドや公共交通機関を利用する際に，駅構内などに設置された IC タグリーダに IC タグをかざす。
④ IC タグリーダからパケット通信によって，ポイントサーバにパークアンドライドや公共交通機関の利用が報告される。
⑤ 利用日時・内容に応じたポイントがポイントサーバに蓄積される。
⑥ 獲得ポイント数は，メールサーバから会員の携帯電話に定期的にメール配信される。

⑦ 会員は，携帯電話やPCなどから「交通エコポイント」のホームページにアクセスすることで，常時，自分の獲得した累積ポイント数やCO_2削減量，会員全体でのCO_2削減量などを確認できる。

⑧ 獲得ポイント数に応じて，還元サービスが管理センターから会員に郵送される（都心部飲食店舗の割引クーポンが電子クーポン化されている場合などは，携帯電話にメールで配信される）。

2004年に最初に名古屋市で実施された社会実験では，1 000人のモニターを対象とした2か月間の実験を行っている。還元サービスとしては都心部飲食店舗の割引クーポンや地下鉄のプリペイドカードが用いられた。実験後のアンケート調査では，「公共交通の利用を増やした」，「自動車利用を減らした」など交通行動に変化があったと回答した人が約60％に達している。本社会実験では，自由目的での都心部への公共交通による来訪を促進するため，平日10～16時はポイントを3倍，休日は5倍に設定しているが，今後は，ITS技術を活用し，都心部の交通渋滞がより顕著な場合にリアルタイムにボーナスポイントを設定するなど，柔軟なポイント設定が可能となるものと期待される。

4.4 非常時交通管理

4.4.1 災害発生時の道路の役割

地震，台風，大雨，火山活動と，わが国はつねに災害の危険にさらされている。1995年に発生した阪神・淡路大震災をはじめ，2004年には新潟県中越地震，台風23号による洪水被害など，われわれの住む社会システムは災害に対して脆弱であることが明らかになった。これは，わが国における交通施設整備がもっぱら平常時における処理を前提として行われてきたからにほかならない。もちろん，いつどのような規模で発生するかわからない災害に対して，まったく被害が起こらないような社会システムを構築することは不可能である。しかしながら，被害が生じたとしても，深刻な社会機能不全が発生しないような社会システムを構築していくことが，今後ますます重要であることは間

違いない。

　道路機能は交通機能と空間機能に大きく分類されるが，災害発生時には，交通機能では救命救急や救援物資輸送の支援機能，空間機能では避難活動や延焼防止効果などの防災機能が特に重視される。しかし，阪神・淡路大震災においては，これらの道路機能が十分に確保されなかった。災害時の道路機能を確保するには，災害発生前から事前対策として制度面と技術面から道路交通管理システムを構築しておくことが必要である。非常時の道路交通管理システムにおいて重要なことは，発災直後の交通混乱状態から復興時期に入った交通安定状態に至るまで，時点経過を追った形で，その時点での交通状況に適合した道路の運用管理を実施しなければならないことである。発災直後は，まず救命救急活動のための交通を優先し，ついで数日後になると救援活動の交通を重視した道路運用に移る。そして，復興活動が開始される時期になると，復興活動の交通に配慮した道路管理に変更していく。したがって，発災後の交通管理においては，道路交通の状況推移を的確に把握することがきわめて重要となる。

　これまで，道路の交通管理は信号制御システムを主体として行われてきたが，今後はこれに加えて経路誘導やモード転換，流入規制などを組み合わせ，交通管理システムをいっそう高度化することが求められている。ITS はすでに実用段階に入っており，経路誘導などに関する情報提供と道路交通流推定に関する情報収集の両面で，交通管理システムの高度化に大きく寄与することが期待されている。こうした技術発展の動向から，ITS を導入した高度交通管理システムは平常時のみならず，震災のような非常時においても，将来運用されることを考究すべきであろう。以下では，地震災害を検討対象とし，非常時交通管理の考え方を説明する。

4.4.2　非常時における道路交通管理[24]

　非常時道路交通管理に求められる機能としては，① 発災後容易に運用可能である，② 的確な被害予測のもとに，地域全体のシステムとしての交通機能が確保できる，③ 道路の復旧状況を勘案できる，④ 救急・救命活動→救援活

動→復旧活動→復興活動と時点経過に伴い変化していく諸活動を勘案できる，⑤ 他の交通システムと有機的に対応がとれている，などが挙げられる．これらの要件を具備した非常時道路交通管理システムの概要は**図4.9**のように示される．

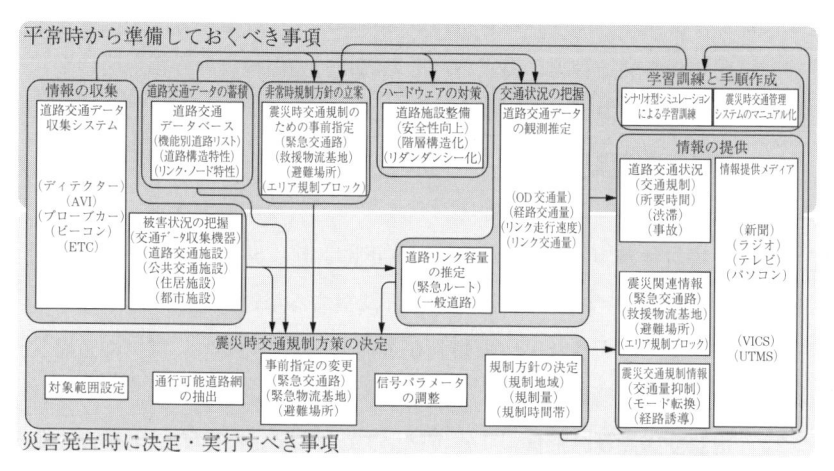

図4.9 非常時道路交通管理システムの全体像[21]

（1） 情報収集（被害の把握）　震災後の道路状況は，道路交通システムにおける需要・供給の両面において平常時とまったく異なるものであり，交通管理者はまず，供給側の機能低下を知るために被害の状況を正確に把握する必要がある．偏った情報による交通規制はかえって悪影響を及ぼす可能性があり，逆に交通規制に至るまでのタイムラグが大きければ大きいほど交通状況が悪化した状況が続くことになる．平常時における情報収集の主役は車両感知器であるが，停電などの影響により発災直後には機能しないことも多い．これらの常時観測データを活用できない場合には，調査員による踏査や航空写真からの読み取り，ビデオ調査などさまざまな方法が考えられる．将来的には，ITS技術の発達により走行車両から情報を収集することが可能となり，より早期の被害・交通状況把握が可能と期待される．情報収集は，激変している交通手段を管理するための重要な初期段階であり，そのためのシステムは災害に強い頑

健なものにしておく必要がある。

　また，特に地震発生直後の期間においては，被害把握システムにも破綻が生じる可能性があるため，例えば震源や震度，地盤状態といった自然条件や，被災地人口，建築物の構成比率などのような社会条件をあらかじめデータベースとして蓄積しておき，それらの要素の被災程度にかかわる影響を明確にしておけば，早期からの交通管理に役立つ。その際は，道路被害の詳細が明らかになるにつれて，被害状況を現状に更新すればよい。

　（2）　道路交通管理対象エリアの決定　　地域の被災状況を勘案し，それに加えて被災激甚地区の周辺地域までを含んだ形で対象地域を決定することが望ましい。災害対策基本法第76条の一部改正により，災害発生時の交通規制の対象可能となるエリアが当該都道府県に「隣接する都道府県」から「近接する都道府県」にまで拡大され，広域規制が可能となっている[22]。震災の道路交通への影響を考慮し，慎重にエリアを決定する必要があるといえる。

　（3）　道路交通需要の把握　　震災時において発生が予想される道路交通としては，① 医療，消防，警察，自衛隊などの救急救援交通，② ライフライン設備の復旧交通，③ 救援物資，瓦れき運搬のための輸送交通，④ 避難，安否確認，買い出し，通勤などの一般交通，⑤ 報道関係車両などのその他の交通，が考えられる。これらの道路交通需要を震災後の時点経過を追って可能な限り把握することは，交通管理における規制事項の決定や需要管理の対象を決定する際にも欠かせない。現状では交通量の内訳やその質に関する情報を実際の交通より情報収集可能な手段は存在しない。発災直後の混乱期における応急的な発生集中交通量予測として，いままでの震災時のデータを踏まえて，一般交通，震災関連交通の発災時の発生交通量をおおまかに予測できるような手法の確立も重要である。

　（4）　道路利用優先順位の決定　　災害対策基本法の改正により，交通規制の除外車両が「緊急輸送車両」から「緊急通行車両」に改められ[22]，輸送車両に限らず交通規制の対象を除外されることが可能となった。しかし，災害時の交通需要を大きく2種類のみに分類することには変わりはない。平常時とは異

なり，さまざまな種類の道路交通がおのおのの緊急性を主張して錯綜する震災時において，その2種類のみで交通を分類することは基本的に不可能である。また，緊急か否かを判断する明確な基準の合意も得られていない。どのような交通を優先し，そして規制するのか，それらの交通をどの道路に流すのか，被災後の各段階における重要度に応じ，各種発生交通の道路利用の優先順位を事前に決定しておくことが必要である。

（5）**緊急交通路の決定** 緊急交通路は，高速道路や高規格幹線道路など，種類や機能をベースにあらかじめ決定しておくほうが望ましい。緊急交通路決定に際して考慮すべき要因としては，主として①流出入車両の規制が容易である，②主要被災地各地に容易にアクセスできる，③交通需要に適合した交通容量である，④拠点（避難地，復旧基地，救援物資輸送基地など）との接続性がよい，などである。また，一般交通量への影響を考慮して，必要以上のルートを指定しないよう留意する必要がある。被災の程度によって緊急交通路として確保すべき道路容量が異なってくるため，発災直後に，③で挙げた交通需要を早急に把握もしくは予測し，その需要に応じて緊急交通路を選定するようなシステムの整備が望ましい[23]。

（6）**交通需要管理・交通規制の決定** 緊急交通路およびそれを利用可能な交通量が決定されれば，それ以外の道路交通需要と，それらの交通が利用可能である道路網が把握可能となる。大規模な災害であれば，このような際に道路交通需要が利用可能道路網容量にそぐわない可能性が高い。それを踏まえ，道路網全体における円滑な交通状態が実現されるような交通規制・需要管理が必要となる。交通規制が緩すぎると道路混雑が生じ，一方で，厳しすぎると必要以上の交通を抑制してしまい，復旧・復興に向かおうとする市民活動の妨げとなる。これらの判断を合理的かつ有効に決定できるようなシステムの開発が必要といえる。

阪神・淡路大震災においては，緊急交通路の指定による路線を対象とした交通規制が主たるものであった。しかしながら，路線に対する交通規制だけでは規制の影響を受けた交通が規制対象外の経路に迂回分散するため，被災地域の

道路にまでこれらの交通が流入して深刻な渋滞状況を招く。したがって，震災時においては路線規制とともに，特定地域への流入交通を規制することが必要となる。阪神・淡路大震災の経験に基づいて災害対策基本法の一部が変更され，これまでの「道路区間を指定した交通規制」から，「区域全域の道路についての包括的な交通規制」に改められ，被災状況に対応した交通規制が実施できるようになった。この改正によって，被災規模の大きい地区への流入規制が実施できることは当然であるが，将来的には，道路被害による道路網容量の低下に合わせた各ゾーンあるいはブロックの発生交通量，集中交通量の抑制管理が行えるようになった。こうしたエリア交通規制の規制量決定は，基本的には道路リンクの交通容量を制約として対象地域内における各ゾーンの発生および集中交通量を最大化することで実現できる[24]。

（7） **交通情報の提供と活用**　交通規制内容，交通管理方策が決定されても，これらが道路利用者に認知され，さらに遵守されなければその効果を期待できない。その意味で，交通情報の提供方法が非常時道路交通管理に占める割合は大きい。非常時において先験的な情報を利用できないのは道路利用者も同様であり，道路利用者のニーズを踏まえた情報を的確に提供することが，効率的な交通管理に寄与する。

4.4.3　ITSの非常時交通管理への活用

情報通信システムと交通システムは，その形態面からも機能面からも類似したものであり，密接な関連性をもつ。社会を生命体になぞらえれば，意思の伝達を行う神経系のサブシステムが通信システムであり，必要な物資を運搬する循環系のサブシステムが交通システムといえる。生物においても，ホルモンのように循環系を通じて情報伝達する機構があり，情報伝達機能面からは交通システムは情報通信システムを内包するものと位置付けられる。ここで重要なことは，交通システムは情報通信システムの代替手段となりうるが，その逆は必ずしも成立しないことである。また，情報の不足は循環系の非効率性を増大させる。意思疎通の齟齬により，ある拠点に物資が偏在するといったことは災

害発生時には頻発している．通信システムは交通システムの効率性を大きく左右するものであり，その災害に対する頑健性を高めることは非常に重要といえる．

交通管理に特化して考えても，通信技術への期待は大きく，ITSを利用した交通管理は，災害発生時などの緊急時においても有用である．ただし，ITSの核となる情報通信システムは電源供給がなければ何の役にも立たない．阪神・淡路大震災において最前線で交通規制に携わった方からの教訓の一つにも，「信号機の損壊は，大量の交通整理要員を必要とし，震災に強い交通安全施設の整備が急務と，交通整理に従事する警察官の誰もが感じた」[25]という記述がある．電源供給ネットワークの耐震性強化は非常に重要であり，また，万が一，電源供給が途絶えたとしても，自家発電装置などにより，混乱期においてある程度正常に機能することが求められるといえる．以下では，非常時交通管理に関してのITSの活用について，利用局面ごとにまとめる．

（1） **交通状況の常時観測手段として**　災害時において発生する交通は，平常時とは大きく異なるものであることは先に述べたが，その一方で，例えば通勤交通など，平常時と同様の交通も多く存在する．また，発災直後において行動するのは，基本的には平常時から被災地域に住んでいたあるいは活動していた人々である．そのため，平常時の交通データを蓄積し，必要に応じていつでも参照可能とするようなシステムづくりが重要となろう．現状においても，交通の常時観測は行われているものの，そのなかから必要なデータを簡単に抽出できるようなシステムとはなっていない．また，交通システムの最も重要かつ困難な問題として，移動需要を，道路上を走行する車両から観測することは困難であることが挙げられる．観測交通量を用いた動的なOD交通需要の推定方法[26]が提案されているが，大規模ネットワークに対してこのような推定手法を継続的に行うことは非常に困難である．

一方，ITSのアーキテクチャのなかで提案されている構成要素の一つに，ナビゲーションシステムの高度化が挙げられる．これは，情報利用者全員に均一の情報を提供する現在の情報提供方法を高度化し，個々の車両のニーズに従った，質の高い情報を提供することを目的としたものである．このような双方向

通信が実現されれば，センターは各車両の目的地を知ることができ，先に述べたOD交通量が高精度で観測可能となることが期待される。双方向通信のための機器が普及し，加えて路上のビーコンが普及すれば，地点間の所要時間など，入手可能な交通データが飛躍的に増加することが期待される。

（2） 被災状況把握手段として 道路の被災は，落橋などのように道路としての機能がまったく失われてしまうようなものと，家屋崩壊による道路閉塞など機能低下が生じるものがあり，それを自動的に判断することは非常に困難である。阪神・淡路大震災においては，最終的には踏査によって被災状況が把握されたため，全体の被害把握には多くの時間が費やされた。地震動などとの関連性に基づく被害予測方法も提案されてはいるが，道路の構造上の被災のみでは上述のような機能低下について議論することは難しい。被災を受けたであろう道路が走行可能かどうかは，実際に車両が走行可能かどうかに基づき評価することが妥当であろう。これには，先に述べたプローブカーが多数道路上を走行していれば，ID番号をマッチングすることによって各ビーコン設置地点間の所要時間を観測できる。また，ビーコンが密に設置されており，その機能が停電などによって失われていないならば，路車間通信の有無やその単位時間当りの通信量などで道路の機能的被災状況を把握できると考えられる。

（3） 情報提供手段として 阪神・淡路大震災においては，どの道路が通行不能もしくは渋滞しているのかについての情報を入手することができなかったため，道路上をさまよう車両が増加した。これに対して，「交通管理の最適化」を目的とした経路誘導情報の提供が，さらに，「道路管理の効率化」を目指した通行規制情報の提供が考えられている。このように，多様な情報が適切にドライバーに伝達されることによって，交通渋滞の大幅な緩和が期待される。

（4） 交通管理手段として 非常時における交通管理として問題となったのは，交通規制の実施とその取締りである。先に述べた情報提供の高度化により，交通規制を周知させることは可能であるといえる。ただし，規制を遵守するか否かはドライバーしだいであるため，現場における指導と併せて実施する必要があるといえる。また，救急車や警察車両のような緊急車両や，緊急物資

を輸送する車両の位置がビーコンによって捕捉されるならば，その後の交通規制の方法に対して貴重な情報となりうることが期待される．

参 考 文 献

1) A. C. Pigou：The Economics of Welfare. MacMillan, London（1920）
2) K. J. Button and E. T. Verhoef（eds.）：Road Pricing, Traffic Congestion and the Environment: Issues of Efficiency and Social Feasibility. Edward Elgar（1998）
3) H. Yang and H. J. Huang：Principle of marginal-cost pricing：How does it work in a general network? Transportation Research 32A, 45-54（1998）
4) 山田浩之：交通混雑の経済分析 ──ロード・プライシング研究，日本交通政策研究会研究双書15，勁草書房（2001）
5) 東京TDM研究会：日本初のロードプライシング ──TDMで道路も鉄道も変わる，都政新報社（2000）
6) 高田邦道：CO_2と交通 ──TDM戦略からのアプローチ，交通新聞社（2000）
7) 市川嘉一：交通まちづくりの時代 ──魅力的な公共交通創造と都市再生戦略，ぎょうせい（2002）
8) 伊藤和良：スエーデンの分権社会 ──地方政府ヨーテボリを事例として，新評論（2000）
9) 阪神高速道路（株）ウェブサイト，http://www.hanshin-exp.co.jp/drivers/index.html（2010年8月現在）
10) 秋山孝正：料金自動収受システム導入時の都市高速道路交通管理についての考察，交通学研究（1999年研究年報），pp.9-18，日本交通学会（2000）
11) 秋山孝正，佐佐木綱：都市高速道路乗り継ぎシステムの定式化，第13回交通工学研究発表会論文集，pp.125-129（1993）
12) M. Okushima, T. Akiyama：Evaluation of Diversion System on Urban Expressway with Traffic Simulator, The Proceedings of the 11th World Congress on Intelligent Transport Systems（2004）
13) M. Okushima, T. Akiyama：Introduction of Diversion System to Traffic Management for Accidents on Urban Expressway, Proceedings of the 2nd International Symposium on Transportation Network Reliability, pp.82-88（2004）
14) 奥嶋政嗣，秋山孝正：交通シミュレーションを用いた都市高速道路乗り継ぎ制の有効性分析，第23回交通工学研究発表会論文報告集，pp.189-192（2004）
15) 秋山孝正：料金政策を考慮した都市高速道路交通運用の高度化，高速道路と自動車，Vol.51, No.12, pp.5-8（2008）
16) 太田勝敏：交通需要マネジメントの方策と展開 ──都市政策と交通システムの連携──，地域科学研究会（1996）
17) 交通工学研究会・TDM研究会：渋滞緩和の知恵袋 ──TDMモデル都市・ベス

トプラクティス集——, 交通工学研究会（1999）
18) 土木計画学研究委員会, 土木計画のための態度・行動変容研究小委員会：モビリティ・マネジメントの手引——自動車と公共交通の「かしこい」使い方を考えるための交通施策——, 土木学会（2005）
19) 山本俊行, 山本直輝, 森川高行, 北村隆一：ITS によるデータ収集技術を活用した自動車共同利用システムの利用者行動分析, 土木計画学研究・論文集, Vol.21, pp.571-579（2004）
20) 倉内慎也, 永瀬貴俊, 森川高行, 山本俊行, 佐藤仁美：公共交通利用に対するポイント制度「交通エコポイント」への参加意向および交通手段選択に影響を及ぼす意識要因の分析, 土木計画学研究・論文集, Vol.23, pp.575-583（2006）
21) 飯田恭敬：阪神淡路大震災からの教訓, 2.われわれは何を学んだか, (3) 交通システムの問題点, 土木学会誌, Vol.85, pp.34-35（2000）
22) 杉内由美子, 渋谷豊, 岡田崇史：阪神・淡路大震災を契機とした災害対策基本法の一部改正について, 交通工学, 30, 増刊号, pp.108-110（1995）
23) 倉内文孝, 飯田恭敬, 牛場高志：災害発生後の緊急ルート修正方法のモデル化, 第3回都市直下地震災害総合シンポジウム論文集, pp.517-520（1998）
24) 国際交通安全学会：阪神・淡路大震災の実態調査に基づいた震災時の道路交通マネージメントの研究（1998）
25) 屋久哲夫：そのとき最前線では～交通規制は魔法ではない！～, 東京法令, p.145（2000）
26) 例えば, 楊海, 飯田恭敬, 佐佐木綱：観測リンク交通量を用いた時間 OD 交通量の動的推計法, 土木計画学研究・講演集, No.13, pp.599-606（1990）

5 まちづくりと交通計画

　本章では，都市活動と交通行動の関係を踏まえて，低酸素社会における持続的な交通システムの構築とまちづくりに着目する．特に，地区交通計画に基づく安心で安全なまちづくりが基本となる．さらに，道路関連施設としての駐車場，荷さばき施設は都市活動と交通の接続部分としての意味が大きい．また，中心市街地活性化を目指すまちづくりでは，鉄道ターミナルなどの交通結節点の計画がきわめて重要である．また，高齢社会においては，交通バリアフリー環境の整備と，都市空間のユニバーサルデザインが重要である．さらに，道路空間をにぎわいの場所として位置付け，まちづくりの空間構成要素として道路システムを検討する．

5.1　まちづくりとみちづくり

　市民の日常生活から産業活動に至るまで，さまざまな主体によって行われる多種多様な都市活動は交通を発生させる．交通は社会経済活動に伴って派生的に生じるものであるから，交通施設は都市活動を与件とし，その都市活動によって生じる交通需要を安全・円滑に処理することを目的として整備されてきた．
　一方，交通施設の整備は，人々の交通行動ならびに都市活動に大きな影響を及ぼす．そこで，低酸素社会における持続的な交通システムの構築が喫緊の課題となっている今日，交通施設の整備ならびに効果的な運用によって，まちづくりに貢献する考え方が注目されるようになってきた．
　交通システムの改善による都市の活性化は，一朝一夕に実現できるものではないが，今後の交通施設整備および運用にあたっては，まちづくりに積極的に

寄与するという姿勢を明確にしたうえで取り組むべきである。多種多様な構成要素からなる交通システムには，都市の活性化に多様な貢献が期待できる。都市の活性化について考えるにあたっては，広域的な交通を扱う場合と地区レベルの交通を扱う場合がある。都市には多くの交通問題が生じているが，これらは交通需要と交通施設整備との乖離（かいり）である交通混雑，交通システムの故障である交通事故，交通環境，交通弱者などに整理できる。これらの交通問題は都市域に広く分布しているが，問題が顕在化するのは通常地区のレベルである。このため，都市交通計画を扱っていると必然的に地区交通問題を扱わざるを得ないことも少なくない。そこで本章においては，まちづくりと交通の関係について主として地区交通計画が対象とする事項に焦点を当て論じることにしたい。

ところで，まちの活性化には市民，企業をはじめとした地域社会における種々の努力が必要であることはいうまでもないが，上述のように，交通施設整備あるいは交通運用が都市の活性化につながることも少なくない。交通に関連する種々の施策を実施することによってまちのにぎわいを創り出すことは**交通まちづくり**と呼ばれている。太田ら[1),2)]によると，「交通まちづくり」の特徴は以下のように整理されている。

① 交通にかかわるハード・ソフトの整備を通してまちづくりに寄与する。
② このような整備のあり方を市民，行政などのあらゆる関係者が参加して行う。

ここでいうまちづくりとは，ハードな都市整備だけでなくソフトな対策を含んだものとなっている。「交通まちづくり」の例としては，中心市街地活性化に資する交通整備，ゾーンシステム，観光交通対策，交通静穏化，バリアフリー化，公共交通の多様な活用，TOD（公共交通指向型開発）が挙げられる。

5.2 地区における交通計画

5.2.1 地区交通計画の考え方

都市交通計画は，都市あるいは都市圏を対象とした「広域的な都市交通計

画」と空間的に限定された区域を対象とする**地区交通計画**から構成されている。都市交通計画は，両者がそれぞれ効果的に機能し，相互に有機的に関連し合って，はじめて有効なものとなる。

　ここで，広域的な都市交通計画を改めて都市交通計画（狭義の都市交通計画）と呼ぶことにすると，浅野が指摘しているように，都市交通計画は都市全体の交通体系を扱うものであるから，個々の地区交通計画に対してフレームを与える。一方，都市交通問題は具体的には地区レベルで顕在化することが多いから，都市交通計画に起因すると考えられる諸問題が地区において発生しないことが，都市交通計画にとって必要用件となる。このため，地区交通計画は，都市交通計画に対して適切な条件を与えるものでなければならない。

　「地区交通計画」とは，「地区」という空間的な切り方に基づいて，種々の特性をもった地区のそれぞれに対して，そこに生じる多様な交通現象を「地区交通」としてひとまとめにして取り扱い，これに関する交通計画を一つの範疇（はんちゅう）にまとめたものである。このため，地区交通計画では地区に生じるすべての交通現象が対象とされる。もっとも，地区において顕在化する諸問題のすべてを地区レベルで対応できるわけではない。一見，地区レベルでのローカルな交通問題と思われるものが，じつは，広域的な交通計画のひずみに起因するということも少なくない。このため，地区において生じる交通問題を都市交通計画の課題として，都市レベルで取扱うことが必要となる場合もあることに注意する必要がある。

　地区交通計画について考える場合，「地区」の概念について若干論じておく必要があろう。地区には近隣住区（neighborhood unit）のように，概念としては明確であるが，一般市街地では必ずしもその境界が明確でないものや，小学校区のように，制度上は境界が明確であるが交通施設との関係が明確でないものなど，種々のものがある。一般的にわが国の都市構造のなかには，基礎となる地区という考え方が乏しかったため，地区をどのように区画するか自体が計画における課題となる場合も少なくない。すなわち，多様な地区交通計画のすべてに適用される一義的な地区の定義を見出すことは容易ではない。したがっ

て，個々の計画における問題を明確にし，この問題と関係が深い区域を適切に設定し，これを当該計画における地区と考えることが現実的であろう。

一般に，地区交通計画は，都市計画および地区の整備方針に基づいて地区における交通施設などの整備を行う地区交通施設計画と，交通運用および交通環境の改善を対象とする地区交通管理計画より構成され，両者を含めた地区交通計画が地区ごとに作成されることが必要である。地区交通計画には，当面の問題対応型もあれば長期的な地区整備型もあり，さらに，その計画目標は交通安全，交通環境改善，防災などの物理的環境改善のほか，地区の活性化，再開発などの社会的・経済的環境改善など，交通計画から都市計画までの広がりのなかで設定されるものである。

ところで，クルマ社会における地区交通計画の起源は，1910年代から普及し始めた自動車によって，1920年代後半に顕在化した交通問題への対処に求めることができる。欧米諸国に遅れてクルマ社会に突入したわが国の場合，海外の知見から学んだ事項は非常に多い。もっとも，欧米の用語に，われわれのいうところの「地区交通」あるいは「地区交通計画」に該当する適切な用語が見当たらないのはどういうわけであろうか。Local Area Transportation Management は，確かに地区交通計画が扱う主要な課題であるが，これは「地区交通計画」よりは狭い概念であると考えられる。欧米諸国においては，例えば，交通抑制手法，歩行者交通施設整備，あるいは駐車対策などのように，対象を課題の内容によって区分することが多く，「地区」という空間的な切り方に基づいて，種々の特性をもった地区のそれぞれに対して，そこに生じる多様な交通現象を「地区交通」としてひとまとめにして取り扱い，さらに，これに関する交通計画を「地区交通計画」という範疇にまとめるという扱い方がむしろ少ないからではないかと思われる。わが国において「地区交通」が重視される背景は，もとはといえば地区レベルでの交通対策が十分ではなかったために，種々の問題が地区に集中し，その結果，地区というまとまりのなかでの取組みを余儀なくさせられたということによるのではないだろうか。しかしながら，このような空間的まとまりを重視したとらえ方は，個々の事象の相互関係

を考慮しつつ，地区の問題の解決策を具体的にとることができるという点において，むしろそのメリットも大きい。もっとも「地区交通」というテーマのもとに個々のテーマを包括するような体系を確立することは，対象とする空間的広がりの小ささとは裏腹に，非常に難しい取組みであることを認識しておきたい。

5.2.2 街路網構成と交通管理

（1） **新住宅地における街路網構成**　地区レベルにおいて街路網の構成方法が本格的に論じられたのは，Perryの**近隣住区論**からである（**図5.1**）。自動車の大衆化が始まった1910年代中庸から十数年後の1927年に，このような概念が構築されたことは注目に値する。近隣住区論における交通計画の原則は，地区内に通過交通が流入しないようにすること，地区内の道路では自動車が高速で走行できないような道路線形に工夫すること，その一方で，住民の車利用を極端に不便なものとしないことなどである。具体的には

図5.1　近隣住区論（neighborhood unit）

① 1小学校区程度の規模とする。半径は 400 m 程度となる。
② 十分な幅員を有する幹線道路で囲まれるようにし，通過交通はこの外周の幹線道路で処理する。
③ 地区内の道路は，自動車の速度を抑制するために線形および網構成を工夫する。
④ 居住者にサービスを提供する店舗は外周道路の交差点付近に立地させる。

近隣住区論の本質は，自動車交通の急増を危惧し，コミュニティ復権を目指した社会学的住宅理論であり，社会学的な視点から批判の対象ともなったが，住宅地における街路網構成の計画論としての意義を失ってはいない。

近隣住区論の影響を受けながら，住宅地における人と車の関係を具体的に検討し，これを実現したものが，Stain と Wright によって設計された米国ニュージャージー州のニュータウン「ラドバーン」である（**図 5.2**）。ここで提案された街路網構成の考え方はラドバーン方式と呼ばれている。1929 年より入居が開始されたラドバーンの特徴は

図 5.2 ラドバーン方式

・住宅地をいくつかのスーパーブロックに区分し，各ブロックから通過交通を排除する。
・自動車と歩行者を完全に分離し，自動車のためのクルドサックと歩行者専用道路とを交互に配置して住戸をその両方に配置する。

などである。道路面積率を増加させることになるが，計画意図は十分に実現されており，良好な居住環境が形成されている。ラドバーン方式は地区における街路網計画のその後の展開に大きな影響を与えたといえよう。

このように，モータリゼーションの初期の段階から地区レベルにおいては，自動車交通の流入抑制策が講じられた。近隣住区論などは，わが国のニュータウン計画に大きな影響を与えた。

（2）**既成市街地における街路網構成**　（1）で述べたような取組みは新規に開発される地区における街路網整備を対象としており，広範に広がる既成市街地の街路網の改善にすぐに適用できるものではなかった。このような問題に応えたのが Buchanan に率いられたグループが 1963 年に作成したブキャナンレポートである。ブキャナンレポートの内容は，すでに提案されていたセル理論に基づいてこれを集大成したものであり，必ずしも新しい理論ではなかったが，**居住環境地区**（environmental area）と呼ばれる自動車から居住環境を保護する「都市の部屋」と，幹線道路からなる「都市の廊下」とに区分する考え方と，道路の段階構成の考え方は現在でも地区交通計画の基本理念である（図 5.3）。

Buchanan が唱えた考え方は，自動車を抑制し歩行者中心の居住環境地区を提案しており，この考え方は，現在でも重要な計画概念である。もっとも，このように地区をあまねく整備しようとすると，結果として膨大な幹線道路網を必要とすること，Buchanan が想定したほどには住民の環境意識が高まらなかったことなどから，Buchanan の提案が広範囲には普及しなかった。しかしながら，モータリゼーションまっただ中の 1960 年代に行われた本提案は，今日でも色あせていない。なお，居住環境地区の概念は，わが国では生活ゾーン規制や居住環境地区整備事業などに影響を与えている。

162   5. まちづくりと交通計画

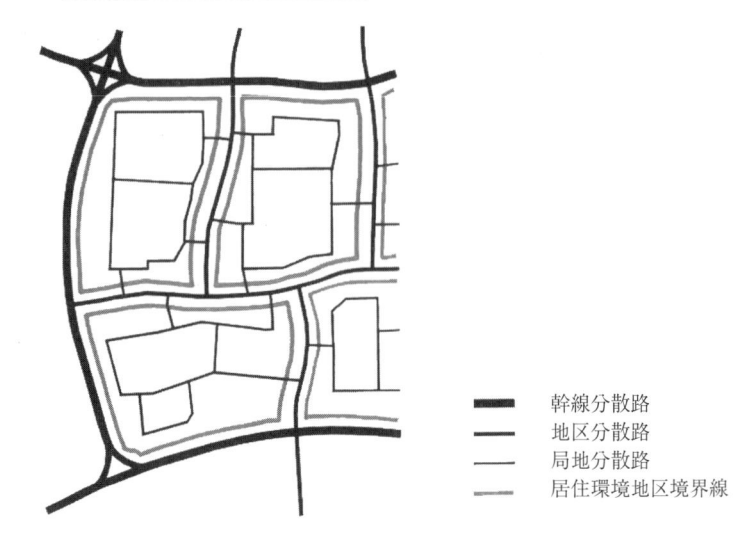

　　　　　　　　　　　　　　━━━ 幹線分散路
　　　　　　　　　　　　　　━━ 地区分散路
　　　　　　　　　　　　　　── 局地分散路
　　　　　　　　　　　　　　━━ 居住環境地区境界線

図 5.3　道路の段階構成と居住環境地区

　Buchanan の提案に関しては，いま一つの反論がある。それは Buchanan の提案では計画プロセスが重視されていないことである。一般に，社会基盤の計画においては，計画自体の良否だけでなく，その計画が立案されるプロセスが大きな意味をもっている。すなわち，同じ計画案でもプロセスが違えば，賛否が逆転することも少なくない。地区レベルの計画の場合にはその傾向がいっそう強い。このようななかで，Appleyard は，計画の全過程において住民参加が必要であることを主張した。Appleyard が主張する計画プロセスは，問題の明確化，代替案の作成，計画案の採択，計画案の実施，事後評価，修正ないしフィードバックからなる計画プロセスの全段階において住民参加が必要であるとして，参加のための方法論を含めて計画の進め方を述べたものである。地区レベルの交通計画では，特に住民参加が重要であることを認識する必要がある。
　さて，居住環境地区は住宅地における街路網計画の基本単位となるものではあるが，ブキャナンレポートではその内部については論じられていない。これを補うために，竹内らは図 5.4 に示すような歩行者化単位なる概念を提案し，居住環境地区の理念を実現する方法を具体的に論じている。

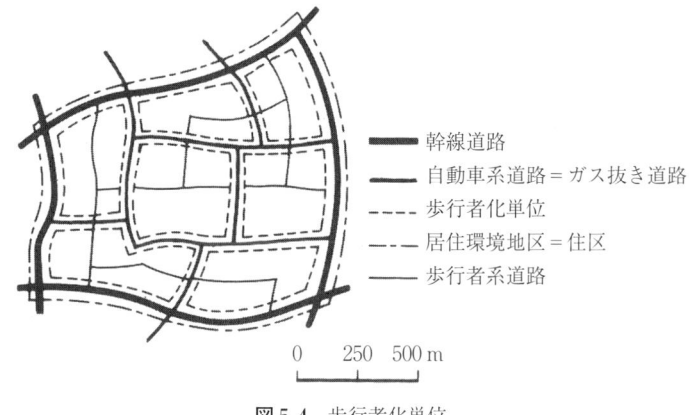

図5.4 歩行者化単位

（3） **都心部の街路網構成**　人や車が集中する都心地区においては，道路交通混雑を極力生じさせずに魅力的なにぎわいのある空間を創出するためには，商業活性化対策やまちづくり施策が道路交通対策とともに必要となる。このような開放性の高い地区に対しては

① 都心地区に用事のない自動車は，環状道路の整備などによって流入を抑制する。
② 歩行者が回遊できるように歩行者ネットワークを形成する。
③ 公共交通によるアクセスを確保する。
④ 都心周辺には十分な量の駐車場を整備する

といった施策が重要となる。このような場合の街路網構成と交通管理手法として，図5.5に示すトラフィックゾーンシステム（交通セル方式）がある。最初のトラフィックゾーンシステムは，1960年にドイツのブレーメンで導入された。規模が大きいものとしてはスウェーデンのイェテボリが有名である。ここでは，幹線道路と運河によって囲まれた都心地区をトラム路線が敷設された街路で五つのゾーンに区分されている。各ゾーン間の移動に関しては，歩行者，自転車，ならびに公共交通はゾーン境界を横断できるが，マイカーは直接にはゾーン境界を横断できず，いったん外周道路に出て，その後に目的ゾーンに入る必要がある。

164　5. まちづくりと交通計画

図5.5　トラフィックゾーンシステム

──　ゾーン境界線　　P　駐車場
-----　公共交通ルート　→　一方通行

5.3　交 通 結 節 点

5.3.1　都市再生と交通結節点

（1）　**交通結節点の定義**　　交通結節点とは，複数交通機関が連絡し交通動線が集中する場所と一般に定義されており，鉄道の乗継ぎ駅，道路のインターチェンジ，自動車から徒歩やそれ以外の交通機関に連絡する駐車場，鉄道とバスやタクシーを連絡する駅前広場などが含まれる（**表5.1**）。交通結節点では，人の乗換えや貨物の積替えが行なわれるが，ここでは，都市再生の観点から，

表5.1　交通結節点の定義

文　献	交通結節点の定義
全訂　都市計画用語辞典[7]	鉄道の乗継ぎ駅，道路のインターチェンジ，自動車から徒歩そのほかの交通機関に乗り換えるための停車・駐車施設，鉄道とバスなどの乗換えが行われる駅前広場のように，交通導線が集中的に結節する場所
都市計画国際用語辞典[8]	Transportation node 交通網において，複数の交通機関が連絡する地点
道路用語辞典第3版[9]	複数あるいは異種の交通手段の接続が行われる場所

人の乗換え施設である鉄道駅や駅前広場を取り扱う。

(2) **交通結節点の機能**　交通結節点は，公共交通機関相互および他の交通手段を連絡し，円滑な乗換えを支える交通結節機能や交通結節機能がもたらす集客の結果成立する拠点形成機能，ランドマークとしての機能，さらには非常時の避難や防災活動の空間を提供する防災機能など，多面的な機能を有する（図 5.6）。

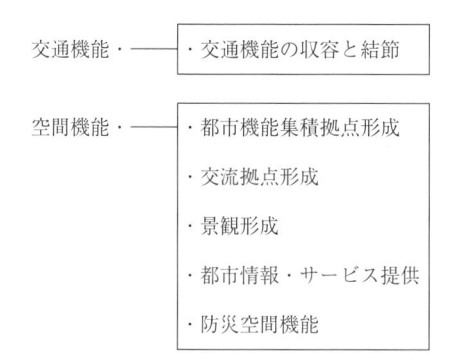

```
交通機能 ───── ・交通機能の収容と結節

空間機能 ───── ・都市機能集積拠点形成
                ・交流拠点形成
                ・景観形成
                ・都市情報・サービス提供
                ・防災空間機能
```

図 5.6　交通結節点の機能

わが国の場合，私鉄がそれぞれのターミナルを中心にその路線網を拡大していった歴史があり，ヨーロッパに比べると都市拠点が交通結節点の集客力に依存して成立しているケースが多いところに特徴がある[10]。

(3) **都市再生戦略上の重要性**　交通結節点の集客力に依存して発展してきたわが国の都市拠点は，モータリゼーションの進展に対応すべくアクセス道路や駐車場の整備を進めた。その結果，ターミナル周辺は重層化され，地下街や地下駐車場，デッキなどで構成される立体的な交通ネットワークが整備された（図 5.7）。

こうした，ターミナルへの諸機能の集中は，都市機能を高度化させ利便性を高める一方で，歩行者を閉鎖空間である地下に追いやり，垂直移動の負担や，ターミナルの平面的な拡大による乗換えなどの移動距離の増大をもたらした。公共交通利用者が減少に転じたいま，交通結節点のもつ公共的な役割を再確認し，その機能や空間を利便・安全・快適に再編することは，自動車利用者に比べて立ち寄りが多く，滞留時間も長いとされる[11]公共交通利用者を増やし，

166   5. まちづくりと交通計画

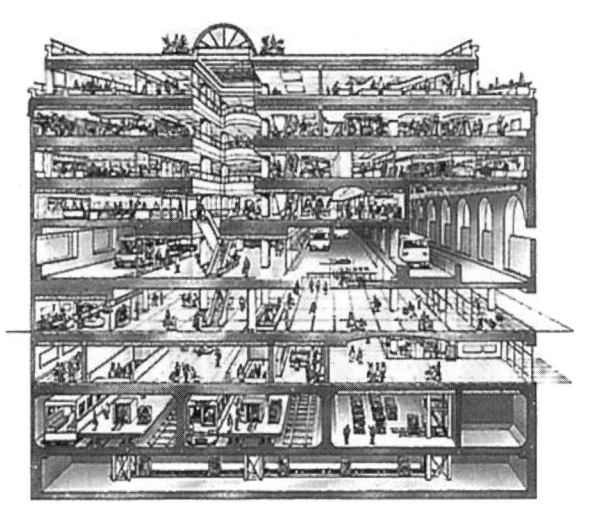

図 5.7 重層化された交通ネットワークの例（大阪シティエアターミナルビル（OCAT））〔大阪市計画調整局：大阪市の都市計画, p.38（2000）〕

都市ににぎわいを取り戻すことにもつながるため，都市再生戦略としても重要である。

5.3.2 交通結節点の計画

（1）**計画手順**　交通結節点は，都市再生戦略上の重要拠点であり，その計画を周辺のまちづくりと一体的に検討することが求められる。しかし，駅前広場を例にとると，その計画は，まちづくりとは独立に検討が進められることが多く，外生的に与えられる将来乗降客数に対して必要な施設規模を積み上げる手順がとられている（**図 5.8**）。

（2）**計画基準**　交通結節機能の計画では，選択性と連続性の二つを計画基準として重視する必要がある（**表 5.2**）。

交通手段の選択性は，画一的になりがちな公共交通サービスに変化をもたせ，公共交通を魅力的な乗り物に変える重要な要素となる。選択性を向上させるには，利用者の特性や利用目的によって使い分けが可能なようにさまざまな手段を準備する必要があることは当然であるが，それら多様な手段が利用者の

5.3 交通結節点　167

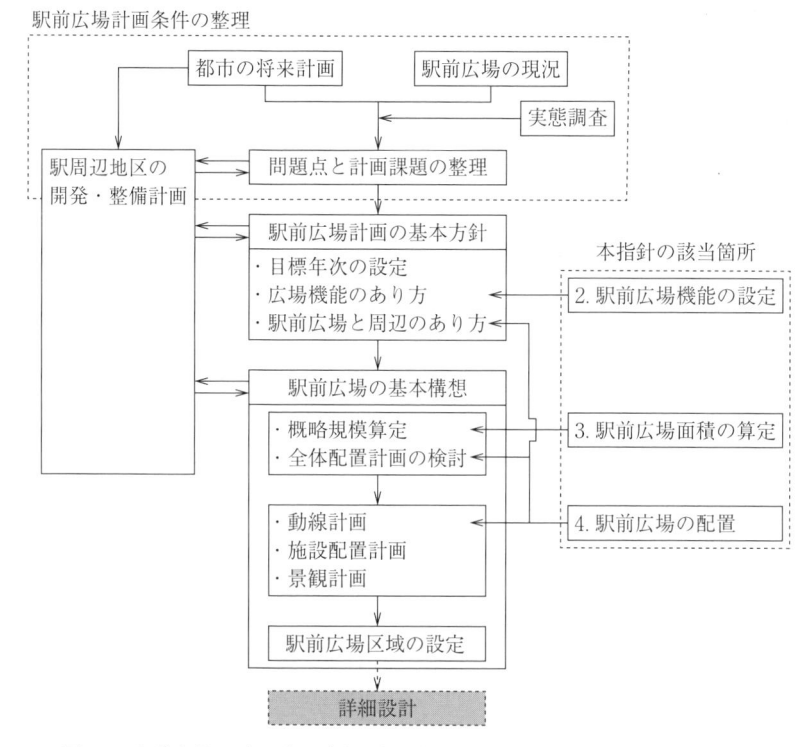

図5.8 駅前広場の計画手順〔建設省都市局都市交通調査室 監修，(社) 日本交通計画協会 編：駅前広場計画指針，技報堂出版 (1998)〕

表5.2 交通結節機能の計画基準

計画基準		備　考
選択性		人や目的に応じて適切な手段の使い分けが可能。 例えば，健常者は，多少バリアがあっても最短距離で最速の手段を選択するが，移動制約者では，多少遅くてもバリアの少ないルートや手段が選択できる。
連続性	物理的	乗継ぎや周辺アクセスに物理的なバリアが存在しない。 ルート全体の連続性を担保することが重要。
	時間的	交通機関，通路，エレベータ，エスカレータ，出入口などの運用時間の整合性，運行ダイヤの整合性。
	運賃面	初乗り運賃の二重払いなど，乗継ぎによる運賃負担を生じない。
	心理的	乗継ぎや行き先案内が適切になされ，不安にならない。

選択肢として認知されるように，適切な情報提供も忘れてはならない重要な計画要素である。

また，連続性は，公共交通機関の弱点である乗換えに伴う負担を軽減するために不可欠なものであり，物理的，時間的な連続性に加えて，運賃面の連続性や切れ目のない適切な情報提供による，心理的な負担の軽減にも配慮が必要である。

（3） **今後の課題**　交通結節点の計画では，駅前広場など施設単位で検討がなされ，交通結節点として全体のグランドデザインが検討されることは少ない。例えば，大都市圏のように，バスより地下鉄が，地上より地下通路が利用される機会が多い場合には，地下鉄駅構内や周辺ビルの通路などが有機的に連携して形成される地下交通ネットワーク全体を交通結節点として計画すべきであるが，管理者ごとに施設の整備・改善が行われてきた。その結果，案内・サインの不統一や，施設間のレベルの不統一などの問題が生じ，交通結節点の移動の連続性が損なわれているケースも多い。地下交通ネットワークの移動の連続性が向上すれば，交通結節点の交通手段相互の乗り換え利便性や地下交通ネットワークにつながる周辺のまちに対するアクセス利便性が向上し，交通結節点周辺のまちの拠点性や回遊性が向上する。すなわち，地下交通ネットワークでつながるまち全体を一つの交通結節点ととらえ，総合的に整備・改善していくことが，都市再生の戦略としても有効であり，その実現に向けて，交通事業者や地下街，ビル管理者などの関係者と行政が連携して，交通結節点全体のグランドデザインの策定や事業推進に取り組む仕組みづくりが必要である（**図5.9**）。

5.3.3　空間機能の計画

（1）　**計画要素**　交通結節点は，都市や地域の顔として，その空間イメージが都市のイメージ形成に与える影響はきわめて大きい。また，異種の交通手段を接続する交通結節点本来の役割を考えても，単に通路を整備するだけでは不十分で，その通路が誰にとっても安全で，わかりやすく，使いやすいも

5.3 交通結節点

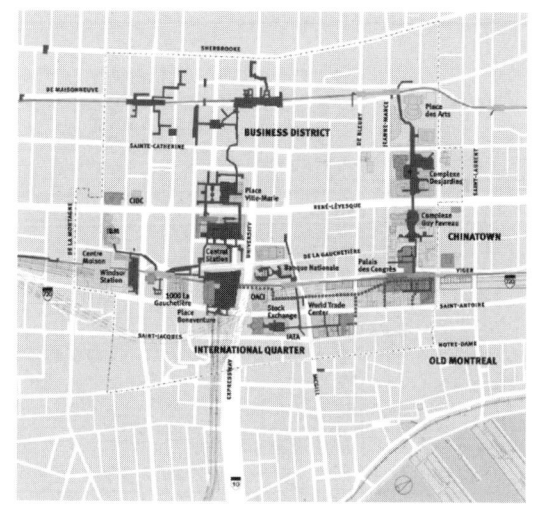

- 街区ごとに開発される民間ビルの地下階(地下商店街)と隣接する街区ビルの地下階を相互に平坦に接続していき,地下鉄(メトロ)の駅を起終点として構成される地下通路のネットワーク網。
- 市がネットワークの形成方針を立案,建設・管理費を全額民間業者が負担。
- 市が,駅周辺を余分に買収し,地下鉄駅と接続させる条件でこの土地を民間に売却して整備を誘導。

図5.9 モントリオール地下歩行者ネットワーク〔都市地下空間活用研究会都市交通施設分科会:大都市におけるバリアフリー化に対応した交通結節点整備に関する研究,官民連携による歩行支援施設整備推進方策の事例検討,p.12(2004)〕

のであることが求められる.そのため,交通結節点の計画にあたっては,交通機能だけでなく,その空間機能にも十分な配慮が必要である.

交通結節点に求められる空間機能の要素は,拠点形成機能,交流空間機能,景観形成機能,利用者サービス機能,防災空間機能の五つに大別される.交通結節点の位置付けに応じて必要な空間機能やレベルは異なるので,ふさわしい機能を選択し,都市と調和した空間をデザインしていくことが肝要である(**表5.3**)[12].

(2) **計画基準** 交通結節機能の計画では,円滑に交通需要を処理することを重視して施設の処理能力が交通需要に見合うか否かを評価する.これに対して,空間機能の計画では,利用者の視点が重視され,誰にとっても安全で,わかりやすく,使いやすいものであるか否かが評価される.例えば,利便性の評価では,利用属性(高齢・非高齢,目的)ごとに,階段やエスカレータを利用する場合の抵抗を,水平移動と比べた等価時間として定量化し,計画基準とする方法などが用いられている[13].

表5.3 交通結節点の空間機能の計画要素

機能	内容と導入施設例	計画の考え方
拠点形成機能	都市機能集積の支援・誘導 周辺ビルとの歩行者ネットワーク化 など	周辺のビルの地上階に直結するデッキや地下階に直結する地下通路を組み合わせて，ターミナル地区全体の回遊性を向上させる。
交流空間機能	憩い，集い，語らいの場 待ち合わせや情報提供，イベントなどの広場	中心となる結節点では都市広場を一体的に計画することも考えられる。
景観形成機能	快適で都市の個性を演出する空間形成 花・緑・水，アート，シンボル施設など	わかりやすさに配慮して，通路や案内・サインのデザインの統一にも配慮する。
利用者サービス機能	利用者に対するサービスの提供 トイレ，ポスト，案内板など	ハード整備だけでなく，位置情報の提供やサービス時間の統一などの運用面にも配慮する。
防災空間機能	大震・火災時の一時避難場所，防災活動拠点，防災センター，防災設備など	群衆避難を考慮してわかりやすい空間形成と避難誘導システム整備を行なう。

建設省都市局都市交通調査室監修，（社）日本交通計画協会編：駅前広場計画指針，技報堂出版（1998）をもとに筆者が作成

（3） **今後の課題** 空間機能の計画では，利用者の視点が重視される。誰にとっても安全で，わかりやすく，使いやすい交通結節点を計画するためには，前項で紹介した，等価時間のような利用者属性の差を考慮した総合評価指標の研究開発に取り組む必要がある。また，さまざまな利用者の意見を反映し，調整する方法として，まちづくりで用いられているワークショップなど，幅広い利用者が参加して計画を検討する手法の活用についても検討が必要であるものと考える。

5.3.4 交通結節点整備のポイント

（1） **シームレスな移動の実現** 交通結節機能整備にあたって，選択性，連続性を向上させシームレスな移動を実現するために，**表5.4**に示すような工夫が考えられる。これらは，いずれも複数の施設の管理者が連携してはじめて実現するものであり，管理区分を越えた連携の仕組みづくりが最も重要なポイントである。

（2） **ユニバーサルデザイン** 交通結節点は，通勤・通学などの日常的な

表5.4 選択性，連続性向上の工夫

計画基準		満足度を向上させる工夫事例
選択性		・端末交通手段の選択肢を増やす ・連絡ルートの選択肢を増やす ・選択肢の情報を提供する
連続性	物理的	・乗換えの負担軽減 ・歩行支援
	時間的	・運用時間の統一 ・時刻表の調整
	運賃面	・乗継ぎに伴う負担増をなくす ・改札に伴う不連続を軽減
	心理的	・上記に関する情報提供

利用者にとどまらず，利用機会の少ない障害者やまちに不慣れな来街者なども集中する。都市の顔である交通結節点を，誰にとっても安全で，わかりやすく，使いやすい，**ユニバーサルデザイン**に配慮することは，都市のホスピタリティを高め，都市の魅力をアピールするうえで効果的である。具体的には，高齢者・身体障害者等の移動制約者に対する移動経路のバリアフリー化はもとより，国際標準のピクトの採用や外国語標記の併用など案内・サインの工夫も効果的である。しかし，それにも増して効果的なのは，人による臨機応変のサポートであろう。人によるサポートは，利用傾向からどこがわかりにくいのかという問題や改善ニーズが探れるという意味でも効果的である。外国語 OK の案内カウンターを設置している大阪地下街の工夫など，まちに不慣れな外国人でも迷わず快適に移動できるソフト面の工夫について検討が必要である。

（3） **移動や滞留のための空間の快適化** 　交通結節点の回遊性を向上させるには，安全で迷うことのないわかりやすい移動空間を整備し，楽しく歩けるように空間を演出することが重要である。すなわち，複雑なネットワークが形成されている交通結節点では，現在地や目的地を確認するために立ち止まるスペースや，案内・サインを確認しながらゆとりをもって歩けるだけの通行余裕が必要である。特に，見通しの利かない地下通路などでは，幅員に余裕を見込むとともに，滞留スペースを適切に配置してゆとりを演出することが，閉鎖空

172   5. まちづくりと交通計画

図 5.10 広幅員地下歩道とサンクン広場（東京・汐留）

間である地下空間のハンデを克服し，楽しく歩ける空間演出の面でも有効である（図 5.10）。

（4）**公共施設を含めた多機能化**　都市機能との一体開発の例としては，私鉄のターミナル駅周辺での商業・業務機能開発が知られている。しかし，駅周辺の開発により新規の都市機能開発に対するニーズは薄れつつある。一方，社会の成熟化により，女性・高齢者の社会進出や自由時間の過ごし方が変化するのに伴って，公共施設に対するニーズも多様化し，都心でのサービス提供も求められるようになりつつある。このため，今後は公共施設と交通施設の合築など，交通結節点の多機能化についても検討が必要である。

5.4　駐車場・荷さばき駐車施設

駐車施設は長年，交通計画の研究対象とされており，駐車施設の計画・設計に関する多くの知見がある。一方，「まちづくりと交通計画」という視点で駐車場や荷さばき駐車施設をとらえると，近年，道路交通運用の工夫などによって，にぎわいのあるまちづくりを行おうとする場合，駐車場などの扱い方が大きな課題となることが多く，現時点でも種々の研究課題が残されている。駐車場および荷さばき駐車施設を適切に整備・運用することは，にぎわいのあるまちづくりにおける不可欠な要素となっている。

5.4.1 まちづくりと駐車施設

　自動車は，トリップの前後において必ず止まるわけであり，駐車することによって初めてトリップを終了することができる．自動車から徒歩や他の交通手段に乗り換えるための施設である駐車場は，5.3節で述べたように，主要な交通結節点の一つである．

　従来，駐車場の計画は主として自動車交通側から論じられてきた．ゾーンにおける駐車需給バランスの検討に基づいた駐車場整備計画の立案などである．そこでは，駐車場の利用者がその後にどのようなトリップを行うのか，といったことにはほとんど注意が払われなかった．すなわち，まちづくりの視点からみた望ましい駐車場の配置といった視点は十分ではなかった．このため，上記のゾーンレベルでみると駐車スペースは充足されているが，満車状態が続く駐車場もあれば，あまり利用されない駐車場もある一方で，地区全体としては違法な路上駐車が多く，駐車問題が依然として解消されていないということも少なくない．

　駐車場は十分に検討したうえで配置しないと，実効ある整備が困難であることを示している．すなわち，駐車場の配置が不適切であれば，自動車の不必要な流動を生じさせ，交通混雑を生じさせるだけでなく，まちの活力を減退させることさえある．もっとも，逆にいえば，駐車場を適切に配置することによって，自動車の動きをかなりコントロールできるわけであり，まちづくりを積極的に支援する駐車場整備の可能性も高まるといえる．

　駐車場整備とまちづくりの好例として，ここでは，都心地区において駐車場整備を含んだ交通管理施策を講じ，良好な都心空間創出に成功していると思われるドイツのミュンヘンの都心地区の事例を紹介しておく（**図5.11**）．その特徴の概要は以下のようである．

① 　ネットワーク化された歩行者空間がある．
② 　都心地区を取り囲むように配置された環状道路がある．
③ 　鉄道，トラム，バスで構成される公共交通システムが充実している（乗換えなどが非常に便利になっている）．

174   5. まちづくりと交通計画

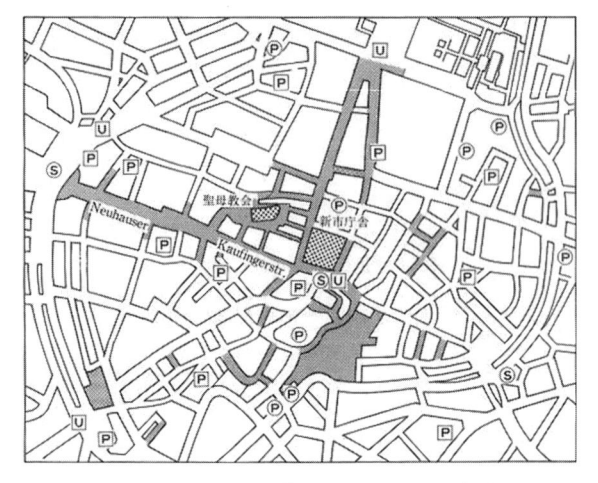

(注) Ⓤ Uバーンの駅
　　 Ⓢ Sバーンの駅
　　 Ⓟ ⓟ 駐車場

図5.11　ミュンヘン都心地区

④　フリンジパーキングが整備されている（図5.11においてⓅで示されている）。

　ミュンヘンの都心地区は周知のとおりにぎわいのある空間となっている。都心地区では上記のようないくつかの施策が組み合わされた交通対策が実施されており，にぎわいのある都心の創出は，各施策の相乗効果によるものが大きい。

　ここで，にぎわいのある都心地区を創造するにあたり，駐車場を中心部からやや離れた場所に配置し，内側の区域をネットワーク化された歩行者区域とするという考え方は，都心地区における交通計画の中核となっている。にぎわいのある空間の創造には駐車場は不可欠であること，ならびに，その配置には十分な配慮が必要であることをまず指摘しておきたい。

5.4.2　駐車現象の諸特性と駐車需要の推定

　ここでは，駐車現象の諸特性，調査方法，需要推計の方法などについて概説する。

　（1）　駐車特性を表す指標　　駐車現象の特性を表す場合には，つぎのような指標が用いられる。①　駐車目的，②　駐車発生量（単位時間当りの駐車発生

量を発生施設の用途別あるいは駐車目的別に表す），③ 滞留台数・ピーク時滞留台数（任意の時刻およびピーク時における駐車台数を表す），④ 駐車集中指数・ピーク時駐車集中指数（任意の時刻およびピーク時における駐車場利用率であり，それぞれの滞留台数/総スペース数で求められる），⑤ 駐車時間（平均駐車時間あるいは駐車時間の分布で表す），⑥ 回転率（あるスペースを対象時間に利用する台数であり，総発生台数/総スペース数で求められる），⑦ 平均占有率（駐車による時間占有の程度を表す指標であり，駐車利用台数時/駐車供給台数時で求められる[†]）．

（2） 駐車場所の選択要因　駐車場の選択要因としては，駐車場から目的施設までの距離，駐車料金，入出庫のしやすさ，駐車場の営業時間，満空情報の有無など多くの要因が挙げられる．また，違法路上駐車も含めて現実的な駐車場所の選択を考えると，周辺道路における駐車取締りの状況の影響が大きい．

（3） 駐車需要の調査　駐車需要に関する調査は，① 個々の建物や道路区間を対象とする場合，② 面的な広がりをもった地区における駐車需要を対象とする場合，③ 都市全体を対象とする場合，に区分できる．

①および②の場合には，調査員による観測が可能であり，一般的にはプレート断続式調査が効率的である．これは，調査員が対象とする道路区間を一定の間隔で一定方向に巡回し，その時点で駐車している車両のプレートナンバーを記録するものであり，時間間隔は 15 分，20 分など，調査目的に応じて設定される．この調査により，車種別駐車台数，平均駐車時間，平均回転率などの概略値を求めることができる．

②（規模が大きい場合）および③の場合には，対象範囲が広範になるから，調査員による観測は通常困難であるが，一方，駐車需要に限定した新たな調査を実施することは容易ではない．このような場合には，全国道路情勢調査（通称，道路交通センサス）などの都市交通調査が利用できる．例えば，1999 年に実施された道路交通センサスでは，大阪市（北区および福島区）において，

[†] 駐車利用台数時は，駐車時間ランクに駐車台数を乗じた総和であり，駐車供給台数時は，駐車場の総スペース数に調査時間を乗じて総和した値である．

176   5. まちづくりと交通計画

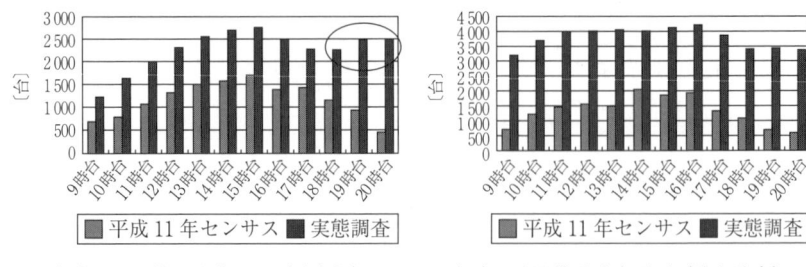

(a) 時間帯別駐車需要（駐車場）

(b) 時間帯別駐車需要（路上駐車）

図5.12 実測調査結果と道路交通センサスデータによる推計値の比較

調査員によるローラー的な駐車調査が同時に実施された．**図5.12**に示すように，駐車量全体としての捕捉率が高いとはいえないが，時間帯別変動はおおむね表されている．

（4）**駐車需要の推定**　施設別あるいは道路区間別に駐車需要を求める場合には，施設用途別駐車原単位あるいは用途別にみた施設規模と駐車発生量に関する回帰モデル（説明変数には人口指標，事業所数，用途別延床面積などが用いられる）が利用される．なお，簡便にこのような駐車需要を求めたい場合には，「大規模開発地区関連交通マニュアル」[14]や「大規模小売店舗を設置する者が配慮すべき事項に関する指針」[15]が有用である．

5.4.3　駐車の種類と整備制度

（1）**駐車場の種類**　自動車の駐車施設は，駐車場所と保管場所に大別される．駐車場所は，路面上に設置されるか路面外に設置されるか，あるいは一般公共用の施設か専用駐車場かによって**図5.13**のように区分される．

都市計画駐車場は広く一般公共用に使用される基幹的な駐車場であり，都市計画で定められる．届出駐車場は面積が $500 m^2$ 以上の有料駐車場であり，管理者が駐車場の位置や規模などを都道府県知事に届け出ることが義務付けられている．附置義務駐車施設は，地方自治体が駐車場整備地区内，商業地区内もしくは近隣商業地区内において，建築物を新増築する者に対して条例で駐車施設の設置を義務付ける駐車場である．都市計画駐車場は基幹的な駐車場である

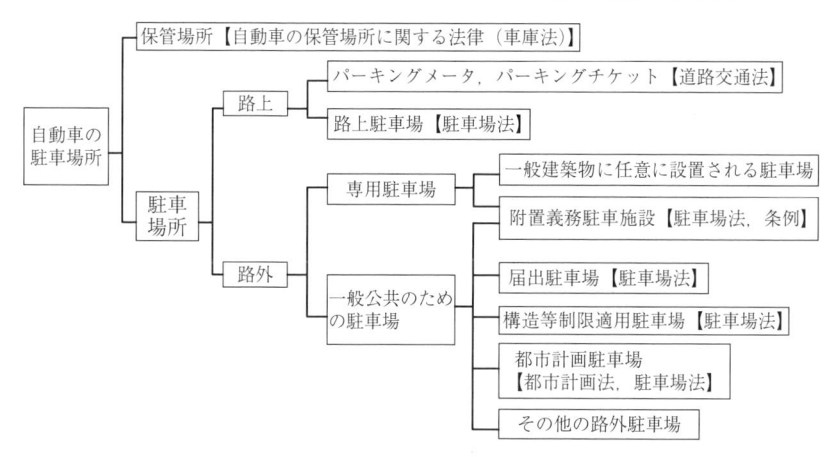

図5.13 法体系による駐車場の分類

が，駐車場供給量の主要部分は届出駐車場と附置義務駐車場が占めている。なお，近年，いわゆるコインパーキングが増加している。コインパーキングは届出駐車場として行政が把握している場合もあるが，その実態が把握されていないことが多い。

（2） **駐車場の整備制度**　わが国では駐車場法に基づき地方自治体は駐車場整備地区を設定している。駐車場の整備は原因者負担が原則であるから，駐車場の整備主体は民間であることが多い。すなわち，建築物を新増築する場合には駐車場の建設が義務付けられている。これが附置義務駐車施設である。各地方自治体は**表5.5**に示す附置義務駐車施設に関する標準条例をもとにして，それぞれの都市の実情を勘案して駐車場附置義務条例を策定している。わが国の附置義務基準は原稿基準でも諸外国に比べて用途の区分が荒い状態である。

一方，駐車発生源となる施設に義務付けられた駐車施設だけでは十分ではない。そこで一般公共の用に供するため，都市計画駐車場が整備されるとともに，その他の需要に応えるために駐車場（主として届出駐車場）が経営されている。

駐車需要を生じさせる原因者が必要な駐車場を整備するという附置義務駐車場制度は合理的なシステムである。しかしながら，この基準は従来，駐車場整備地区等において一律に適用されてきた。このため，都市計画の視点からみ

表5.5 附置義務基準（標準駐車場条例）

	特定用途		非特定用途
駐車場整備地区，商業地区，近隣商業地区	特定用途に供する部分の床面積と非特定用途に供する部分の床面積に［①］を乗じて得た面積が［②］を超えるもの		
	百貨店その他の店舗又は事務所の用途に供する部分の面積 ［③］	その他の特定用途の面積 ［④］	非特定用途の面積 450 m²
	上記の数値（切上げ）の合計台数以上の規模を有する駐車施設を附置しなければならない。ただし，延面積が6 000 m²未満の場合には，当該合計数値に式 (1) を乗じて得た数値とする（小数点以下の端数は切上げ）。 　式 (1)　1－{［②］×(6 000 m²－延面積)}÷{6 000 m²×［⑤］－［②］×延面積}		
周辺地区，自動車輻輳地区	延面積が2 000 m²を超えるもの		対象外
	特定用途に供する部分の面積 ［④］		
	上記の数値（切上げ）の合計台数以上の規模を有する駐車施設を附置しなければならない。ただし，延面積が6 000 m²未満の場合には，当該合計数値に式 (2) を乗じて得た数値とする（小数点以下の端数は切上げ）。 　式 (2)　1－{6 000 m²－延面積}/(2×延面積)		

［①］：［②］/2 000 m²
［②］：1 500 m²（おおむね50万人以上の都市），1 000 m²（おおむね50万人未満の都市）
［③］：200 m²（おおむね100万人以上の都市），150 m²（おおむね100万人未満の都市）
［④］：250 m²（おおむね100万人以上），200 m²（おおむね50～100万人），150 m²（おおむね50万人未満）
［⑤］：特定用途の床面積と非特定用途の床面積に［①］を乗じて得た面積

て，必ずしも適切とはいえない場所に駐車場が建設されてしまうといった問題も指摘されるようになった。

　諸外国の例をみてみると，例えば，ドイツのシュツットガルト市では，公共交通が利用しやすい地区においては附置義務基準を小さく設定するとともに，附置義務駐車場の配置に行政が一定限の権限をもつようになっており，注目に値する取組みである。国内の事例でも，例えば大阪市の駐車場附置義務条例では，鉄道駅周辺の公共交通の利便性が非常に高い地区においては，基準を80 %に削減している。このような動きは，行政が駐車場の配置に注目しだしたことを表している。

　（3）保管場所　　自動車の保管場所（車庫）は駐車場とは異なるもので

あるが，いわゆる青空駐車など，実質的には路上駐車問題として対応をせまられることが多い．車庫は車庫法に基づいて整備されているが，道路を車庫として使用することを禁じたこの法律はわが国独特のものである．狭隘（きょうあい）な道路に路上駐車があふれることを危惧し，自動車交通が普及する以前にこのような制度を設けていたことは，運用面で種々の欠陥が指摘され改善されてきたとはいえ，優れた見識であったと思われる．

（4）**荷さばき駐車施設** 都市における端末輸送のほとんどがトラックによって行われている現状を考えれば，荷さばき駐車施設は不可欠な都市交通施設である．荷さばき駐車は原則として道路外で行われるべきであり，トラックの発着量が多い施設においては，独自の荷さばき駐車施設を敷地内などに整備しているが，十分な面積を有するものは少ない．なお，荷さばき駐車施設に関する附置義務基準を設定することも可能であるが，実際に荷さばき駐車施設の附置義務基準を設定している自治体は少数にとどまっている．

このような状況のもとで，高出らが提案しているポケットローディングは注目に値する．ポケットローディングは道路外に設置される荷さばき駐車用のスペースであり，運送事業者はこれを有料で使用する．荷さばき駐車は道路外で行われるのが原則であるが，すべての荷さばき駐車を路外で処理することは実際には困難である．そこで，荷さばき駐車用のパーキングチケットも設置されている．

5.4.4 駐車場の今後の整備と管理

駐車問題は，基本的には都市空間をいかに利用するかという問題に根ざしており，道路空間および駐車施設に対して都市空間をどの程度割り当てるかが議論されることになる．したがって，駐車対策は本質的にはこの基本的問題にまでさかのぼって考える必要があるわけであり，駐車対策について論じることは，都市交通全体に関する議論ともなるわけである．

近年，都心地区などの活性化のために，街路運用を改善しようという施策が検討されることが多くなってきた．そのような場合に，つねに課題として挙げ

られるのが，駐車，荷さばき駐車，および自転車に関する諸問題である。

わが国の駐車場政策の中心は，駐車場整備地区を設定し，不足している駐車施設の整備促進を図ってきた。しかしながら，駐車場の整備が進んできた大都市都心部において現時点で必要なのは，駐車場整備・管理計画である。すなわち，駐車場の整備は量的な視点からだけではなく，配置という質的視点からみなければ，まちづくりと整合した駐車政策は立案し得ない。附置義務制度は妥当な施策ではあるが，まちづくりの視点からみて，望ましくない場所に駐車場ができてしまうという場合がある。先に示したドイツの例のような展開が望ましいが，少なくとも，隔地駐車場の考え方を拡張して配置の適正化を図るべきである。

都心地区においては，自動車への過度の依存を緩和し，公共交通と徒歩を中心とした低炭素型交通システムの構築へと移行することが今後の基本的方向である。ただし，このような場合に，駐車施設はこの施策と対立するものではなく，公共交通と徒歩を中心としたまちづくりのなかで不可欠な要素である。

5.5 歩行環境の整備

5.5.1 歩行環境とまちづくり

これからの「まちづくり」，特に中心市街地の再活性化や TOD（transit oriented development）では，徒歩交通（歩行）を主体とするまちが強く指向される。歩行が主役であること，単に通行機能を果たすだけでなく，にぎわいや安らぎなどを感じることができ，まちに対する明確な印象を形成するのに寄与することなどが，歩行をとりまく環境の整備には求められる。

しかし残念ながら（幸いなことに），まちづくりのための歩行環境整備について確たる計画論・手法はない。まち自体，また，まちづくりの方向はあまりに多様であり，計画者の見識・技量に委ねられている。ただし，拠り所はある。上述したような整備目標，特性を有する空間・施設の代表として「交通結節点」（5.3節参照）が，これまでの交通計画では取り上げられてきた。交通

結節点の計画・整備で配慮し目指してきたことを「まち」に展開することが，まちづくりにおける歩行環境整備においても一つの基本的な方向になる。また，近年多数建設されている大規模ショッピングセンターモールも，功罪をわきまえて参考にすべきである。

しかし，まちにおける歩行環境整備は交通結節点などのそれとは異なる難しさ，可能性がある。交通機能を果たすうえで，他の交通手段（自転車や自動車など）と歩行を完全に分離することはきわめて困難であり，共存・おりあいを考えなければならないことが最大の難しさである。一方，可能性としては，印象深い，あるいは快適な歩行環境を創生するのに，まちの歴史・文化・生活などの資産を活用し得るということが大きい。

本節ではこのような特徴的な事柄について論じる。歩行環境を広くとらえて，歩いている一人のひとに着眼点を置く。例えば，歩行流の混雑度も，その中にいるひとにとっての環境条件とみる。なお，本節で示す歩行者交通・挙動に関する知見の多くは1960～70年代の分析に基づくものである。高齢社会へと進行したわが国の状況に照らせば，再度観測と分析を行い，さらなる知見を蓄積していくことが必要である。

5.5.2　交通機能からみた歩行環境

（1）経路選択要因としての歩行環境　まちづくりの観点からは，ひとの経路選択要因を理解して，にぎわいをもたらすために人々を誘導するべく歩行空間を能動的に整備することや，予測される通行量の多寡や特性を踏まえた（受動的）歩行空間整備を行うことが理想である。

現実の歩行行動を観測し，経路選択の決定要因を分析するというアプローチによる研究蓄積を参照すると[16]，以下のことがいえる。

① 経路長が最短である経路が選ばれる傾向が強いものの，最短経路と比較して20％程度の経路長増加までは許容される（20％長い経路も利用され得る）。

② 目的地への直線方向との差異が少ない方向へのリンク(道路区間)を選ぶ。

③　沿道のにぎわい，自動車交通量，アーケードの有無など，(狭義の) 歩行環境や，人通りの多寡などが経路選択に影響していることがうかがわれるが，個人ごと，地域ごとの違いが大きく，定量化できるほどの知見は得られていない。

　これらのために，自動車交通を対象とする経路交通量予測 (配分) に比べてはるかに予測値の分散が大きくなる。したがって，通行量予測の精度に拘泥するよりも，次項以下に示すような通行者の吸引・忌避要因を個別に理解し，計画・設計に生かすこと (総合化する洞察力) が必要である。

(2) 混雑度 (サービス水準)[17]　混雑度 (歩行者の空間密度) は，交通流の状態量の一つであるが，個々のひとにとっては，自身の快適性・安全性に影響する (広義の) 交通環境である。密度が高いと不快に感じ，そのようなリンクから離脱 (divert) して周辺街路へ歩行者がにじみ出す。逆に，あまりに閑散としていても不安や危険性を感じて忌避する。

　歩行者交通流においても，巨視的にみると自動車交通流と同様に，密度 (k) − 速度 (v) − 交通量 (q) の関係が成立する。駅構内通路のような特殊ケース (2.0 人/m^2 を超える交通流が出現することがある) を除いた一般街路で観測される密度の最大値は $k=1.5$ 人/m^2 程度である。最大速度は，密度がやや高まり同調化傾向がみられるとき ($k=0.1 \sim 0.3$ 人/m^2 程度) に出現するが，$k<1.5$ 人/m^2 の範囲では速度変化は著しくはないという特徴がある。$k=1.0$ 人/m^2 でも $0.9 \sim 1.0$ m/秒程度の速度は可能である。一方，自由歩行時の速度は，歩行目的や年齢・性別による違いが大きいが，通勤流動においては 1.5 m/秒程度，買物目的では 1.0 m/秒程度である。

　歩行者挙動 (追い越し現象) に着目した研究 (毛利・塚口[18]) によると，0.2 人/m^2 以下は，ほぼ自由歩行に近い状態，$0.2 \sim 0.8$ 人/m^2 は追越しがかなり自由にできる状態，である。

　以上の知見を混雑の忌避の観点で整理すると，以下のことがいえる。

①　他者の速度に同調することなく自由に歩けるのは，$k=0.3$ 人/m^2 程度までである。仮に，買物目的の自由速度 (1.0 m/秒)，有効幅員 3 m で

計算すると，通行人数は54人/分（$=0.3\times1.0\times60\times3$）までとなる。

② 追い越しが無理なくできるのは，$k=0.8$ 人/m^2 程度までである。

③ $k=1.5$ 人/m^2 を超える状況は強く忌避され，一般街路ではイベント開催時などを除いてほとんど観測されない。

（3） 自動車に対する安全性　自動車に対する歩行時の安全性は，自動車交通量が多い場合には歩車道を分離し，横断歩道も信号制御して絶対の安全性を保証することが原則である。しかし，自動車交通量がそれほど多くない場合には，歩行者と自動車の共存も考えねばならない。例えば，狭幅員（幅員6m程度未満）の道路においては，歩行者交通量が相対的に少ないときには道路端部を歩行するが，歩行者交通のほうが優勢であれば，ひとは道路中心部を歩く。このような歩行行動の観測と交通事故の発生確率から，塚口ら[19]は，住区内街路の歩道設置基準（**図5.14**）としてまとめられる安全性評価の考え方を提案している。

この図の横軸は自動車交通量 q_c，縦軸は歩行者交通量 q_p（いずれも対数目盛）である。領域A，B，Cは歩車分離の優先度を表している。境界線を与える I は道路横断方向の歩行者分布指標である。$I=0.6$ は，道路中央を通行する

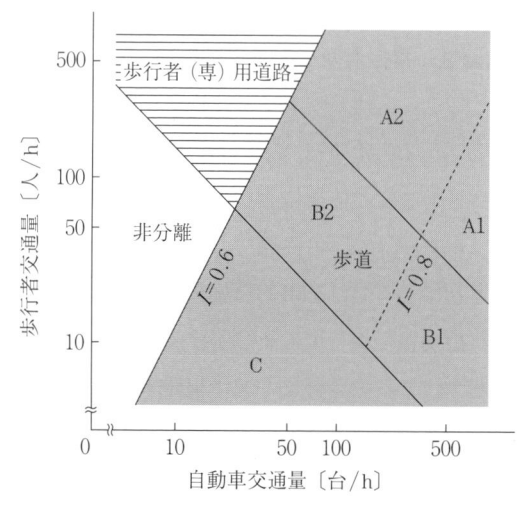

図5.14 住区内街路における歩道設置基準[19]

歩行者もおり，ゆとりをもった歩行状態，$I=0.8$ は，80 % 以上が路端から 1 m の範囲を窮屈に通行している状態に対応する。

この図は歩道設置優先度として示されているが，歩行者分布指標 I に基づく領域分割は，歩行者挙動から推察された自動車に対する歩行者の主観的危険度評価値とみなすことができる。「非分離」領域，すなわち $I<0.6$「道路中央を通行する歩行者もおり，ゆとりをもった歩行状態」に対応する自動車交通量－歩行者交通量であれば，許容危険度以下と考えることができる。

（4） 自転車に対する安全性　自転車も歩行者と完全に分離することは困難であり，共存を考えなければならない。歩行者と自転車の混在流において，回避挙動の発生頻度（客観的危険度指標）ならびに歩行者が感じる主観的危険度を調査した研究[20]によると，歩行者換算密度（自転車1台＝2.54人として換算した空間密度）が 10 人/100 m^2 を超えると，客観指標，主観評価がともに大きく悪化する。この値（10 人/100 m^2＝0.1 人/m^2）は，歩行者のみの場合には完全に自由な歩行が可能な状況に対応していることに注意が必要である。自転車と歩行者が混在状態にある場合には，歩行者，自転車ともにごく少ない交通量でない限り，危険度評価はきわめて悪くなる。

5.5.3　身体的快適性・負担度からみた歩行環境

身体的負担に関しては，交通バリアフリー法により段差解消や垂直移動の負担軽減が進んでいる（5.7 節参照）。これらに加えて，街路網におけるひと流動の観点からは，ベンチなどの休憩施設ならびにアーケードや沿道建物を利用した降雨・日照シェルター，緑陰（熱環境の改善効果）の配置も重要である。特に高齢者や子供連れにとっては必須的な施設である。

身体的快適性・負担度から歩行環境を評価する指標としては，歩行速度や消費エネルギー量に基づいて階段歩行などを平坦路歩行へ等価換算したもの（平坦路換算歩行距離など）が一般に用いられる。この種の指標により，エスカレータなどの垂直移動支援施設の整備効果を定量化することが可能である。ただし，まちレベルでみたときに，エスカレータなどの整備がひと流動にいかな

る影響を及ぼすかは明らかではない。その他の施設に関しては，例えば高齢者にとって必要な休憩施設間隔に関する提案がなされてはいるものの，交通計画に組み込まれているとはいいがたい状況にある。今後の大きな研究課題である。さらに，施設整備を実現するには道路空間だけでは対処しにくいという実務的な障害も大きい。沿道施設との連携を図るためのインセンティブ制度なども必要である。

5.5.4 まちへの印象と歩行環境

歩行しているときのひとは，クルマのような遮へい物を介さずに直接にまちに接する。したがって，まちが与える印象は歩行の質に影響する環境条件である。同時に歩行空間は，まちを感じる場でもある。交通機能や安全性だけでなく，まちを継起的（シークエンス的）に体感する場として歩行空間や街路網を設(しつら)えることも考えねばならない。

上記の観点からの道路空間整備は，おもに「道路景観」研究で取り扱われてきた（1.4節参照）。道路幅員と沿道建物の高さの比（D/H）が与える印象が有名であるが，この種の断面的・視覚的イメージだけにはとどまらない。街路の格，「おもて」-「うら」や「かいわい」イメージのように，街路網の階層的な構成，道路区間の分節的整備，交通流構成のあり方と密接に関係する概念が提起されている。平板的・画一的に歩行空間・環境整備をすることなく，例えば「うら」道らしさを残すことや，猥雑な「かいわい」にふさわしい交通の混雑や混在を探求することも，魅力的なまちには必要であろう[21]。

心理面でまちの印象に作用する歩行環境としては，情報環境も重要である。まちの骨格がつかめて，自分がいまどこにいるのかがわかりやすいことは，来街者がまちを楽しむための（多くの場合は）必須条件である（混沌や，わかりにくさこそが魅力となるまちや，場合もある）。そのためには，街区図や街路名表示の整備のような直接的な環境整備のみならず，街路の性格の明確化，わかりやすい街路網形状，ランドマークを意識した道路線形なども考えることが望ましい。

前項までの，交通工学を基礎とすることがらに，本項の視点も考え合わせると，歩行環境の整備計画の立案は途方もなく困難な営為となる。多くは，互いに矛盾し，また，道路サイドだけでなく，「まち」というつかみどころのないものとの協働も必要である。しかし，1本の街路にすべてを盛り込もうとするのではなく，街路網をトータルとして取り扱えば，いくつもの魅力的な計画案（最適案ではない）を考えることは可能であろう。魅力的な計画案の立案，選択を「まち」との対話・協働を通じて進めることが個性ある「まち」につながる。その具体的な手法として，社会実験や交通まちづくり活動は位置付けられる。

5.6 にぎわいのみち空間・交通システム

5.6.1 まちのにぎわいと「みち空間」

道路には交通機能と空間機能がある。このように言明しても，交通計画者はネットワーク機能に主眼を置きがちである。ここでは，空間に焦点をあてて考えてみよう。ひとが自由に往来し，佇むことが可能な「公共領域」[22]として街路をとらえ，それに面した「まち」も包括した細長いエリアを「みち空間」として取り上げる。「両側まち」や「かいわい」，街路の節に位置する「広場」などを思い起こそう。これらの「みち空間」に，用務（"通過"用務も含む）を果たすために，また，「場」（「空間」と「状況」とからなる）を愉しむために人々は集まる（遊歩や佇み）。集まった人々で作り出され，それらの人々に感得されるイメージのひとつに「にぎわい」がある，と考えよう。

「にぎわい」は集まる人々の量に加えて，その質——例えば，年齢・性別・体格などの外形や，来街目的・期待などの心的状態——の多様性も必要とする[23]。交通ターミナルから勤務先へと急ぐ大量の人々の流れに「にぎわい」を感じることはないが，同じ場所・量でも夕刻以降の多様な目的が混在した人々の流れには「にぎわい」がかもし出される。中心市街地活性化などというとき，直接に期待されるのは量の増大・回復である。そのために集客施設の計画

5.6 にぎわいのみち空間・交通システム

がなされる。しかし，上述の意味での「にぎわい」が「まち」にみなぎらなければ，早晩，量も衰退すると思われる。ひとは，用務・目的を果たすためだけに「まち」に出かけるわけではないからである。

本節では，「にぎわい」に必要なひとの集中（量）と多様性をもたらすために役立つと思われる交通システムならびに「みち空間」のあり方について考えてみる。

5.6.2 にぎわいと交通システム

ひとの移動手段としての交通システム構成要素・サブシステムも技術革新の渦中にある。セグウェイなどの新たな移動具，ICカードを利用者管理に応用した自動車・自転車のシェアリングシステムなどが開発・実用化されている。これからも新技術・システムは出現するであろうが，新旧交通システムを「にぎわい」への寄与の観点から分類するのに，つぎの4軸を設定することができよう。

① 輸送単位の大小・乗合の有無
② 乗・降車地点の制約
③ 移動スケジュール（時間）の制約
④ 移動具の私有・共用

公共輸送機関の代表である鉄道は，大量・多様な乗合客を，駅という特定の地点間において，鉄道事業者が定めたスケジュールに従って輸送する交通システムである。したがって，駅のある「まち」では大量かつ多様な人々が，空間的・時間的に集中して「にぎわい」（混雑ともなる）が生まれる。路面電車・LRT (light rail transit)，バスも，スケールこそ異なるものの，停留所周辺に「にぎわい」をもたらす。対極にあるマイカーは，特に，乗・降車地点の制約が小さいことと，私有されている移動具の保管場所（駐車場）の空間利用効率が低いために，みち空間の「にぎわい」には貢献しにくい。自転車・バイクや，セグウェイなどの新たな個人移動具も，それらが私有かつ専用利用される場合にはマイカーと同様の位置付けができよう。すなわち，四つの分類軸を設

定してみたが，交通システムの多くは，大きくは大量公共輸送タイプとマイカータイプの二つのタイプに限定・分類される。

上記の分類軸は「にぎわい」の観点から導入したが，利用者利便性については正負が逆転して当てはまる。モータリゼーション・郊外化の進行・中心市街地の衰退は，④ 移動具の私有，が可能な経済水準への発展に伴ってマイカータイプの利用が優勢となって，利用者利便性が向上した（「にぎわい」特性が軽視・忌避された）プロセスであったとみることができる。

このような認識のもとで「にぎわい」を創出するには何ができるであろうか。その一つの可能性は，上述の4分類軸に基づいて，大量公共輸送タイプとマイカータイプの「良いとこどり」をした新システムを導入することである。

一例として，自動車や自転車のシェアリングシステムは，IT活用によりデポ（貸出・返却地点）配置の自由度が高まったことから有望である。また，従来システムではあるが，タクシーも同様の特性を有する移動手段として積極的な位置付けができよう。これらはいずれも，移動時のプライベート性と時間的自由度がきわめて高く，利用者の嗜好に応えることができる。それと同時に，貸出・返却などで空間的集中を図ることが可能である。デポ配置の計画は，マイカー駐車場・駐輪場の配置問題と同種の課題とみなすことができよう。ただし，私有物である自動車・自転車とシェアリング車両とでは，保管場所の空間利用・配置の自由度が大きく異なる。シェアリングシステムのほうが，より小規模・高密度配置が可能である。その反面，シェアリングシステムでは車両回送が不可避であるため，運用システムは巨大かつ複雑になりがちである。

新システムにかかわる需要予測などの計画はいかになすべきであろうか。デポの配置密度が利便性と「にぎわい」性に及ぼす効果は相反するという点に着目すると，駅や停留所・バス停の間隔と同様の問題とみることができる。新システムを公共交通システムの拡張（可能設置密度の拡張など）として，既存システムとの連携・競合も視野に入れて計画すべきである。特に，利用者の多様性を確保するにはマイカー利用者への働きかけが重要であるから，TDMの枠組みを拡張して，個人の移動ニーズのマネジメント方策の一部として新システ

ムを組み込むことが必要となろう。

5.6.3 にぎわいをもたらす「みち空間」

にぎわい空間においては，ひと・徒歩が主役となるが，「みち空間」は公園ではない。通行者やその空間へのアクセスのための交通機能を内包することに特徴がある。多様な人々，移動具が互いに「おりあい」[24]をつけて，限られた公的空間を利用することを図らねばならない。ここでは，「みち空間」を交通機能とたまり機能の相対的優劣によって「街路」と「広場」（停留場近傍など）の二つに抽象化して，そのあり方について考えてみたい。

（1） 街　　路　具体例としてトランジットモールがある。ヨーロッパの古い街並みで路面電車（トラム）と歩行者が共存する狭幅員街路が著名であるが，わが国においても先駆的取組みがなされている[25]。その特徴は，①歩行者優先，②中量輸送機関の導入，③ハードによる通行区分の回避，④カフェなどのくつろぎ空間の積極的配置，とまとめることができる。中量輸送機関を導入するのは，停留所間隔が比較的に短く，歩行者の移動負担を軽減するのに有効であることによる。また，（バスではなく）トラムであればシンボル性（「おもて」イメージ）も期待できる。ひとがにぎわいを感じるスケールの点からは，狭幅員の街路のほうがふさわしい。「おりあい」は，安全性や占有空間において問題の大きい自動車を排除することにより，ひと主体の移動・くつろぎ・沿道施設利用（買物など）の間で図られている。

今後の展開方向としては，トラムやLRTよりもさらに小規模・高頻度・高密度な小中量輸送機関（例えば，電気バス）の活用，自転車を主体とするモールの分化が挙げられよう。前者は，初期投資額の少なさもさることながら，運行経路の自由度が高いことを積極的に生かすプランに期待したい。後者に関しては，自転車は環境や健康面での期待にもかかわらず交通システムとしての位置付けがあいまいなままに置かれている。歩行者と自転車との混在は歩行環境上の問題が大きい（5.5.2(4)項参照）。したがって，歩行者が主役となるトランジットモールと分離・並行して（狭幅員街路のペア化などにより）自転車

モールを整備するなど，メリハリのついた分担・連携の模索[26]が望まれる。

（2）**広　　場**　多様なひとを積極的に集中させる手立てとして，停留場のみならず，シェアリングシステムのデポ（貸出・返却窓口）を「みち空間」要素として活用することを今後は考えてもよいであろう。沿道のコンビニエンスストアをその種の施設として取り込むことも可能であるし，可搬式キオスクをその窓口として路上に設置することを考えてもよい。買物客の利便性に着目すれば宅配受付け窓口を併設することも有効と思われる。また，自転車モールにおいては，"停留所"の代わりにシャワールームを設けることも有効であろう。道路のみで実現するには困難なことが多いが，「みち空間」として沿道施設も一体的に考えることができれば[27]，交通システムのあり方が「まち」のにぎわいに貢献できることも多いと思われる。

5.7　交通バリアフリー

5.7.1　交通バリアフリーの必要性

わが国では，他に例を見ない急速な高齢化が進んでおり，2015年には国民の4人に1人が65歳以上の高齢者となる本格的な高齢社会を迎える。人は加齢により身体能力に障害を伴うことが多く，高齢社会の到来によりわが国のインフラはさまざまな観点で見直しを求められることになる。一方，障害者が障害をもたない人と同じように社会参加できることが望ましいという考え方——ノーマライゼーション——も広まってきている。

以上のことから，今後の社会では，高齢者やけが人などの一時的な障害者を含む身体障害者が使いやすいインフラの整備が必要となる。特にさまざまな活動から派生する交通行動はすべての人にかかわるものであり，交通を支えるインフラの使いやすさ，つまり交通施設のバリアフリーは緊急の課題であるといえる。

5.7.2 高齢者,障害者等の移動等の円滑化の促進に関する法律（バリアフリー新法）

上述した課題を受け,安心して移動できる社会づくりを目指して,「高齢者,身体障害者等の公共交通機関を利用した移動の円滑化の促進に関する法律（**交通バリアフリー法**）」が2000年11月に施行された（コラム参照）。

> **交通バリアフリー法の概要**
> ① 趣旨
> ・鉄道駅などの旅客施設および車両について,公共交通事業者によるバリアフリー化を推進する。
> ・鉄道駅などの旅客施設を中心とした一定の地区において,市町村が作成する基本構想（交通バリアフリー基本構想）に基づき,旅客施設,周辺の道路,駅前広場などのバリアフリー化を重点的・一体的に推進する。
> ② 交通バリアフリー基本構想
> 乗降客数5 000/日の旅客施設（特定旅客施設）を中心とし,官公庁施設,福祉施設などを含む「重点整備地区」において,移動など円滑化のための基本方針と実施すべき事業（特定事業）を定めること。

この法律で規定される交通バリアフリー基本構想は,2009年9月末時点で259の市町村で作成され,それに基づき旅客施設,周辺の道路,駅前広場などのバリアフリー整備が進められている。しかし,この整備を進めるうえで,商業施設などの建築物と交通施設についてのバリアフリー整備が,異なる法律に基づき,個別に行われていることによる問題（例えば,通路と建築物の境界の位置付けなど）に直面した。そこで,2006年12月には,建築物のバリアフリー化を定める「高齢者,身体障害者等が円滑に利用できる特定建築物の建築の促進に関する法律（ハートビル法）」（1994年9月施行,コラム参照）と,交通バリアフリー法を統合し,「高齢者,身体障害者等が円滑に利用できる特定建築物の建築の促進に関する法律（バリアフリー新法）」が施行された。この概要を**図5.15**に示す。

以下では,このバリアフリー新法を理解するうえで,重要な概念・用語を解説していきたい。

192　　5. まちづくりと交通計画

高齢者, 障害者等の移動等の円滑化の促進に関する法律

> 高齢者, 障害者等の円滑な移動及び建築物等の施設の円滑な利用の確保に関する, 施策を総合的に推進するため, 主務大臣による基本方針並びに旅客施設, 建築物等の構造及び設備の基準の策定のほか, 市町村が定める重点整備地区において, 高齢者, 障害者等の計画段階からの参加を得て, 旅客施設, 建築物等及びこれらの間の経路の一体的な整備を推進するための措置等を定める。

○　基本方針の策定

　　○主務大臣は, 移動等の円滑化の促進に関する基本方針を策定

○　移動等の円滑化のために施設管理者等が講ずべき措置

旅客施設及び車両等　　　　　　　　　　　　　　　　　　　　　　　　　建築物
(福祉タクシーの基準を追加)　　道路　　　路外駐車場　　都市公園　　(既存建築物の基準適合努力義務を追加)

　○　これらの施設について, 新設または改良時の移動等円滑化基準への適合義務
　○　既存のこれらの施設について, 基準適合の努力義務　など

○　重点整備地区における移動等の円滑化に係る事業の重点的かつ一体的な実施

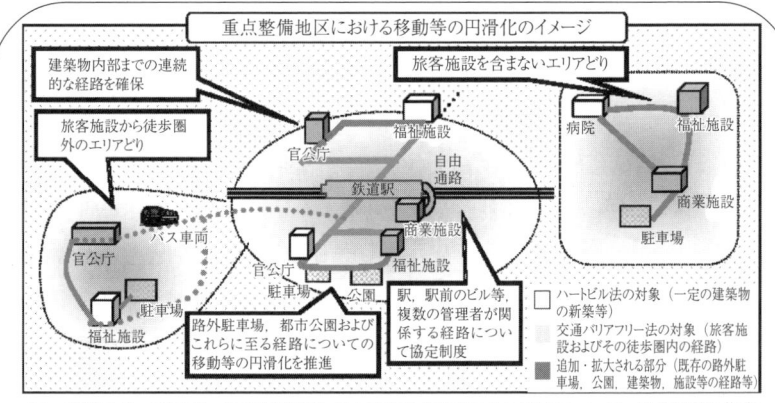

重点整備地区における移動等の円滑化のイメージ

- 建築物内部までの連続的な経路を確保
- 旅客施設を含まないエリアどり
- 旅客施設から徒歩圏外のエリアどり
- 路外駐車場, 都市公園およびこれらに至る経路についての移動等の円滑化を推進
- 駅, 駅前のビル等, 複数の管理者が関係する経路について協定制度

□ ハートビル法の対象 (一定の建築物の新築等)
▨ 交通バリアフリー法の対象 (旅客施設およびその徒歩圏内の経路)
■ 追加・拡大される部分 (既存の路外駐車場, 公園, 建築物, 施設等の経路等)

　○　市町村は, 高齢者, 障害者等が生活上利用する施設を含む地区について, 基本構想を作成
　○　公共交通事業者, 道路管理者, 路外駐車場管理者, 公園管理者, 建築物の所有者, 公安委員会は, 基本構想に基づき移動等の円滑化のための特定事業を実施
　○　重点整備地区内の駅, 駅前ビル等, 複数管理者が関係する経路についての協定制度

　　　　　　　　　　　　　　　　　　　　　　　　　　　　　　　　　　など

○　住民等の計画段階からの参加の促進を図るための措置

　　○　基本構想策定時の協議会制度の法定化
　　○　住民等からの基本構想の作成提案制度を創設　　　　　　　　　など

図 5.15　バリアフリー新法の概要[28]

> **ハートビル法の概要**
> ① 対象となる建築物
>   ・特別特定建築物
>   不特定多数の人やおもに高齢者，身体障害者が利用する特別支援学校，病院，劇場等，税務署等官公署，スーパーや飲食店舗など建築物
>   ・特定建築物
>   特別特定建築物のほか，多数の人が利用する学校，事務所，共同住宅，卸売市場，公衆便所などの建築物
> ② 新築・改築の際の建築主の義務
>   ・適合義務（特別特定建築物：新築等の延床面積が $2\,000\,\mathrm{m}^2$ 以上）
>   ・努力義務（特別特定建築物：新築等の延床面積が $2\,000\,\mathrm{m}^2$ 未満および既設）
>   （特定建築物　　　：新築・既設，面積等を問わずすべて）
> ※ 既設のものは努力義務

5.7.3 重要な用語について

（1） 生活関連施設と生活関連経路

　生活関連施設とは，高齢者，障害者などが日常生活または社会生活において利用する旅客施設，官公庁施設，福祉施設その他の施設であり，生活関連経路とは，生活関連施設の間を結ぶ，道路，駅前広場や建物内および敷地にある通路などをいう。

（2） 特定事業

　生活関連施設および生活関連経路について，施設設置管理者などがバリアフリー基本構想に即して実施する事業をいう。

（3） 特定旅客施設

　1日の乗降客数が5 000人以上の旅客施設をいう。特定旅客施設も生活関連施設に含めることができる。

（4） 特別特定建築物

　特定建築物は多数の者が利用する建築物で法令に定められたものをいい，学校，病院または診療所，集会場などがある。特別特定建築物は特定建築物

のうち，不特定多数の者が利用するものおよび主として高齢者，障害者などが利用するもので，特別支援学校，病院または診療所，集会場などがある。

（5）特定公園施設

公園施設のうち，移動等円滑化が特に必要な施設として，屋根付き広場，休憩所，駐車場，便所，水飲み場，掲示板などが示されている。

（6）特定路外駐車場

駐車場法に規定する路外駐車場で，駐車面積が $500\,m^2$ 以上で，料金を徴収するものをいう。

5.7.4 バリアフリー新法の枠組み

バリアフリー新法の枠組みを図5.16に示す。基本的には交通バリアフリー法の枠組みを踏襲した形になっている。

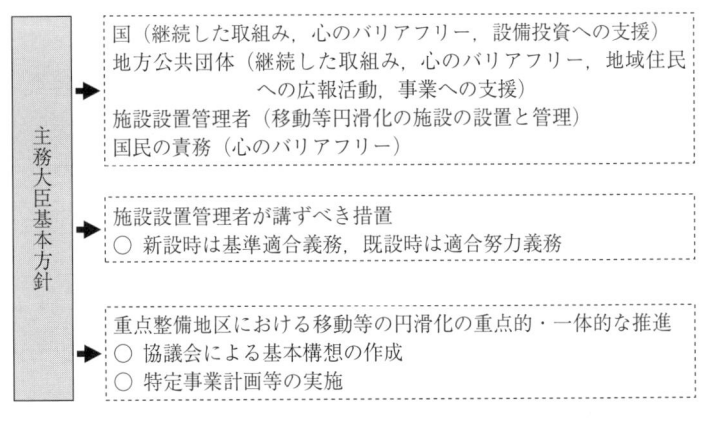

```
主務大臣基本方針 → 国（継続した取組み，心のバリアフリー，設備投資への支援）
                  地方公共団体（継続した取組み，心のバリアフリー，地域住民
                      への広報活動，事業への支援）
                  施設設置管理者（移動等円滑化の施設の設置と管理）
                  国民の責務（心のバリアフリー）

              → 施設設置管理者が講ずべき措置
                  ○ 新設時は基準適合義務，既設時は適合努力義務

              → 重点整備地区における移動等の円滑化の重点的・一体的な推進
                  ○ 協議会による基本構想の作成
                  ○ 特定事業計画等の実施
```

図5.16 バリアフリー新法の枠組み

5.7.5 主務大臣の定める基本方針

主務大臣の定める基本方針の概要を以下に整理する。

（1）**移動等円滑化の意義**　ユニバーサルデザインの考え方に基づいた施設整備を推進すること，および知的・精神・発達障害者も法の対象とすることが，移動等円滑化の意義として定められている。

（2）**施設設置管理者が講ずべき措置の基本事項**　施設および車両等の整備，適切な情報提供，職員等関係者への教育訓練に関して，基本事項が以下のとおり定められている。

（a）　施設および車両等の整備
- 各施設とも，連続した移動等円滑化された経路を1以上確保すること。
- 経路確保にあたっては，安全性の確保および移動上の利便性に配慮すること。
- 特定建築物等移動等円滑化が義務付けられていない施設においても，積極的対応を期待する。

（b）　適切な情報提供
- 視覚情報，聴覚情報により，緊急時を含め，情報をわかりやすく適切に提供すること。

（c）　職員等関係者への教育訓練
- 乗車・利用拒否の発生を防止し，円滑なコミュニケーションを確保するための計画的な研修，マニュアルの整備などによる職員教育をいっそう充実すること。

（3）**バリアフリー基本構想の指針**　バリアフリー基本構想を策定するうえで重要となる，生活関連施設，生活関連経路に関する事項（5.7.3項(1)参照），重点整備地区の指定，重点整備地区の位置および区域に関する事項（5.7.6項(1)参照），高齢者，障害者等の提案および意見の反映（5.7.6項(2)参照）に関する指針が定められている。

5.7.6　バリアフリー基本構想

（1）**重点整備地区の指定**　重点整備地区とは，以下の要件を満たす地区のことをいう。

（a）　生活関連施設の集積性（配置要件）

　　生活関連施設のうち，特定旅客施設や官公庁施設や福祉施設などの特別特定建築物が3以上あること。地区の面積はおおむね400 ha未満をめどとし，施設間の移動が通常徒歩で行われる範囲となる。

(b) 移動等円滑化の事業実施の必要性（課題要件）

　高齢者，障害者などによる施設の利用状況や土地利用や諸機能の集積の実態と将来の方向性，実現可能性からみて，事業実施の必要性が高いこと。

(c) 総合的な都市機能の増進に対する有効性（効果要件）

　社会参加の機会，勤労の場の提供など都市機能の増進に効果的な事業の実施が可能であること。

(2) **重点整備地区における基本的な方針**　重点整備地区を定めるにあたっては，地域の実情に応じた具体的かつ明確な目標を有すること，生活関連施設および生活関連経路の選定とバリアフリーに関する事項が明示されていることが重要である。また，実施すべき特定事業およびその他の事業に関して，アンケート，ヒアリング，タウンウォッチングなどの手段によって，高齢者，障害者などの提案および意見が反映されていることが重要である。

(3) **施設，経路のバリアフリー化の内容**　重点整備地区において，バリアフリー化の対象となる施設，経路を以下に示す。

・鉄道駅：エレベーター，多機能トイレ，券売機

・バス：低床バス車両，バス情報案内，上屋

・福祉タクシー：福祉タクシー車両

・建築物：エレベーター，スロープ，多機能トイレ

・道路：歩道の改良，視覚障害者誘導用ブロック

・信号：音響式信号機，発光ダイオード信号機

・公園：スロープ，点字情報案内板

・駐車場：車椅子専用駐車スペース

　なお，各施設の具体的な整備基準（移動円滑化基準[29]，バリアフリー整備ガイドライン[30]~[34]）については，参考となるWebサイトおよび書籍を参考文献に挙げたので，参照されたい。

参 考 文 献

1) 太田勝敏：市民参加と「交通まちづくり」の勧め，交通工学，Vol.34, No.5,

pp.1-2（1999）
2) 久保田　尚：交通まちづくりの実践に向けての課題と展望，交通工学，Vol.34，No.5, pp.1-2（1999）
3) Her Majesty's Stationery Office：Traffic in Towns（1963）
4) （社）土木学会 編：地区交通計画，国民科学社（1992）
5) 住区内街路研究会：人と車「おりあい」の道づくり，鹿島出版会（1989）
6) 交通工学研究会 編：第13章，地区交通計画，交通工学ハンドブック2005，丸善（2002）
7) 都市計画用語研究会 編著：全訂 都市計画用語辞典，ぎょうせい（1998）
8) 都市計画国際用語研究会 編著：都市計画国際用語辞典，丸善（2003）
9) 日本道路協会 編：道路用語辞典 第3版，丸善（1997）
10) 例えば，大阪の都心もキタやミナミのターミナルを中心に発展した。例えば，キタの発展経緯は，北村隆一 編著：鉄道でまちづくり──豊かな公共領域がつくる賑わい──，学芸出版社（2004），参照
11) 例えば，札幌市：平成9年度都心循環バス効果測定調査（1999年3月）
12) 建設省都市局都市交通調査室 監修，（社）日本交通計画協会編：駅前広場計画指針，技報堂出版（1998）
13) 国土交通省 国土技術政策総合研究所：一般化時間による交通結節点の利便性評価手法，第297号（2006）
14) 大規模開発地区交通環境研究会 編著：大規模開発地区関連交通計画マニュアルの解説，ぎょうせい（1999）
15) 経済産業省商務情報政策局流通政策課：大規模小売店舗立地法についての解説等（第4版）（2007）
16) 交通工学研究会 編：3.2.2 歩行者の経路選択特性，交通工学ハンドブック2008（2008）
17) 交通工学研究会 編：3.3 歩行者交通流の特性，交通工学ハンドブック2008（2008）
18) 毛利正光，塚口博司：歩行路における歩行者挙動に関する研究，土木学会論文報告集，268, p.99（1977）
19) 毛利正光，塚口博司：住区内道路における歩道整備に関する基礎的研究，土木学会論文報告集，304, p.129（1980）
20) 交通工学研究会 編：3.5.9 自転車・歩行者混合交通の状況と利用者評価，交通工学ハンドブック2008（2008）
21) 北村隆一 編著：ポスト・モータリゼーション──21世紀の都市と交通戦略──，学芸出版社（2001）
22) 北村隆一 編著：鉄道でまちづくり──豊かな公共領域がつくる賑わい──，学芸出版社（2004）
23) 前項 22)に同じ。

24) 前項 5) に同じ.
25) 交通まちづくり研究会：交通まちづくり —— 世界の都市と日本の都市に学ぶ ——，交通工学研究会・丸善（2006）
26) 例えば，渡辺千賀恵：自転車とまちづくり，学芸出版社（1999）
27) 既成市街地の道路とその沿道空間「共空間」の活用に向けて，交通工学ハンドブック 2008，pp.13,3,43-48，交通工学研究会（2008）
28) http://www.mlit.go.jp/barrierfree/transport-bf/shinpou/outline.pdf
（2010 年 8 月現在）
29) http://www.ecomo.or.jp/barrierfree/guideline/data/guideline_fune_16_pdf.pdf
（2010 年 8 月現在）
30) （財）国土技術センター：改訂版　道路の移動等円滑化整備ガイドライン，大成出版社（2008）
31) 国土交通省住宅局建築指導課：高齢者・障害者等の円滑な移動等に配慮した建築設計標準，（財）建築技術教育普及センター（2007）
32) 国土交通省都市・地域整備局公園緑地課：ユニバーサルデザインによるみんなのための公園づくり（ユニバーサルデザイン手法による設計指針），（社）日本公園緑地協会（2008）
33) 国土交通省総合政策局安心生活政策課：公共交通機関の旅客施設に関する移動円滑化整備ガイドライン，バリアフリー整備ガイドライン（旅客施設編），（財）交通エコロジー・モビリティ財団（2007）
34) 国土交通省総合政策局安心生活政策課：公共交通機関の旅客施設に関する移動円滑化整備ガイドライン，バリアフリー整備ガイドライン（車両等編），（財）交通エコロジー・モビリティ財団（2007）

6 ロジスティクス

　本章では，都市におけるロジスティクスについて述べ，ロジスティクスの効率性と環境への負荷の低減，住民の居住性などに配慮しながら最適なシステムを構築するシティロジスティクスの方法論について論じる。都市物流施策を評価するためには数理モデルが必要であり，ここでは配車配送計画モデル，物流拠点の最適配置モデルについて紹介する。また，都市物流施策の評価手法について示し，都市物流施策の実施にあたって，複数の利害関係者間の公民連携の重要性，ICT（information and communication technology，情報通信技術）あるいはITS（intelligent transport system，高度道路交通システム）の活用などについて述べる。

6.1 都市物流の課題と解決への道

　近年，わが国の企業は厳しい国際競争のなかで物流の効率化，サービスの向上を求められている。特に，1980年代以降の生産拠点の海外展開によって，グローバルな物流システムの構築，および効率的な運用が大きな課題となっている。また，ジャストインタイム輸送に代表される配送時間指定の厳しい輸送方式が一般化しており，小口多頻度配送が増加する傾向にある。

　一方，陸上における貨物輸送は主としてトラックが担っており，道路ネットワークを活用した貨物車交通はさまざまな課題を抱えている。すなわち，道路の交通渋滞は大都市においては慢性化しており，貨物車交通の定時性の確保が大きな問題となっている。また，大気汚染や騒音，振動などの交通環境問題も依然として残っており，交通安全，省エネルギーなどの問題も社会問題となっ

ている。さらに，トラックによるCO_2の排出による地球環境の問題も考慮しなければならない。

　道路交通計画において貨物車交通の問題を考える場合，貨物輸送に携わっている物流事業者や荷主が抱えている問題と，交通渋滞や交通環境のような社会的な問題の両方について考慮する必要がある。したがって，貨物車交通の問題は，私的な企業の経営にかかわる問題であると同時に，公的な面における交通の問題でもある。この点が貨物車交通のユニークな特徴であり，旅客交通とは一線を画している。すなわち，旅客交通においては個人のドライバーが交通行動の主体として存在するが，貨物車交通においては，荷主あるいは物流事業者という企業がトラックの交通行動に関する意思決定を行う主体である場合が多い。このことから容易に類推できることは，貨物車交通はおもに経済原則に基づいて運行されており，旅客交通のようなドライバーの個人的な好みによって，出発時刻や経路が左右されることが少ない。また，貨物車交通は，輸送される単位が数グラムのICチップから数トンのH鋼まで，さまざまな品目，重量，荷姿をしている点において，旅客交通よりも多様性がありおもしろい。

　このように，貨物車交通は複雑な問題であるが，これを交通計画のなかでどのように位置付け，解決を図っていけばよいのだろうか。貨物車交通の問題は，都市内あるいは都市圏において顕著にみられるので，ここでは都市物流について，**シティロジスティクス**[1]~[3]の観点から論じてみよう。シティロジスティクスについて，谷口ら[1]は，「シティロジスティクスとは，市場経済の枠組みのなかで，交通環境・交通渋滞・エネルギー消費・交通安全を考慮しながら，高度情報システムを活用し，都市部における民間企業のロジスティクスおよび輸送活動を，全体として最適化する過程である」と定義している。すなわち，従来のビジネスロジスティクスから進化した形として，ロジスティクスと都市計画，交通計画を融合させたシティロジスティクスを提案している。これは一種の理想像を描いているが，都市部における貨物車交通にかかわる問題解決の方向を示しているといえる。なお，シティロジスティクスは，主として都市部を対象としているが，同様の考え方は，都市間の貨物車交通についても当

てはめることができる。

シティロジスティクスの目指す目標としては，つぎの三つを挙げることができる。

① 流動性（mobility）
② 持続可能性（sustainability）
③ 居住性（livability）

貨物車交通は，物資の輸送が主目的であるため，滞りなく物資が流動することが第1に重要である。しかし，そのために環境への負荷が増大することは抑制すべきであり，環境にやさしい持続可能な貨物車交通が望まれる。また，住民の安全，快適な生活を保証するような貨物車交通でなければならない。この三つの目標を同時に達成することが理想であり，そこに向かって進んでいくことが求められている。

シティロジスティクスにおいては，おもにつぎの4主体が利害関係者として考えられる。

1）荷主
2）物流事業者
3）消費者（住民）
4）行政（市，都道府県および国）

それぞれの利害関係者は，異なった利害を有している（**図 6.1**）。

荷主は，物流事業者の顧客であり，貨物を他者に送ったり，他者から受け

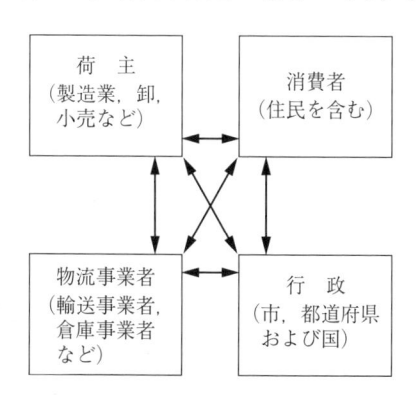

図 6.1 シティロジスティクスにおける利害関係者

取ったりする。荷主は一般に，物流に関するコスト・集配の時間・輸送の信頼性・自分の貨物の現在位置情報などに関するサービスレベルを最大化しようとする。

物流事業者は，自らの利益を最大にするために，貨物集配のコストを最小化しようとする。都市内では交通混雑が激しいので，集配トラックは，厳しい時刻指定を守るために，デポを早めに出発し，顧客の所に早く到着した場合には，顧客の位置の近くで指定時刻まで待たなければならないことが多くなる。

消費者は，物価ができるだけ安くなることを望んでいる。また，地域の住民でもある消費者は，交通渋滞を緩和し，騒音や大気汚染などの公害を減らし，生活空間における交通事故を減らしたいと思っている。

市の行政官は，市の社会経済的発展や，雇用の確保に努める。また，彼らは，市全体の交通渋滞を緩和し，環境を改善し，交通事故を削減したいと望んでいる。

このように，各主体が異なる方向を目指している場合に，利害関係者間の調整を行い，目標に向かっていくことができるのだろうか。幸いなことに，現代においては，ICT（information and communication technology，情報通信技術）やITS（intelligent transport system，高度道路交通システム）などの高度な技術革新のおかげで，従来は相反するように思われていた，貨物車交通の効率性と環境への負荷の低減を両立させることが可能となってきた[4]。例えば，ITSのなかの一つのシステムであるVICS（vehicle information communication systems）によって提供される道路の所要時間情報を活用した確率論的配車配送を適用することによって，総コストを削減できるのみならず，総走行時間の削減によって渋滞緩和に寄与し，NO_xやCO_2の削減によって環境負荷低減にも貢献できることが示されている[5]。以上のように，新しい技術をうまく活用して，複数の主体が便益を得るようなwin-winの関係を築くことが重要である。

また近年，荷主や物流事業者においてマネジメントや環境問題への意識の高まりがみられる。例えば，荷主や物流事業者が品質マネジメントに関するISO9001あるいは環境マネジメントに関するISO14001などを取得する例が

年々増加しており，このことは，貨物車交通の改善，環境負荷低減に大きく貢献している。なお，ISOの認証を得てそれを維持するためにはかなりの費用がかかる。そのため，平成15年（2003年）から中小企業向けの貨物車交通に関する「グリーン経営」認証制度（交通エコロジー・モビリティ財団）が設けられた。このような動きは，貨物車交通に関連して企業側において環境にやさしいシステムを構築しようとするものであり，自主的な努力として評価できる。

さらに，行政側がさまざまな物流施策を実施し，効率的で環境にやさしい物流システムを構築することが考えられる。政府は，平成9年（1997年）に「総合物流施策大綱」を定め，平成13年（2001年）には「新総合物流施策大綱」に改定し，各地方において，物流施策を立案，評価，実施することを求めている。物流施策としては，道路・港湾などのインフラ整備施策，流入規制などの交通規制や環境規制などの規制施策，低公害車への補助金や税制にかかわる経済施策の3種類に分けることができる。これらの施策を実施する場合に，事前にその効果を予測し，評価するとともに，影響を受ける人々の間の利害を調整することが必要となる。

そのような機能を果たすために，公民連携（public private partnership, PPP）の仕組みが考えられている。これは，行政などの公共側と荷主，物流事業者，消費者，住民などの民間が一堂に会して議論を行い，物流施策の企画，立案，評価を行い，施策を提案するような仕組みである。例としては，英国のFreight Quality Partnership（FQP）やオランダにおける都市物流フォーラムがある[6]。英国では2001年時点において，ギルフォードをはじめとして18の都市においてFQPが設立されている。この仕組みにおいては，例えば，夜間における大型トラックの通行規制の緩和が一つの施策として議論されている。この施策を実施するにあたっては，大型トラックの騒音レベルを低く抑える技術開発とともに，沿道住民への影響をみるためのパイロット事業も行われている。FQPのおもな目的は，さまざまな利害関係者の意見を広く聞いて物流施策を立案することとともに，各自治体がばらばらな施策を実施しないように国が指導することも含まれている。そのために，国は，各地方自治体のために物

流施策に関するガイドラインを決めている。各自治体は，FQPの提案をもとに施策の実施について国と協議を行い，予算を獲得することができる。このような仕組みは比較的新しい試みであるが，わが国においても，例えば，東京秋葉原における都市物流に関する社会実験（平成15～16年（2003～2004年））において，中央官庁，警察，東京都，荷主，物流事業者，大学などが参加して共同配送や荷卸し駐車場の管理などの物流施策について協議を行い，実施した例がある。

今後，公民連携が進むことが期待されるが，その場合に調査の予算の確保，施策の評価のためのツールの整備，永続的に施策を実施するための枠組みなどが重要である。

6.2 ロジスティクスモデリング

6.2.1 既存の手法の問題点

貨物車交通に起因する交通・環境問題に対処するためには，貨物車交通の発生・行動メカニズムを解明するためのツールや，貨物車交通施策を評価するためのツールづくりが必要となる。貨物車交通に対するこれらの需要推計手法については，旅客交通に対して開発された手法が援用されてきた[3]。例えば，わが国では，都市圏物資流動調査，全国貨物純流動調査や道路交通センサスから得られたデータをもとにして，基本的に四段階推計法の枠組みで貨物車の交通需要推計が行われてきた。これらの調査および推計手法は，対象地域内の貨物車交通需要の総量把握という点では，ある程度有用であった。しかし，以下に示す貨物車交通や物流の特性が十分に反映されていないために，ツールとして十分に機能していない。

① 都市部においては，1台の車両が複数の顧客を巡回して訪問するような集配送形態が存在する。

② 集配送においては，顧客への車両割当て，顧客の訪問順序，道路ネットワーク上の経路選択などについて意思決定が行われるが，必ずしも同一

の主体がこれらの意思決定を行っているわけではない。
③ 道路ネットワークのサービスレベルに応じて,デポや流通センターなどの物流拠点立地が変化し,それに呼応して,貨物車交通の起終点や経由点が変化する。
④ 荷主企業は,有効なロジスティクスシステムやサプライチェーンの構築において,発注量や在庫量の管理を重視している。
⑤ サプライチェーン全体を見わたした意思決定が増加しつつある。

これらの問題点に取り組んだ意欲的な試み[6)~8)]もみられるが,今後のさらなる成果が期待されている。これらの問題の解消には,オペレーションズリサーチや経営科学などの分野で成果を収めてきたビジネスロジスティクスモデルの適用が有効である。ビジネスロジスティクスモデルは個々の企業や企業体(以下,企業と略す)の物流効率化に寄与する数理的手法である。これらのモデルの多くは費用最小化を評価基準としている。1960年代以降,計算技術の進歩と最適化手法の発展とがあいまって,研究成果が飛躍的に蓄積されてきた。

6.2.2 ビジネスロジスティクスモデル

ビジネスロジスティクスに関する代表的なモデル[9),10)]は,配車配送計画モデル(配送計画モデルや運搬経路モデルとも呼ばれる),施設配置モデル,スケジューリングモデル,在庫モデル,複合モデル(統合モデルとも呼ばれる)の5種類である。

配車配送計画モデルは,輸配送トラックの顧客訪問順序,使用車両の台数・サイズ,利用経路などを決定する手法であり,手法の概要については,6.3節で述べる。施設配置モデルは,物流拠点,倉庫,生産拠点などの配置や,生産拠点や倉庫内のレイアウトなどを決定する手法であり,手法の概要が6.4節に示されている。

スケジューリングモデルは,保有資源(人材,時間,機器,資金,設備など)の諸活動への配分(割当て)を決定する手法であり,配分モデルないしは日程モデルと呼ばれることもある。時間指定制約や車両の出発時刻などの時間的

概念を取り入れた配車配送計画手法はスケジューリングモデルの一種である。

在庫モデルは，発注方策（いつ，どれだけ発注するのか）と在庫量を決定するための手法であり，経済発注量モデルとも称される。発注量のことを生産現場ではロットサイズと呼ぶことから，ロットサイズモデルとも呼ばれる。

複合モデルは，上記の各手法を組み合わせた統合的手法のことを指す。サプライチェーン全体にわたるロジスティクス活動の意思決定などに用いられる。例えば，生産拠点・配送センター・倉庫の配置，輸送手段・輸送量，生産量，在庫量などを同時決定する場合である。

6.2.3　交通計画への活用——シティロジスティクスモデルへの拡張——

ビジネスロジスティクスモデルは，ロジスティクスについて企業が何らかの意思決定を行う際の補助装置として開発されてきた。これらの研究成果は，求解効率の向上や，数理モデルを用いた合理的手法の導入による経営効率化に寄与してきた。しかし，これらのモデルを交通計画に活用する際には，以下のような課題が残されている。

ビジネスロジスティクスモデルをそのまま交通モデルに組み込むことは，効率化されたロジスティクス活動を前提として，交通状態を記述することになる。しかし実際には，数理モデルを内包した計算ツールの使用によるロジスティクス効率化に取り組んでいる企業は，そう多くない。ロジスティクスに関する意思決定の多くは，熟練者の経験や勘に基づいて実行されているのが実情である。したがって，「ビジネスロジスティクスモデルを用いた意思決定」と「経験や勘に基づく意思決定」の乖離を把握しておく必要がある。

ビジネスロジスティクスモデルは企業を対象としている。したがって，交通計画に適用する際には，適用範囲を対象地域内のすべての企業まで拡大する必要がある。このとき，業種・品目による相違を考慮しなければならない。特定の業種・品目の1社に注目してモデル化した場合には，その企業に代表性を見いだす必要がある。

ロジスティクスに関する意思決定項目は，対象とする期間によって異なる。

例えば，短期（operational）の意思決定では，生産・輸配送のスケジューリングや配送計画に重点が置かれ，中期（tactical）の場合には，生産計画（生産量），在庫計画，輸配送計画（輸配送手段や固定ルートの選択）が中心となる。また，長期（strategic）の場合には，生産拠点や物流拠点の配置，生産ラインの配置，人材雇用，購入車両台数，生産能力に関する計画が対象となる。また，対象期間が長くなればなるほど，サプライチェーン全体を見わたした意思決定が行われる傾向にある。中・長期を対象とした場合には，在庫計画も考慮しなければならない。サプライチェーン全般にわたって詳細な在庫管理を行う場合には，サプライチェーンの上流ほど需要のばらつきが増幅されるブルウィップ効果（Bullwhip effect）にも注意を払わなければならない。

交通計画では，対象範囲を分離して（例えば，国際，地域間，都市内，地区内）施策を検討することが多い。つまり，地域間チャネル[11]で物資流動や貨物輸送がとらえられている。しかし，ロジスティクスに関する企業の意思決定は，業種間や施設間のチャネルでとらえたほうが実際的である。また，昨今の生産拠点の海外進出にみられるように，サプライチェーンは，グローバルに展開している。サプライチェーン全体を対象としたロジスティクスモデルの適用は，自ずと対象とする地理的範囲を広げることになる。

ビジネスロジスティクスモデルを交通モデルに組み込む場合，複雑な交通モデル，例えば，交通シミュレーションモデルは，最短経路探索法などに比べて，より現実的な交通現象を記述できる一方で，モデルの複雑さが増大する（図 6.2）。ロジスティクスモデルの場合についても，実際的な条件を含有すればするほど問題は複雑になり，求解の際に繁雑なヒューリスティクス手法を適用する必要性が生じる。すなわち，現実的な要件を考慮すればするほど，モデル全体の複雑さも増すことになる。また，物流にかかわる利害関係者（stakeholder）は複数に及ぶため（例えば，行政，住民，物流事業者，荷主など），複数の主体を対象とした意思決定を考慮する必要がある。単一主体を対象としたモデリングよりも，複数主体を対象としたモデリングのほうが一般的に複雑である。

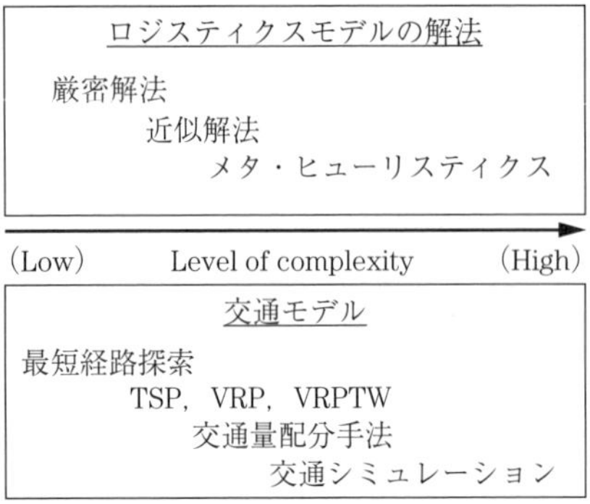

```
┌─────────────────────────────────┐
│    ロジスティクスモデルの解法    │
│  厳密解法                       │
│        近似解法                 │
│            メタ・ヒューリスティクス │
└─────────────────────────────────┘
   (Low)   Level of complexity   (High)
┌─────────────────────────────────┐
│          交通モデル             │
│  最短経路探索                   │
│     TSP, VRP, VRPTW             │
│         交通量配分手法          │
│            交通シミュレーション │
└─────────────────────────────────┘
```

図 6.2　モデルの複雑さ

　有効なロジスティクスモデルを構築するためには，企業のロジスティクス活動に関するデータを入手する必要がある．しかし一方で，企業秘密という言葉が示すように，企業の詳細なロジスティクスデータを収集するのは容易ではない．企業内の誰がロジスティクスに関して包括的に意思決定しているのか明確でない場合もある．

　複数の主体が意思決定に関与する場合があることも，データ収集を困難にさせる要因の一つである．例えば，配車配送計画の場合，訪問順序，使用車両台数などは荷主が決め，交通ネットワーク上の経路選択は運送事業者（ドライバー）に任されていることもある．このような場合には，意思決定者と行為者が単一である場合に比べて，データ収集に，より多くの労力が必要となる．

　多岐にわたる膨大なロジスティクスデータを収集するのが困難なのは，企業サイドでも同様であるが，高度化する物流管理の要請に応える必要性と，IT化の進展により，企業独自のデータ収集・保管が強化されつつある．このような有益な情報を交通計画者が利用できるように，公民連携（PPP）のあり方と併せて検討すべきである．

6.3　配車配送計画

　都市内の貨物車交通の特徴として，複数の顧客に貨物を配送する形態がしばしばみられる．例えば，家電製品の配送拠点（デポ）から各小売店舗へ商品を

配送する場合，5台の4トン車で商品を30か所の小売店舗に配送すると仮定すると，5台のトラックをどの小売店に割り当て，どのような順序で30か所の小売店舗を訪問するのが最適であるかということが問題となる．このような問題で，配送コストを最小とするようなトラックの配車と配送順序，出発時刻，配送経路などを決定する問題を配車配送計画（vehicle routing and scheduling problems, VRP）という．

この問題の原問題は，巡回セールスマン問題（travelling salesman problems, TSP）[12],[13] である．巡回セールスマン問題は，n個の都市があり，1人のセールスマンが一つの都市から出発してすべての都市を1回訪問し，一筆書きのつながった経路を通ってもとの都市に帰ってくるときの経路の長さを最小にするような訪問順序を決定する問題である．この問題の定式化については文献12)を参照されたい．巡回セールスマン問題においては，数え上げ法で解を求めようとすると，都市の数が増加すると計算時間が指数関数的に増加し，いわゆる計算時間の爆発が起こってしまう．したがって，実用的な時間内に解を求めるために，遺伝的アルゴリズム（genetic algorithms），タブーサーチ（tabu search），焼きなまし法（simulated annealing）などのヒューリスティク手法[14]が用いられることが多い．

配車配送計画は，巡回セールスマン問題をさらに複雑にしたものであり，トラックの最大積載量の制約，デポの出発時刻や帰還時刻の制約，顧客への訪問時間帯の指定などの制約が加わる．また，デポの数が複数になる場合や使用できるトラックの数が複数になる場合も考えられる．さらに，顧客と顧客の間の経路の所要時間が変動する場合，顧客の需要が変動する場合などさまざまなケースが考えられる．時間指定付配車配送計画（vehicle routing and scheduling problems with time windows, VRPTW）の定式化については，文献12)，14)を参照されたい．

時間指定付配車配送計画において，顧客と顧客の間の経路の所要時間が変動する場合には，時間指定付確率論的配車配送計画（vehicle routing and scheduling problems with time windows-probabilistic, VRPTW-P）として問題

をとらえることができる[15)~17)]。これは，所要時間の不確実性を確率論として考慮した配車配送計画である。時間指定付き確率論的配車配送計画においては，図6.3に示すように，顧客が望む到着指定時間帯は，$(t_{n(i)}^e - t_{n(i)}^s)$ で表される。もし，トラックが時刻 $t_{n(i)}^s$ より早く顧客の所に到着した場合，指定時刻まで待つ必要がある。この待ち時間に対して，時間に比例した費用がかかると考える。また，トラックが遅刻した場合には，遅刻時間に比例したペナルティが課せられる。このペナルティ関数とトラックの到着時刻の確率を掛け合わせることによって，早着および遅刻ペナルティの確率を計算することができる。

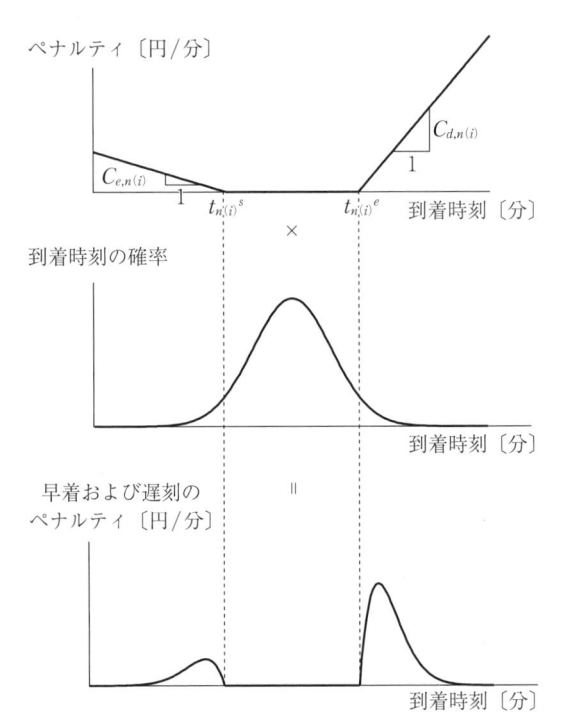

図6.3 時間指定付き確率論的配車配送計画における早着および遅刻ペナルティ

Taniguchi ら[18)] は，時間指定付き確率論的配車配送計画を，神戸大阪地域に家電製品を配送しているトラックのケースに適用した。このケースでは，1台の2トン積みのトラックが1か所のデポから，16～24か所の顧客に家電製品を配送している。道路ネットワークにおけるリンク所要時間については，

6.3 配車配送計画

VICSによる履歴データおよびこのトラックにGPSを用いた車載装置が搭載されているので,そこから得られるプローブデータを用いている.このように,時間指定付き確率論的配車配送計画を適用するためには,リンク所要時間に関する過去の履歴データが必要になる.そのデータを得ることは可能になってきているが,対象とする道路ネットワークのすべてのリンクについてVICSの所要時間データが得られるとは限らないので,この場合のようにVICSの所要時間データがないリンクについてはプローブデータによって補完する必要がある.なお,時間指定付き確率論的配車配送計画を適用して計画を立てるのは,実際に配送を行う日の前日になることが多い.したがって,この時間指定付き確率論的配車配送計画は,当日起こると予想される所要時間の確率を履歴データを用いて推定し,配送計画の最適化を行っていると考えられる.最適解の近似解を求めるために,ここでは遺伝的アルゴリズムを用いている.

その結果,時間指定付き確率論的配車配送計画の最適解の総コストは,所要時間の平均値を用いた場合に予想される平均コストに比べて,13~25%削減された.そのなかでもトラックの走行時間に比例した運行コストが9~13%削減され,遅刻ペナルティは0になっている.このようなコストの削減が実現する理由は,所要時間の変動分布をあらかじめ知っていて配送計画を立てると,できるだけ顧客訪問における遅刻をしないようになり,所要時間変動の少ない経路を選択するようになるためであると考えられる.また,時間指定付き確率論的配車配送計画を適用すると,所要時間の平均値を用いた場合に比べると総走行時間が8~13%減少し,CO_2,NO_x,PM(particle material,粒子状物質)についてもそれぞれ4~10%,4~11%,3~9%減少した.したがって,時間指定付き確率論的配車配送計画を用いることによって,荷主や物流事業者にとってコスト削減の効果があるのみならず,総走行時間の減少によって交通渋滞緩和の効果があり,また,環境への負荷も低減し,社会的な便益も発生することが明らかになった.このことは,VICSやプローブデータによる所要時間情報を活用して時間指定付き確率論的配車配送計画を適用することは,荷主,物流事業者,住民,行政などの各主体がそれぞれ便益を得られることを示して

おり，シティロジスティクスの目標を達成するためにたいへん有意義である。

つぎに突発的に発生する交通事故などの交通障害によって所要時間が変動する場合には，貨物を配送している途中において情報を取得し，それに基づいて顧客の訪問順序や経路を変更することが考えられる。このような時々刻々と変化する所要時間情報に基づく配車配送計画は，時間指定付き動的配車配送計画 (vehicle routing and scheduling problems with time windows-dynamic, VRPTW-D) として定式化される。

Taniguchiら[19]は，時間指定付き動的配車配送計画を仮想の道路ネットワークに適用した。ある1か所のデポと22か所の顧客が与えられたときに，最大12台の4トントラックを使用することができ，顧客のところを訪問して集荷する場合に，あるリンクにおいて突発的な交通障害が発生すると仮定した。そのとき，現在所要時間情報の提供を受けて，顧客のところに到着するごとに訪問順序および経路を変更できる時間指定付き動的配車配送計画と，所要時間情報を得られない配車配送計画とを比較した。その結果，時間指定付き動的配車配送計画は，総コストを約4％削減することができた。特に遅刻ペナルティが大きく減少しており，時間指定付き動的配車配送計画を用いることによって，顧客へのサービスレベルが上がることを示した。また，総走行時間も減少しており，このことは交通渋滞の緩和に貢献できる。なお，ここで，時間指定付き動的配車配送計画に用いた所要時間情報は，あるリンクの現在所要時間情報であり，実際にトラックがそのリンクに到着したときには所要時間が変化している可能性がある。この点について，本来は将来予測所要時間を用いるべきであるが，ここで検討対象とした比較的小規模な都市を想定した道路ネットワークにおいては，現在所要時間情報に基づいて時間指定付き動的配車配送計画の最適解を求めた場合と，完全な将来予測所要時間を知っている場合とでは，あまり大きな差はみられなかった。VICSによって，現在所要時間情報が提供されているが，それをこのように活用して，ロジスティクスの効率化と渋滞緩和に貢献することが可能である。

6.4 物流拠点の最適配置

6.4.1 物流拠点の役割と定義

貨物輸送ネットワーク上の各機能は，ノード機能とリンク機能に分類できる。ノード機能とは，荷役，保管，流通加工，包装，情報の各機能であり，リンク機能とは輸配送と情報の機能である。物流拠点は，これらノード機能とリンク機能を結合させる施設である。また，都市計画の観点からは，物流拠点は，交通計画と土地利用計画を連携する役割を果たす。

都市圏において物流拠点を適正に配置することの重要性は，一つに土地利用の用途混在の解消がある。例えば，一般市街地における物流拠点と住宅との混在は，居住環境の悪化や物流効率化の阻害につながる。また，物流拠点の郊外化に伴う都心への貨物集配送の遠距離化は，都市圏の貨物車交通量を増大させることになり，交通渋滞や環境負荷の一因となる。

なお，物流拠点とは，「物流機能を果たすための施設であり，用地を含む固定施設，もしくは，その集合体を指す。重視する機能によらず，民間および公共のいずれの物流施設もこれに含まれる」と定義できる[11),20),21)]。物流センターおよび物流ターミナルという名称についても，この定義に類する場合は，物流拠点と同義とみなせる。したがって，物流拠点は多種多様であり，広義においては貨物駅，港湾，空港などが含まれる。企業が保有する流通センターや物流施設が含まれることもある。ただし，本節で想定する物流拠点とは，流通業務団地，一般トラックターミナル，道路一体型広域物流拠点のような公共主導の大規模な物流施設に限定される。

6.4.2 施設配置モデルの分類

一般に，空間上で対象物を最適点に配置する問題を施設配置問題（facility location problem, FLP）[22)~25)]と呼ぶ。施設配置問題を数理モデル化したものを，施設配置モデルと呼ぶ。物流拠点の最適配置手法は施設配置モデルの一つ

として位置付けられる。

施設配置モデルの基本構成要素は需要点と施設候補地である。需要点は空間上の任意の位置にあり，一定の需要が存在するものと仮定する。施設候補地は連続型と離散型に二分される。連続型では，施設候補地は空間上の任意の点である。一方，離散型では，施設候補地は空間上に分散した有限個の点である。顧客（すなわち，施設の利用者）は需要点上に存在し，ある行動基準に従って施設を選択する。顧客の行動に応じて意思決定者（すなわち，施設の計画者）は，複数の施設候補地の中から評価基準を満たすような施設配置を選択する。施設配置モデルは，対象空間における立地点の設定の相違によって，連続立地モデル，ネットワーク立地モデル，離散立地モデルに分類される。

（1） **連続立地モデル**　連続立地モデルでは，施設候補地は2次元平面上の任意の地点であり，施設候補地は無限個である。利用者は，施設まで直線で移動するものと仮定する。連続立地モデルの多くは非線形計画問題として定式化できる。基本的な連続立地モデルとして，ミニ・サム問題（ウェーバー問題）とミニ・マックス問題がある。ミニ・サム問題では，施設の配置が需要点上の利用者と施設の間の距離（あるいは，費用）を求め，その総和を最小にするように決定される。一方，ミニ・マックス問題では，最も遠い需要点までの距離（あるいは，費用）が最小となるように施設の配置が決定される。

（2） **ネットワーク立地モデル**　ネットワーク立地モデルでは，施設候補地はノードやリンク上の任意の点であり，連続立地モデルと同じく施設候補地は無限個である。利用者は交通ネットワーク上を最短経路で移動するものと仮定する。基本的なネットワーク立地モデルとして，ミニ・サム問題とミニ・マックス問題がある。それらの意味するところは，連続立地モデルに同じである。なお，ネットワーク立地モデルにおけるミニ・サム問題はメディアン問題と呼ばれ，ミニ・マックス問題はセンター問題と呼ばれる。

（3） **離散立地モデル**　離散立地モデルでは施設候補地が有限個である。基本的に，需要点と施設候補地との移動費用が既知の条件下において，複数個の施設の最適配置が求められる。基本的な離散立地モデルには，被覆問題，セ

ンター問題,メディアン問題,施設の建設費用と利用者の移動費用の和を最小とする施設配置問題などがある。これらの問題は組合せ最適化問題に相当し,いずれも NP 完全である。したがって,これらの問題には個々にヒューリスティック手法を含む解法アルゴリズムが存在する。組合せ最適化手法の発展とあいまって,離散立地モデルは 1960 年代に登場して以降,飛躍的に研究成果が蓄積されてきた。

施設の利用者は交通ネットワーク上を移動することが現実的であり,かつ,実際に物流拠点を整備する場合には,候補地が限定されるような状況が十分に考えられる。したがって,交通ネットワークが与件の離散立地モデルは計画手法として最も実用的である。

6.4.3 交通モデルとの結合

既存の離散立地モデルの多くは,大規模な物流拠点の配置問題には適していない。そのような物流拠点が立地した場合には,物流拠点周辺の交通流が変化し,時には道路ネットワーク全体の交通流にまで変化が生じる。したがって,大規模な物流拠点の配置を検討する場合には,道路ネットワーク上の交通流の変化とそれに伴って生じる道路ネットワーク上の混雑現象を明示的に考慮する必要がある。企業が保有する比較的小規模な物流拠点のように,交通流に与える影響が微少な場合を除けば,立地に伴う交通流の変化を考慮しない離散立地モデルは,道路交通や環境への影響を考慮した配置決定には不適である。それゆえ最近では,貨物車交通に起因する交通問題や環境問題の緩和・解決を目的として,都市物流拠点を道路交通システムの一部としてとらえたうえで,その最適な配置を決定する方法が提案されている[26)~29)]。

その代表的な手法は,2 段階の最適化問題の枠組みをもち,上位問題で計画主体の行動が,下位問題で貨物車交通の行動と道路ネットワーク上の交通状態が表現される(**図 6.4**)[30)]。

上位問題は離散立地モデルに相当し,物流拠点の最適配置を決定する。この問題は,物流拠点候補地の組合せ最適化問題に帰着する。一方,下位問題は貨

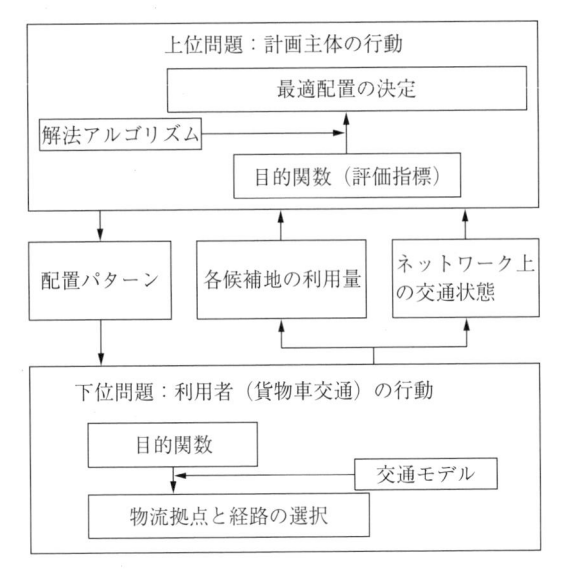

図 6.4 物流拠点配置モデルの構造〔出典：Chapter 5 in "Innovations in Freight Transport"[30]〕

物車交通が物流拠点と輸配送経路を選択する行動を表現しており，これにより物流拠点の配置と道路ネットワーク上の交通流とが関連付けられる。交通モデルとしては，利用者均衡を仮定した交通量配分手法や交通シミュレーションモデルの適用などが考えられる。

最適化の際の評価指標（＝目的関数）には，対象地域全体で発生する総物流費用，対象道路ネットワーク上の総走行時間，あるいは，環境負荷量などが考えられる。各指標を単一で用いる場合には，最適解が比較的容易に求まるが，複数の評価指標を同時に考慮した場合には，多目的計画法の適用も視野に入れる必要がある。

図6.4に示したモデル構造は，2段階であることを明示している点を除けば，既存の離散立地モデルの構造と類似している。すなわち，いずれの離散立地モデルにおいても，基本的には，計画主体と利用者の行動が内包されている。既存の離散立地モデルにおいては，利用者の行動が，固定的なリンク所要費用のもとでの最短経路探索で表されていたり，LRP（location-routing problem) のように配送計画モデルで記述されていたりする。

6.5 物流施策

6.5.1 概　　説

貨物車交通については，企業にとっての効率化や社会的な交通渋滞，交通環境，交通安全，省エネルギーなどのさまざまな問題があるが，それに対して，行政として何らかの施策を講じる必要がある。ここでは，そのような行政が実施する物流施策の概要について述べ，その評価手法についても触れる。

物流施策は，つぎの三つに大別される。

① インフラ供給施策

② 規制誘導施策

③ 経済的施策

1番目のインフラ供給施策としては，伝統的な施策として，大都市の環状道路の整備や港湾，空港などの物流拠点へのアクセス道路の整備がある。特にアクセス道路については，高速道路が整備されても，ネットワークとして他の高速道路との接続が悪い場合や料金が高い場合にはあまり使われないケースがみられる。そのような場合には，一般国道あるいは都道府県道を大型トラックが通行し，環境や安全面での問題を引き起こす。また，わが国の高速道路のインターチェンジは山の手にある場合が多く，海側の港湾との間には都市が存在している。このような場合には，高速道路のインターチェンジから港湾へのアクセス道路は都市部を通過することになり，整備が困難となる。

新しいインフラ供給施策としては，地下の新物流システムの開発や，情報インフラとしてのデジタル道路地図の作成などが挙げられる。デジタル道路地図は，かなり整備されてきているが，トラック専用のデジタル道路地図は整備が遅れている。路上あるいは路外の貨物専用駐車場の整備は，違法な荷さばき駐車をなくすために重要な施策であるが，あまり進んでいないのが現状である。貨物専用の駐車場について，駐車場の予約システムを導入することも一つの施

策である。

　2番目の規制誘導施策としては，まず，物流関連施設の立地にかかわる土地利用規制がある。トラックターミナルなどの物流拠点は本来，高速道路のインターチェンジ近辺に立地するのが望ましいが，実際にはバラ立ちしていることが多く，インターチェンジから物流拠点の間に住宅地がある場合もある。このようなことをなくすためには，物流施設の立地を考慮した土地利用規制が必要である。道路ネットワークにおけるトラックルートあるいはトラックレーンの設置は，わが国では，道路ネットワークがまだ十分でないことおよび幹線道路の車線数が少ないこともあって，あまり一般的ではないが，欧米諸国においては，広く用いられている施策である。環境マネジメントの観点から，今後検討されるべき課題であろう。

　都市へのトラックの車種・重量や時間による流入規制は重要な施策の一つである。重量によるトラックの流入禁止施策は欧州ではかなり一般的であるが，大型トラックを流入禁止にすると，小型トラックの台数が増える結果となり，かえって環境が悪くなるケースもみられる。また，いろいろな都市で異なった重量による流入規制を行うと，物流事業者はいろいろな車種のトラックを用意する必要があるので，たいへん非効率なことになる。

　荷さばき駐車場の時間による規制は都市部の道路混雑を解消するために，重要な施策である。このような規制を実施するためには，商店街においては，商品の納入が午前に多く，出荷が午後に多いという特性や買い物客の乗用車交通との競合など，さまざまな要素を考慮する必要がある。

　3番目の経済的施策としては，**ロードプライシング**や重量税・環境税などの課金による施策および共同配送拠点の整備に対する補助金や低公害車の導入に対する補助金のような補助金施策の2種類がある。ロードプライシングについては次項に詳しく述べるが，ロードプライシングや重量税・環境税などの課金について，つねに問題となるのは，誰が負担をするのかという問題である。本来，これらの課金は，外部不経済の内部化を目的としたものであるので，課金額は，トラックを運行する物流事業者のみではなく，荷主も負担し，最終的に

は商品の価格に上乗せされ，消費者も負担するのが当然である．しかし，実際には荷主と物流事業者の関係においては荷主が強い立場にあり，物流事業者のみが負担を強いられる結果となることが多い．課金を実施する場合，そのようなことにならないような仕組みが必要である．

6.5.2 代表的な物流施策

都市物流施策は，ハード施策（インフラ供給施策）とソフト施策（規制・誘導施策，運用面の施策，経済的施策）に大別できる．昨今の社会基盤整備を取りまく厳しい状況を考慮すれば，ハード施策以上に，ソフト施策の有効活用が期待される．多様なソフト施策[2),3),31)]が考えられるが，これまでの提案・実施の実績を考慮して，共同集配送，貨物車流入規制，ロードプライシングなどに焦点を当て，これら施策の概要と効果について概説する．

共同集配送は，個々の荷主や物流事業者の貨物を共同で集荷・配送することを意味する．共同集配送による貨物車交通量の削減は，企業側からは流通システムの合理化策として注目されており[11)]，社会的な観点からは，都市の交通・環境問題を解消するためのTDMの一方策として期待されている[3),6),31)~33)]．共同集配送については，社会実験も含めて，特定の地区や建物を対象にした実施事例が比較的多くみられる．福岡天神地区[34),35)]，熊本市街地[2)]やカッセル市都心部（ドイツ）[3),36)]などの地区内共同集配送，東京丸の内地区の建物内共同配送[37)]が代表的な実施例である．これら以外にも，特定の荷主間，物流事業者間における共同輸配送の実施事例がみられる．

導入事例や効果試算例[38)~40)]の多くから，共同集配送の実施によって運行車両台数削減，積載率向上，集配送費用削減，環境負荷抑制などに効果があることが示されている．一方で，共同集配送の成立には，参加企業数の不足，主導的な事業主体の欠如，貨物量の確保の難しさ，共同集配送を行うための施設が不十分であることなど，さまざまな問題や障害[31),41)~44)]が存在することも指摘されている．また，共同集配送にかかわる複数の利害関係者の意思決定モデルを用いた研究事例[2),45)~47)]から，共同配送事業の採算性の確保は容易ではなく，

成立要因が適用地域の大きさ，顧客数，顧客の分布に依存すること，民間主導の共同集配送は公共主導の場合よりも成立する可能性が高いことなども明らかになってきている．また，共同配送の実現に向けて，共同配送の効果の啓発，実施業者への金銭的補助や施設供与が有効であることが示唆されている．

貨物車の都市部への流入規制は，特に欧州の各都市で積極的に導入が実施・検討されている[6]．流入規制の目的は，貨物車の都市部流入を抑制することによって，対象地区における生活環境を維持し，円滑で安全な交通流を実現することにある．規制の方法は多様であり，車両規格（重量，排出ガス，占有面積），積載率，時間帯などさまざまである．例えば，車両重量による規制はブリュッセル（ベルギー）やプラハ（チェコ）などで実施されている．同様に，占有面積による規制はパリ（フランス）などで，積載率による規制はコペンハーゲン（デンマーク）などで，時間帯による規制はアントワープ（ベルギー）などで実施されている．また，低排出ガス車両のみ流入できる例としては，アムステルダム（オランダ），ニュルンベルグ（ドイツ），ツェルマット（スイス）が代表的である．わが国でも東京都心部において，最大積載量5トン以上もしくは車両総重量8トン以上の貨物車を対象として，土曜深夜から日曜早朝にかけて走行規制が実施されている[2]．

欧州での実施例から，規制内容が都市によって異なり，かつ，その内容がドライバーに十分に説明されていないために，ジャストインタイム輸送と効率的なサプライチェーンの形成の阻害要因にもなっている．また，貨物車の都市部流入規制に関する研究事例[8],[48]から，大型貨物車に対する流入規制は，小型の貨物車利用へと転換させるため，環境負荷量が抑制される一方で走行台キロが増える可能性があること，流入規制が非効率的な配車配送計画につながり，集配送費用を増加させる可能性のあることなどが示唆されている．

ロードプライシングは，特定の道路や地域・地区における自動車利用者に対して課金を行う施策である．都心部への流入交通量を管理する手法として，ロードプライシングは，旅客交通も含む都市の道路交通対策として注目されてきた．1975年のシンガポールでの実施を皮切りに，各国で導入が積極的に検

討され，導入事例が増加しつつある．最近では，ロンドンでの導入事例[49]が代表的である．わが国においても，首都高速道路や阪神高速道路において，市街地を回避する経路の利用を促進する環境ロードプライシングが実施されてきた．また，東京都ではTDM東京行動プランにおいて，ロードプライシングの導入が重点施策の一つに位置付けられている[2]．

貨物車交通に注目したロードプライシングの研究事例[8),50)]から，流入規制と同様にロードプライシングも集配送費用を増大させる可能性があるが，その増加量は流入規制よりも小さく，ケースによっては10％未満の増加にとどまることが示されている．

ソフト施策については，元来ハード施策であったものをソフト施策として展開するケースも考えられる．物流拠点整備は，貨物車交通流の整序化や整合的な土地利用に効果的なハード施策である．しかし，公共主導の物流拠点整備は，整備期間が長期化すること，拠点内での業務が制限されることなどが原因で有効に機能しないことが多い．そのため，「物流拠点立地促進地区」[2),51)]を都市計画に定める地域地区として位置付けて，公共側は物流拠点の立地を規制・誘導し，整備は民間が主導することが提案されている．このような事例は，物流施策を公民連携（PPP）の枠組みで実施することにより，施策の有効性を高めることに相当する．

6.5.3 物流施策の評価

物流施策を評価する目的は，その施策を実施したときに得られる効果が本当にロジスティクスの効率化に役立つのかどうか，環境改善に役立つのかどうかを知ることと同時に，関係する利害関係者それぞれが便益を得られるのかどうかを知ることである．ある物流施策を定量的に評価できる場合には，その施策を実施するための費用に対する便益を数値として評価することができる．また，例えばある地域のNO_x排出量を一定値以下にしようという目標を設定する場合，それを達成できるかどうかということで評価ができる．このように，ある一定の目標水準を設定し，それに対して現状および物流施策実施後の状況

を評価する方法をベンチマーキングという。ベンチマーキングを行うためには，どのような指標について評価を行うかを決定する必要がある。また，その指標を推定するためには，データの収集，計算方法の確立が求められる。

物流施策を評価するパフォーマンス指標としては，さまざまなものが提案されている[1),2),52)-54)]。例えば，道路交通に関連するものとして，物流事業者にとっては，車両回転率や運転手の労働生産性，行政にとっては，平均旅行速度，道路混雑度，事故率，総走行時間などがパフォーマンス指標として挙げられる[1)]。また，ロジスティクス費用に関連するものとして，荷主にとっては，ロジスティクス総費用，物流事業者にとっては，実働率，実車率，積載率，輸送費用，在庫費用，情報処理費用，行政にとっては，積載率，インターモーダル輸送率，台キロあたりの平均輸送費用，GDPに占めるロジスティクス費用などが挙げられる[1)]。この例に示されるように，パフォーマンス指標は，利害関係者ごとに異なっている点に注意が必要である。例えば，荷主にとって関心のある指標と行政にとって関心のある指標は異なっている。物流施策を実施する場合，各利害関係者の異なったパフォーマンス指標について，それぞれがある程度満足される値になることが必要である。言い換えると，各利害関係者間において，いわゆるwin-winの関係が成立することが求められている。

わが国においては，政府が平成9年（1997年）に総合物流施策大綱を定め，平成13年（2001年）には，新総合物流施策大綱に改定した。新総合物流施策大綱においては，「コストを含めて国際的に競争力のある水準の物流市場の構築」および「環境負荷を低減させる物流体系の構築と循環型社会への貢献」を目標として掲げ，平成17年（2005年）までの達成を目指している。そのためにさまざまな施策を提案しているが，目標達成度を評価するための数値目標として，以下のような項目を挙げている。

・パレタイズ可能貨物のパレタイズ比率
・標準パレット率
・複合一貫輸送に対応した内貿ターミナルへ陸上交通を用いて半日以内に往復できる人口ベースでの比率

- 自動車専用道路等のインターチェンジから 10 分以内に到達可能となる拠点的な空港および港湾の割合
- 三大都市圏における車両の平均走行速度
- トラックの積載効率
- 輸入コンテナ貨物について，入港から貨物がコンテナヤードを出ることが可能となるまでに必要な時間
- モーダルシフト化率

このようなマクロな数値目標を決めて，それに向かって施策を実施し，評価することは重要なことである．従来，計画を作りっぱなしにするケースが多いことを考えると，よい試みといえる．しかし，このような数値目標を用いる際に注意しなければならないことは，数値目標が一人歩きをして本来の目標達成が見失われることがないようにすること，また，この数値目標を達成することによって，どの利害関係者にどのような便益があるのかをつねに考えることが重要である．なお，この新総合物流施策大綱は，平成17年（2005年）を目標としていたが，つぎの新しい総合物流施策大綱（平成17年（2005年）—平成21年（2009年）が策定され，さらにつぎの総合物流施策大綱（平成21年（2009年）—平成25年（2013年）に引き継がれている．この総合物流施策大綱（2009～2013年）においては，「グローバルサプライチェーンを支える効率的物流の実現」「環境負荷の少ない物流の実現等」「安全・確実な物流の実現等」が三つの基本的方向を示す柱として挙げられている．

6.6 情報化および公民連携の進展とロジスティクス

今後，ロジスティクスがどのように展開していくのか，また，それを交通計画にどのように取り入れていけばよいのかという点について考えてみたい．特に，今後この分野において大きく関係する項目として，ICT（情報通信技術）あるいは ITS（高度道路交通システム）の発展，e-コマース（電子商取引）の普及，公民連携の普及などが挙げられる．

まず,ICTおよびITSの開発普及には目覚しいものがある。VICSの普及によってリアルタイムの交通情報特に所要時間情報が安価に入手できるようになったことは,ロジスティクスの高度化にとって,たいへん意義がある。前述のように,所要時間の履歴情報をうまく活用することによって,確率論的配車配送計画を立案することが可能である。また,リアルタイムの所要時間情報を活用することによって,動的配車配送計画を立案することが可能である。このような高度な配車配送計画は,物流事業者にとってコスト削減の便益をもたらすのみならず,社会的にも交通渋滞の緩和,環境改善の便益をもたらすことができる。したがって,ICTおよびITSの普及は,複数の利害関係者に便益を発生させるという意味において,非常に有意義である。将来においては,各企業がもっているトラックの運行記録に基づく所要時間情報を公的なプラットフォーム上で共有できるような仕組みができると,公的な交通情報と企業のもっている交通情報を融合させることも可能となる。

近年,e-コマースの普及が著しい。経済産業省のe-コマースに関する調査によると,平成20年(2008年)のB2B (business to business) の市場規模は,158兆86000億円であり,平成19年(2007年)に比べて,1.7%の減少であるが,e-コマース化率は13.5%となり,0.2ポイント増加した。また,平成20年(2008年)のB2C (business to consumer) の市場規模は,6兆890億円であり,平成19年(2007年)に比べて13.9%増加し,e-コマース化率は1.79%となり0.27ポイント増加した[55]。このようにe-コマースの市場は毎年高い成長をみせており,e-コマースの普及が,貨物車交通に大きな影響を与えるものと思われる。特にB2Cのe-コマースにおいては,顧客への商品の時間指定つきの個別配送が増加し,都市内の配送トラックが増加し交通混雑が激化することが予想される。谷口ら[56]は,このような状況に対して,共同配送,ピックアップポイントの設置などの対策を宅配企業が行うことにより,総費用,トラック旅行時間,CO_2, NO_x排出量が削減され,企業面,都市内の交通・環境面の双方で効果的であることを交通シミュレーションにより明らかにした。e-コマースによる交通への影響については,まだ不明の部分が多く,今

後多くのデータがとられると徐々に明らかになっていくものと期待される。

　公民連携については，前述のようにロジスティクスのさまざまな問題を解決するために重要である。しかし，国内外において，ロジスティクスに関する公民連携は始まったばかりである。公共，民間企業，消費者の役割分担についてはさまざまな意見があるが，基本的にはロジスティクスは民間企業の活動であり，それをできるだけ効率よくかつ環境にやさしいものにするために，公共側が適切な規制および支援を行うことが望まれる。その場合に，具体的な施策の実施にあたっては，複数の利害関係者が一堂に会して議論することが必要であり，そのような社会的な仕組みを作ることが重要である。

　今後，21世紀において，ロジスティクスは民間企業の活動においてますます重要性が増加し，交通計画においても同様にロジスティクスの重要性が増大すると思われる。その理由は，情報化の進展であり，高度情報通信システムの普及によりロジスティクスの革新が可能になってきている。そのことが民間企業のビジネスの革新に大きく貢献するとともに，道路交通における混雑や環境問題解決にも役立つことが期待される。したがって，そのような観点に立って，多くの交通計画に携わる人々がロジスティクスの重要性を認識するとともに，ロジスティクスを切り口として，道路交通のさらなる進化を推進することが望まれる。

参考文献

1) 谷口栄一，根本敏則：シティロジスティクス——効率的で環境にやさしい都市物流計画論——，森北出版（2001）
2) 谷口栄一 編著：現代の新都市物流——ITを活用した効率的で環境にやさしい都市物流へのアプローチ——，森北出版（2005）
3) E. Taniguchi, R. G. Thompson, T. Yamada and J. H. R. van Duin：City Logistics - Network Modelling and Intelligent Transport Systems, Pergamon（2001）
4) E. Taniguchi and R. G. Thompson (eds.)：Innovations in Freight Transport, WIT Press, Southampton（2003）
5) 谷口栄一，山田忠史，柿本恭志：所要時間の不確実性を考慮した都市内集配トラックの確率論的配車配送計画，土木学会論文集，No.674，IV-51，pp.49-61

(2001)
6) OECD : Delivering the Good -21st Century Challenges to Urban Goods Transport-(2003)
7) J. Boerkamps and A. van Binsbergen : GoodTrip - A new approach for modelling and evaluating urban goods distribution, City Logistics I, Taniguchi, E. and R. G. Thompson (eds.), pp.175-186 (1999)
8) 細谷涼子, 佐野可寸志, 加藤浩徳, 家田 仁, 福田 敦：企業行動構造を明示的に考慮した大都市圏物流施策評価モデルの構築, 土木計画学研究・論文集, Vol.20, pp.759-770 (2003)
9) 久保幹雄：ロジスティクス工学, 朝倉書店 (2001)
10) D. Simchi-Levi, X. Chen and J. Bramel : The Logic of Logistics - Theory, Algorithms, and Applications for Logistics Management, Springer-Verlag (2004)
11) 苦瀬博仁：付加価値創造のロジスティクス, 税務経理協会 (1999)
12) E. L. Lawler, J. K. Lenstra, A. H. G. Rinnooy Kan and D. B. shmoys (eds.) : The travelling salesman problem-A guided tour of combinatorial optimization-, Wiley, New York (1985)
13) 山本芳嗣, 久保幹雄：巡回セールスマン問題への招待, 朝倉書店 (1997)
14) Cloin R. Reeves 編：モダンヒューリスティクス——組み合わせ最適化の先端手法——, 日刊工業新聞社 (1997)
15) G. Laporte, F. V. Louveaux and H. Mercure : The vehicle routing problem with stochastic travel times. Transportation Science 26, pp.161-170 (1992)
16) C. Malandraki and M.S. Daskin : Time dependent vehicle routing problems : Formulation, properties and heuristic algorithms. Transportation Science, 26, pp.185-200 (1992)
17) A. S. Kenyon and D. P. Morton : Stochastic vehicle routing with random travel times. Transportation Science, 37, pp.69-82 (2003)
18) E. Taniguchi and N. Ando : Probabilistic Vehicle Routing and Scheduling Based on Probe Vehicle Data, International Journal on ITS Research, Vol.2, No.1, pp.29-37 (2004)
19) E. Taniguchi and H. Shimamoto : Intelligent transportation system based dynamic vehicle routing and scheduling with variable travel times, Transportation Research Part C, 12C (3-4), pp.235-250 (2004)
20) 日通総合研究所 編：物流用語辞典, 日本経済新聞社 (1992)
21) （社）日本ロジスティクスシステム協会 監修：ロジスティクス用語辞典, 白桃書房 (1999)
22) P. Hansen, M. Labee and D. Peeters : Systems of Cities and Facility Location, Harwood (1987)
23) 岡部篤行, 鈴木敦夫：最適配置の数理, 朝倉書店 (1992)

参　考　文　献　227

24) M. S. Daskin：Network and DiscreteLocation -Models, Algorithms, and Applications-, John Wiley & Sons（1995）
25) Z. Drezner and H. W. Hamacher（Eds.）：FacilityLocation -Applications and Theory-, Springer（2002）
26) E. Taniguchi, M. Noritake, T. Yamada and T. Izumitani：Optimal size and location planning of public logistics terminals, Transportation Research E, Vol.35, No.12, pp.207-222（1999）
27) 山田忠史，則武通彦，谷口栄一，多賀　慎：物流ターミナルの最適配置計画への多目的計画法の適用，土木学会論文集，No.632/IV-45, pp.41-50（1999）
28) 金子雄一郎，福田　敦，堺谷太一：バンコクにおけるトラックバン政策による環境質への影響分析，第20回交通工学研究発表会論文報告集，pp.229-232（2000）
29) 金子雄一郎, 福田　敦：バンコク首都圏における広域物流拠点整備による環境改善効果の推計，交通工学，Vol.36, No.1, pp.39-48（2001）
30) T. Yamada：Logistics terminals, Chapter 5 in Innovations in Freight Transport, Taniguchi, E. & Thompson, R. G.（Eds）, pp.65-77, WIT Press（2002）
31) 松本昌二，高橋洋二：土木計画学における物流問題と物流研究の課題，土木計画学研究・講演集，Vol.14（2），pp.141-147（1991）
32) 高田邦道：共同化推進のための公共施設整備，土木計画学研究・講演集，No.15（2），pp.17-18（1992）
33) 高橋洋二：物流交通需要マネージメントの導入に向けて，交通工学，Vol.33 増刊号，pp.32-37（1998）
34) 根本敏則：都市内物流の共同化の効果とその促進策──福岡天神地区共同集配送事業をケーススタディとして──，第27回日本都市計画学会学術研究論文集，pp.349-354（1992）
35) 家田　仁，佐野可寸志，常山修治：マクロ集配輸送計画モデルの構築とその「地区型共同集配送」評価への適用，土木計画学研究・論文集，No.10, pp.247-254（1992）
36) U. Kohler：An innovating concept for City-Logistics, 4th World Congress on Intelligent Transport Systems, CD-ROM（1997）
37) 小池龍太，高橋洋二，兵藤哲朗：業務地区における物流共同化方策に関する研究──丸の内地区を事例として──，土木学会年次学術講演会講演概要集第4部，Vol.58, pp.791-792（2003）
38) 塚口博司，毛利正光，松井三思呂：都心商業地区における物資共同輸送システムの導入に関する一考察，土木学会論文集，No.401, pp.23-31（1989）
39) 谷口栄一，山田忠史，細川貴志：都市内集配送トラックの配車配送計画の高度化・共同化による道路交通への影響分析，土木学会論文集，No.625, IV-44, pp.149-159（1999）

40) 高橋洋二, 小林 等, 橋本雅隆：都心商業地区における TDM 施策が交通および環境に与える影響評価に関する研究, 交通科学, Vol.30, No.2, pp.12-21 (2000)
41) 苦瀬博仁：都市内物流における共同化の課題, 土木計画学研究・講演集, No.15 (2), pp.1-4 (1992)
42) 今井昭夫：大阪機械卸業団地の整備と卸業団地間の共同輸送, 土木計画学研究・講演集, No.16 (2), pp.21-24 (1993)
43) 高橋洋二, 中村 純, 小林 等：端末物流と都市交通, 都市計画, Vol.44, No.5, pp.17-24 (1996)
44) 山田忠史, 谷口栄一, 則武通彦, 堀江淳嗣：貨物共同輸送の促進策に関する一考察, 土木計画学研究・論文集 16, pp.717-724 (1999)
45) H. Ieda, A. Kimura and Y. Yi：Why don't multi-carrier joint delivery services in urban areas become popular? -A gaming simulation of carriers' behaviour-, City Logistics II, Taniguchi, E. and R.G. Thompson (Eds.), Institute for city logistics, pp.155-167 (2001)
46) 山田忠史, 谷口栄一, 伊藤 裕：貨物共同輸配送のモデル化と効果および成立に関する一考察, 土木計画学研究・論文集, Vol.18, No.3, pp.409-416 (2001)
47) 山田忠史, 谷口栄一, 茂里一紘：顧客分布と共同化形態に着目した都市内共同配送の効果と成立に関する分析, 土木計画学研究・論文集, Vol.20, No.3, pp.657-663 (2003)
48) T. Yamada and E. Taniguchi：Modelling the effects of urban co-operative freight transport, Proceedings of the 10th World Conference on Transport Research, CD-ROM (2005)
49) 倉内文孝：ロンドン交通事情——congestion charging scheme はじまる——, 交通工学, Vol.38, No.4, pp.58-64 (2003)
50) 兵藤哲朗, 高橋洋二, 清水高広, 坪井竹彦：ロードプライシングが物流配送行動に与える影響に関する基礎的考察, 第 23 回交通工学研究発表会論文報告集, pp.313-316 (2003)
51) (財) 道路新産業開発機構：道路一体型広域物流拠点整備事業整備促進検討調査報告書 (2001)
52) OECD：Performance indicators for the road sector (2001)
53) OECD：Benchmarking intermodal freight transport (2002)
54) European Commission：COST 321- Urban goods transport, Final report of the action (1998)
55) 経済産業省：電子商取引に関する実態・市場規模調査 (2004)
56) 谷口栄一, 玉川 大, 秦健太郎：E コマースの視点から見た将来都市内道路交通並びに貨物車交通施策に関する分析, 土木計画学研究・論文集, Vol.21, No.3, pp.697-707 (2004)

7 交通現象定量化法の新展開

本章では，交通行動，交通現象の解析において，必要となる多様なモデル記述方法について整理する。交通調査，計測の面から認知科学的な解析方法を知覚・態度の側面から概説する。また，交通計画における価値評価方法を整理する。また，交通行動者，交通計画者の行動モデル構築に関して，主観性に配慮したあいまい情報処理に言及する。さらに，都市交通システムをエージェントの人工社会として表現した，複雑系情報処理とその応用に関して紹介する。

7.1 知覚・態度の定量化

7.1.1 交通行動分析における知覚・態度の取扱い

非集計交通行動分析が開発された当初の1960年代より，交通行動に影響を及ぼす要因として，時間や費用といった観測や定量化が容易な客観的要因に加えて，快適性，利便性，信頼性や安全性といった心理的要因が重要であるとの認識に基づき研究が進められてきた。多くの研究では，効用理論に基づく離散選択モデルの説明変数に心理的要因を導入する形で，心理的要因が交通行動に及ぼす影響を考慮している[1),2)]。ここでは，心理的要因の導入は，対象とする交通行動記述の向上を目的としている。一方で近年では，社会心理学における態度理論に基づき交通手段選択などの意思決定の内的構造に着目した研究[3),4)]がみられる。態度理論に基づく分析では，行動に至るまでの意思決定過程の解明に主眼が置かれており，態度，規範，道徳意識や行動意図といった心理的要因間の関係について分析が行われている。いずれのアプローチをとる場合にも，心理的要因を取り扱う際には，いかにそれを観測して定量化するかという

問題がある。以下では，知覚・態度の測定および定量化手法について説明する。

7.1.2 知覚・態度の測定

（1） **測定尺度**　　時間や費用といった客観的要因はそれらを直接測定できるのに対して，快適性や利便性といった心理的要因は直接測定することが困難であり，それらに関連する指標を設定し，その指標を測定することになる。ここで，測定に用いられる尺度は，一般につぎの4段階がある。

① 名義（名目）尺度：事象の分類のために各カテゴリーに便宜的に与えられた数値による尺度。カテゴリー間の質的相違を表現するものであり，数値の大きさや順序に意味がない。カテゴリー間で値を入れ替えても影響がなく，四則演算には意味がない。

② 順序（序数）尺度：相対的な順序関係を表すために各カテゴリーに与えられた数値による尺度。数値の大小関係のみが意味をもつ。尺度に大小関係を保存した単調変換を施しても影響がなく，四則演算には意味がない。

③ 間隔（距離）尺度：一定の測定単位で測定されているが，原点が任意に設定されている尺度。数値の大小関係が意味をもち，数値の差の等価性が保証されるため加減算が可能である。また，別の原点と単位に変換することが可能である。ただし，原点が任意であるため乗除算には意味がない。

④ 比率（比例）尺度：絶対的な原点と等間隔な単位で測定されている尺度。原点に絶対的な意味をもっているため，単位の変換のみが可能である。加減乗除の四則演算が可能である。

以上の尺度のうち，名義尺度から比率尺度に進むにつれて許容される演算が増えるため，それらの測定結果を用いた分析方法の選択肢も広くなる。時間や費用といった客観的要因は，行動を観測することや時刻表などを参照することによって，比較的容易に比率尺度での測定が可能である。それに対して，心理的要因については，上述のように指標を設定して間接測定を行うため，比率尺

度での測定は困難である[5]。

（2）質問紙法　心理的要因の測定法として，社会心理学では，質問紙による測定法と，行動観察を指標化する測定法が用いられる。ここでは，交通行動分析への適用で一般的に用いられている質問紙法について説明する。

（a）リッカート・スケール（Likert scale）

複数の態度記述文を被験者に提示し，各態度記述文への賛否を5段階や7段階で表明させる方法である。中央値として「どちらでもない」を含むため，賛否のカテゴリー数は奇数となる。最終的な態度の尺度値の算出に際しては，非常に賛成を5点，非常に反対を1点などとした全記述文に対する回答の合計値や，後述する因子分析が用いられる。

（b）SD（semantic differential）法

反対語の対を両極にもつ尺度を組み合わせて被験者に提示し，対象となる交通手段や行動のイメージがいずれの語に近いかを7段階や9段階で表明させる方法である。尺度値の算出方法はリッカート・スケールと同様である。

社会心理学では，このほか，サーストン・スケール（Thurstone scale）やガットマン・スケール（Guttman scale）などの測定方法が用いられている。いずれも複数の態度記述文を被験者に提示し，それぞれの態度記述文に対して「賛成－反対」あるいは「当てはまる－当てはまらない」といった2項選択により測定する方法である。

（3）妥当性と信頼性　前述のように，心理的要因は直接測定することが困難であるため，その指標を観測している。よって，質問紙法によって測定された結果が心理的要因の尺度として用いてよいか，妥当性と信頼性の観点から検討する必要がある[6],[7]。

妥当性は，測定された結果がどの程度測定しようとしている心理的要因を反映しているかを示すものである。内容的妥当性は，設問が測定しようとする心理的要因をよく代表しているかを指し，基準関連妥当性は，心理的要因をよく表現している基準がすでに存在するとき，その基準と相関が高いかを指す。構成概念的妥当性は，それらを含むものであり，測定結果が信頼できる従来の実

証研究や理論に一致するかを指す。

　信頼性は，測定された結果が誤差の少ない安定した値であるかを示すものである。信頼性を検討する方法として，同一の個人に同種のアンケートを2回行ったときの相関を求める再テスト法や，1回のアンケートで用いた項目群を2群に分割し，群間の相関を求める折半法などがある。複数の項目で一つの心理的要因を測定する場合には，以下の式で与えられるクロンバックのα係数が用いられることも多い。

$$\alpha = \frac{k}{k-1}\left(1 - \frac{1}{\sigma_x^2}\sum_{i=1}^{k}\sigma_i^2\right) \tag{7.1}$$

ここで，kは項目の数，σ_iは項目iの標準偏差，σ_xは全項目の尺度値を合計した値の標準偏差を表す。項目間の尺度の相関が高いほどαが大きくなり，一般的には，αが0.8以上であれば十分であるとみなされる。

7.1.3　定 量 化 手 法

　質問紙法によって得られたデータを交通行動分析に用いる際には，対象とする心理的要因が単数か複数か，各心理的要因に関する質問項目が単数か複数かなどによって，いくつかの手法が用いられる。

　（1）　一つの心理的要因に関して一つの質問項目を用いる場合　対象とする心理的要因について，直接的な質問項目を一つだけ提示した場合（例えば，交通手段選択における費用の重要度に対する態度を対象として，リッカート・スケールで「費用はどの程度重要ですか」などと提示した場合）には，得られたデータを間隔尺度とみなして各カテゴリーに割り当てた点数による回答値をそのまま用いることも多い。一方，順序尺度ととらえる場合には，回答値が一定の点数以上であることを表すダミー変数などを用いる場合もある。

　順序尺度を間隔尺度に変換する手法としては系列範疇（ちゅう）法がある。系列範疇法では，対象とする心理的要因の尺度値の分布が正規分布に従うと仮定する。このとき，各カテゴリーを表明したサンプルの比率に従って，正規分布上の各カテゴリーの分割点は以下の式で表される。

$$z_g = \Phi^{-1}\left(\sum_{m=1}^{g} p_m\right) \tag{7.2}$$

ただし，z_g はカテゴリー g とカテゴリー $g+1$ の分割点，Φ^{-1} は累積正規分布の逆関数，p_m はカテゴリー m を表明したサンプルの比率を表す[8]。これより，各カテゴリーの平均値（normal score と呼ぶ）は以下の式で表される[9]。

$$a_g = \frac{1}{p_g}\{\phi(z_{g-1}) - \phi(z_g)\} \tag{7.3}$$

ただし，ϕ は標準正規密度関数を表す。

（2）**因子分析**　一つの心理的要因について複数の質問項目を提示した場合，クロンバックの α 係数が大きい場合には，全質問項目の回答値の合計値を用いることも多い。ただし，各質問項目には個別の誤差が含まれると考えられるため，より望ましい方法として**因子分析**が用いられる。また，因子分析は対象とする心理的要因が複数の場合にも適用可能である[10],[11]。因子分析では，心理的要因を共通因子または因子と呼び，各質問項目に独立な要因を独自因子と呼ぶ。p 個の質問項目により m 個（$m=1$ を含む）の心理的要因を測定したとき，因子分析モデルは以下の式で表される。

$$y_{ij} = \sum_{g=1}^{m} \beta_{jg} f_{ig} + \varepsilon_{ij} \tag{7.4}$$

ただし，y_{ij} は被験者 i の質問項目 j に対する回答値，f_{ig} は因子（心理的要因），ε_{ij} は独自因子，β_{jg} は未知パラメータを表す。β_{jg} は質問項目 j が因子 g をどの程度反映しているかを示すもので因子負荷と呼ばれる。未知パラメータの推定に際しては，最小二乗法，一般化最小二乗法，最尤法などが用いられる。

因子分析では，推定された因子負荷より各因子がどの心理的要因を示すものか分析者が解釈する必要がある。因子の解釈を容易にするため，バリマックス法（varimax method）やプロマックス法（promax method）が用いられる。バリマックス法では各因子間の相関を 0 とし，因子ごとに質問項目間の因子負荷の二乗の分散が最大となるように因子ベクトルが回転される。また，プロマックス法では，バリマックス法で得られた質問項目間の因子負荷の差がより大きくなるように，因子間の相関を許して，さらに因子ベクトルが回転される。た

だし,因子分析は探索的因子分析とも呼ばれ,推定された因子が測定の対象とした心理的要因を表す保障はない。

(3) 構造方程式モデル　　構造方程式モデル (structural equation model, SEM) は,因子分析を含むより一般的なモデル構造を有しており,各因子がどの質問項目に寄与するかを分析者が設定することや,因子間の相互作用を考慮することが可能である。構造方程式モデルの一般形は構造方程式と測定方程式から構成される。構造方程式は潜在変数間の因果関係を示し,測定方程式は潜在変数とその観測変数の関係を表現するものである。心理的要因は潜在変数として表され,質問紙法による各質問項目は観測変数で表される。構造方程式モデルの一般形は以下の式で表される。

構造方程式：$\eta = \mathbf{B}\eta + \mathbf{\Gamma}\xi + \zeta$ 　　　　　　　　　　　　　　　(7.5)

測定方程式：$X = \mathbf{\Lambda}_X \xi + \varepsilon_X$ 　　　　　　　　　　　　　　　(7.6)

　　　　　　$Y = \mathbf{\Lambda}_Y \eta + \varepsilon_Y$ 　　　　　　　　　　　　　　　(7.7)

ここで,η は内生潜在変数ベクトル,ξ は外生潜在変数ベクトル,X,Y は観測変数ベクトル,ζ,ε_X,ε_Y は誤差項ベクトル,$\mathbf{B}$,$\mathbf{\Gamma}$,$\mathbf{\Lambda}_X$,$\mathbf{\Lambda}_Y$ は未知パラメータ行列を表す。未知パラメータ行列内の要素は 0 に固定することも可能である。未知パラメータの推定には最尤法などが用いられる。一般形のうち式 (7.7) のみを用いれば因子分析となる。さらに,$\mathbf{\Lambda}_Y$ のいくつかの要素を 0 に固定することで,各因子が寄与する質問項目を限定した確認的因子分析となる。

交通行動記述の向上を目的として心理的要因の導入を図る場合には,モデル構築時に加えて需要予測時にも質問紙法によって心理的要因の将来値を算出する必要がある。構造方程式モデルでは,$\mathbf{\Lambda}_X$ を単位行列,ε_X をゼロ行列と定式化することで,観測変数ベクトル X を外生潜在変数ベクトル ξ と同値とすることができる。このとき,式 (7.5) より,心理的要因ベクトル η は ξ によって規定されるため,観測の容易な客観的要因を観測変数ベクトル X に用いておけば,需要予測時には質問紙法などを用いることなく客観的要因の将来値を得ることで,心理的要因の将来値を算出することが可能となる。

7.2 価値の計量化

7.2.1 交通計画における価値計測の必要性

　戦後の道路網の量的拡大は，人々のモビリティの向上に大きく貢献した一方で，環境問題や交通事故などの社会的損失ももたらした。近年では，これらの交通計画によるさまざまな効果を精緻に計量化したうえで，費用便益分析に基づき交通計画を策定することが要請されている。ここでの大きな問題は，所要時間の短縮などの社会的便益や，環境の悪化などの社会的費用を，その大小が比較可能な同一の尺度に変換することである。以下では，時間短縮効果を貨幣尺度に変換する時間価値の計量化，および，環境の変化を貨幣尺度に変換する環境価値の計量化について説明する。

7.2.2 時間価値の計量化

（1）　理論的背景　　新古典派消費者行動理論では，消費者行動として所得制約と利用可能時間の制約条件下での効用最大化を仮定し，**時間価値**を所要時間と所得の限界代替率で定義している。消費者の効用最大化行動は以下の式で表される[12),13)]。

$$\max \ U(G, L, W, T) \quad (7.8)$$

$$\text{s.t.} \left. \begin{array}{l} wW - G \geq 0 \\ \tau - (L + W + T) = 0 \\ T \geq \overline{T} \end{array} \right\} \quad (7.9)$$

ここで，G は物的消費額，L は余暇時間，W は労働時間，T はトリップ時間，w は賃金率，τ は総利用可能時間，$\overline{T}$ はトリップに必要な最小時間を表す。通常，トリップ自体は移動に伴う苦痛などの負の効用をもたらすため，$T = \overline{T}$ となる。ラグランジアン LL は以下の式で表される。

$$LL = U(G, L, W, T) + \lambda(wW - G) + \mu(\tau - L - W - T) + k(T - \overline{T}) \quad (7.10)$$

これより，1階の条件から，余暇時間の時間価値は以下の式で表される。

$$\frac{\partial U/\partial L}{\partial U/\partial G} = \frac{\mu}{\lambda} = w + \frac{\partial U/\partial W}{\partial U/\partial G} \tag{7.11}$$

すなわち，余暇時間の時間価値は賃金率に労働自体の時間価値を加えたものと一致する。労働そのものが負の効用をもたらす場合，余暇時間の時間価値は賃金率より小さくなる。さて，条件式 (7.9) の第3式はトリップ時間に必要な時間制約を表しており，この制約式の緩和はトリップ時間の短縮を意味する。よって，この制約式の未定乗数 k はトリップ時間の短縮による限界効用を表す。これより，トリップ時間の短縮による時間価値は以下の式で表される。

$$\frac{k}{\lambda} = \frac{\mu}{\lambda} - \frac{\partial U/\partial T}{\partial U/\partial G} = w + \frac{\partial U/\partial W}{\partial U/\partial G} - \frac{\partial U/\partial T}{\partial U/\partial G} \tag{7.12}$$

すなわち，トリップ時間の短縮による時間価値は，賃金率に労働時間の時間価値を加えたものからトリップ自体の時間価値を引いたものとなる。賃金率と労働時間の時間価値を加えたものは余暇時間の時間価値に一致し，資源としての時間価値を表す。一方でトリップ自体の時間価値は財としての時間価値を表す。前述のように，通常トリップ自体は負の効用をもたらすため，トリップ時間の短縮による時間価値は資源としての時間価値より大きくなる。また，労働自体の負効用よりトリップ時間の負効用のほうが絶対値が大きい場合，トリップ時間の短縮による時間価値は賃金率より大きくなる。

さて，従来は高速道路の建設などによる所要時間短縮による時間価値は，所得接近法により賃金率が用いられてきた。これは，効用関数として式 (7.8) の代わりに $U(G, L)$ が用いられることを意味する。すなわち，労働時間およびトリップ時間は効用には直接影響しないことを仮定している。このとき，$\partial U/\partial W = 0$, $\partial U/\partial T = 0$ より，式 (7.12) の右辺が賃金率に一致することが確認できる。

（2）離散選択モデルによる計量化　交通手段選択モデルは，効用最大化問題の枠組みでは以下の式で表される。

$$\max \ U(G, L, W, T_i) \tag{7.13}$$

$$\text{s.t.} \left. \begin{array}{l} wW - (G + C_i) = 0 \\ \tau - (L + W + T_i) = 0 \\ i \in M \end{array} \right\} \tag{7.14}$$

ここで，i は選択肢を表し，M は選択肢集合を表す．また，C_i はトリップ費用を表す．選択肢 i を条件とした効用最大化問題のラグランジアン LL は以下の式で表される．

$$LL = U(G, L, W, T_i) + \lambda(wW - G - C_i) + \mu(\tau - L - W - T_i) \tag{7.15}$$

これより，1階の条件から，以下の式が成り立つ．

$$\frac{\partial U}{\partial G}w - \frac{\partial U}{\partial L} + \frac{\partial U}{\partial W} = 0 \tag{7.16}$$

また，制約条件式を用いて効用関数から G, L を削除すると以下の式が得られる．

$$U[(wW - C_i), (\tau - W - T_i), W, T_i] \tag{7.17}$$

これより，選択肢 i を条件とした効用最大化問題の解として W^* が得られる．W^* を式 (7.17) に代入すると，選択肢 i の間接効用関数 V_i が得られる．

$$V_i = U[(wW^* - C_i), (\tau - W^* - T_i), W^*, T_i] = V(C_i, T_i) \tag{7.18}$$

式 (7.18) より，間接効用関数は C_i, T_i の関数であることが確認できる．式 (7.18) を T_i で微分し，式 (7.16) を代入すると以下の式が得られる．

$$\frac{\partial V_i}{\partial T_i} = -\frac{\partial U}{\partial G}w - \frac{\partial U}{\partial W^*} + \frac{\partial U}{\partial T_i} \tag{7.19}$$

同様に，式 (7.18) を C_i で微分すると以下の式が得られる．

$$\frac{\partial V_i}{\partial C_i} = -\frac{\partial U}{\partial G} \tag{7.20}$$

式 (7.19) および式 (7.20) より以下の式が得られる．

$$\frac{\partial V_i / \partial T_i}{\partial V_i / \partial C_i} = w + \frac{\partial U/\partial W^*}{\partial U/\partial G} - \frac{\partial U/\partial T_i}{\partial U/\partial G} \tag{7.21}$$

これより，間接効用関数を時間で微分した値と費用で微分した値の比が前項 (1) で導出したトリップ時間の短縮による時間価値に一致することがわかる．さて，式 (7.18) より間接効用関数を1階近似式で表すと以下のようになる．

$$\begin{aligned} V_i &\approx \alpha_i + \frac{\partial U}{\partial G}(wW^* - C_i) + \frac{\partial U}{\partial L}(\tau - W^* - T_i) + \frac{\partial U}{\partial W}W^* + \frac{\partial U}{\partial T_i}T_i \\ &= \alpha_i - \lambda C_i + \mu\tau - kT_i \end{aligned} \tag{7.22}$$

ただし，$k=\partial U/\partial L - \partial U/\partial T_i$ である．ここで，τ は選択肢間で共通のため第3項を削除することが可能である．通常の交通手段選択モデルでは，費用と所要時間を説明変数に含む線形効用関数で選択肢の間接効用関数が仮定されており，式 (7.22) と一致した形となっている．よって，トリップ時間の短縮による時間価値は以下の式で求めることが可能である．

$$\frac{\partial V_i/\partial T_i}{\partial V_i/\partial C_i} = \frac{k}{\lambda} \tag{7.23}$$

すなわち，トリップ時間の短縮による時間価値は所要時間の係数を費用の係数で除したもので与えられる．

従来より，時間価値を算出する際に社会経済属性による相違を考慮するため，セグメント別に費用や所要時間の係数が設定される場合も多い．近年では，所要時間や費用，所得などの変化によるトリップ時間の短縮による時間価値の変化に関する理論，実証分析も行われている[13),14)]．また，時間価値の個人間非観測異質性を考慮した分析も行われている[15)]．

7.2.3 環境価値の計量化

騒音，大気汚染や公園などの地球環境，都市環境，居住環境などを含む環境質は，もともと価格や市場が存在しない非市場財とみなされる．非市場財は，市場財と異なり実際の市場で価格を直接観測することができないため，その価値の計量化には，代替法，旅行費用法，ヘドニック法，仮想評価法などの手法が用いられている[16),17)]．

（1）代 替 法　代替法は，対象となる環境質がもつ効果を私的財によって置き換えた場合に要する費用をもとに環境質の価値を推定する方法である．例えば，森林の価値として水源かん養機能を考える場合，その森林と同様の水源かん養機能をもつダムを建設するために要する費用を計算し，これを森林の価値とする．代替法は直感的で理解しやすい手法であるが，対象となる環境質がもつ効果を代替できる私的財が存在するとは限らないという問題がある．野生生物の価値や生態系の価値を対象としようとしても，それに代わる私的財

は存在しない。よって，代替法が適用できる環境質は限られたものとなる。

(2) **旅行費用法** 旅行費用法（トラベルコスト法）は，おもに公園などの施設の価値をその施設に訪れるための旅行に要する費用を用いて評価する手法である。旅行費用法の実施に際しては，対象地域の住民に対するアンケート調査などを行い，施設への訪問回数を把握する必要がある。旅行費用と訪問回数から施設の需要関数を推定，需要関数から消費者余剰を計算し，施設の訪問者数を乗ずることによって価値を算出する。

従来の方法では，近隣に代替的な施設が存在する場合などには便益評価が行えないという欠点があったが，ランダム効用理論に基づく目的地選択モデルなどの適用により，旅行費用法の拡張が進められている[18]。

旅行費用法は，その算出のもととなるデータが旅行費用と訪問回数のみであり，その計測が容易である。しかしながら，適用できる環境質はレクリエーション施設などに限られるため，大気汚染や騒音などを対象とすることができない。

(3) **ヘドニック法** ヘドニック法は，環境資源の有無が地代や賃金に反映しているというキャピタリゼーション仮説に基づき，環境資源の異なる地域の地代や賃金を計測し，環境資源の与える影響を計測することで，環境資源の価値を算出する方法である。人々が住宅の購入を検討するとき，土地面積や住宅内設備などの住宅の価値や駅，学校までの距離，近隣の商店数などの周辺の利便性に加えて，公園の数や森林面積などの環境面についても考慮すると考えられる。その結果，公園の数や森林面積が大きい地域ほど，地代が高くなる。したがって，回帰分析などによって環境資源が地代に及ぼす影響を，その他の要因による影響から分離することができれば，環境資源の価値が算出できる。ただし，ヘドニック法にもいくつかの問題点が存在する。

まず，旅行費用法と同様に，対象となる環境質が限られる。すなわち，影響範囲がその周辺地域のみに限られる環境質のみを対象とする。一定の影響が広い地域に及ぶ場合，地域内で地代や賃金に差は生じないためである。よって，CO_2排出量のような地球的規模の環境問題には適用できない。

また，地代や賃金に影響を及ぼすと考えられる要因はきわめて多数存在し，

それらの要因間の相関が高い。このため，環境価値の推定にあたり多重共線性の問題が生じ，統計的に信頼性の高い推定値が得られない可能性がある。

さらに，地代や賃金を用いていることは，住宅市場や労働市場が完全競争市場であることを仮定している。現実には，住宅の買い替えや転職には膨大な取引費用が発生するため，完全競争市場の仮定は非現実的である。

（4） 仮想評価法　　仮想評価法（contingent valuation method, CVM）は，人々に環境資源の貨幣価値を直接聞き出す方法である。仮想評価法では，対象とする環境質の内容を被験者に説明したうえで，その質を向上するために費用を支払う必要があるとした場合に，支払ってもよいと考える金額（支払意志額（willingness to pay, WTP））や，環境質が悪化してしまった場合に，環境質を悪化する前の水準に修復する代わりに，悪化前の効用水準を得るために補償してもらうときに必要な補償金額（受取補償額（willingness to accept, WTA））を直接的に質問し，得られた回答をもとに環境資源の貨幣価値を評価する。ここで，同一の環境質の変化に関しても，支払意志額と受取補償額に大きな格差がみられる例があり，注意が必要である。理論的には，回答者が所有権をもっていない場合は支払意志額でたずね，所有権をもっている場合は受取補償額でたずねるべきとされている。

仮想評価法では，以下のようないくつかの質問方法が用いられている。

① 自由回答方式：回答者に自由に金額を答えてもらう方式であり，無回答や金額が極端に高かったり低かったりする回答が多く得られる傾向がある。

② 付値ゲーム方式：ある金額を提示し，それ以上支払うか否かをたずね，支払うと回答した場合にはさらに高い金額を提示し，支払わないという回答が得られるまで金額を上げていく方法である。最初に提示された金額に回答者の支払意志額が影響を受ける開始点バイアスの可能性がある。

③ 支払カード方式：複数の異なる金額を提示し，回答者に提示されたなかから自分の支払意志額に最も近い金額を選択させる方法である。提示した金額の範囲が回答に影響する範囲バイアスの可能性がある。

④ 二項選択方式：ある金額を提示し，それ以上支払うか否かをたずねる方式であり，付値ゲームと異なり金額の提示は一度だけ（ダブルバウンド方式の場合は2回）である。二項選択方式では，他の方式と異なり，個々の回答者の支払意志額を明確に観測することができない。そこで，ランダム効用理論に基づく二項選択モデルと同様のモデル分析によって支払意志額を推定する。二項選択方式は他の手法での問題が存在せず，回答しやすくバイアスの少ない質問方式とされている。

仮想評価法の最大の長所は，評価対象がきわめて広いことである。代替法や旅行費用法，ヘドニック法では環境財と私的財の関係から間接的に環境質の価値を計測するため対象が制限されるが，仮想評価法では，非市場財である環境質の価値を直接計測するため，実存する環境質に限らず仮想的な環境質やその水準に関する価値の評価も可能である。

ただし，代替法や旅行費用法，ヘドニック法が実際の行動やその結果である地代や賃金などを観測する顕示選好法（revealed preterence, RP）に基づいているのに対して，仮想評価法は仮想的な状況下での選好をアンケートによって観測する表明選好法（stated preference, SP）に基づいている。SPについては交通行動分析の分野でも数多くの研究蓄積があるが，仮想評価法では支払意志額と受取補償額の格差や質問方式によって生じるいくつかのバイアスが知られており，実施にあたっては注意が必要である。

7.3　主観性の表現

人間行動において，主観的な意思決定過程を表現する方法に，ファジィ集合論（fuzzy set theory）が知られている。**ファジィ集合**は，人間のあいまい性をもった主観的な表現をコンピュータシステムのなかで取り扱うことを目指して，L.A. Zadehにより提唱された。ファジィ集合（fuzzy sets）とは，X（全体集合）上のファジィ集合Aに対して，集合要素の帰属程度（グレード）を表すメンバシップ関数$\mu_A(x)$を用いて定義される。すなわち

$$\mu_A(x) : X \Rightarrow [0, 1]$$

例えば，$x \in X$ を道路区間の交通量であるとき，集合 A を「交通量が大きい区間の集合」とする．このとき，交通量が「大きい」は主観的な概念であり，これに対応した「大きい」度合い（集合 A への帰属度）を x の関数として表現する．「料金が高い」「所要時間が短い」「かなり快適」などの言語的な表現を数値化する方法と考えることもできる．

7.3.1 ランダム性とファジィ性

上記のメンバシップ関数は，確率測度（確率分布）と類似していることから，確率理論との比較優位性が議論されることがある．しかしながら，ファジィ理論が対象とするあいまい現象と確率的現象は本質的に相違しており，競合関係にはない．この点に関連して，ファジィ理論の表す「あいまいさ」と確率の表す「確からしさ」の相違を Zadeh は，「可能性」という概念を導入して説明している．このとき「ハンスは朝食に卵をいくつ食べたか？」という例がある．これを，卵の個数を u として表7.1に可能性分布（上段）と確率分布（下段）で表現する[19]．

表7.1 確率分布と可能性分布

u	1	2	3	4	5	6	7	8
$\Pi_x(u)$	1	1	1	1	0.8	0.6	0.4	0.2
$P_x(u)$	0.1	0.8	0.1	0	0	0	0	0

表7.1上段の可能性は，ハンスが u 個の卵を食べられる容易さの度合いで，下段の確率分布は，u 個の卵を食べる確率を表す．すなわち，可能には，「能力」の可能性（可能性分布）と「生起」の可能性（確率分布）が存在する．また，確率測度は排反事象に対して加法性が成立するため，合計は1となるが，可能性測度では加法性は成立していない．したがって，事象を可能性測度により計測したものがファジィ集合である．

ファジィ集合の高さ（メンバシップ関数の上限）が1であるとき，正規

(normal) という。また，実数直線 R^1 上で正規かつ凸ファジィ集合で，特にメンバシップ関数が区分的に連続なものをファジィ数（fuzzy number）という。「約 300 m」「およそ 20 分」などの数量に対応する。また，通常数はファジィ数の特殊ケースとして表現できる（特性関数：$\chi_A(x) = 0, 1$）。

7.3.2 ファジィ推論と行動記述

ここでは，ファジィ理論の中心的技術であるファジィ推論について述べる。人間の意思決定において，「もし料金が高ければ，交通機関の利用をやめる」「もし交通混雑が大きければ，流入交通を制御する」など，「もし x が～ならば，y を～とする」という形式の判断モデルを「推論」という。ここで，一般的には IF x is … THEN y is … という形式で表現されるため IF/THEN ルールとも呼ばれる。この「推論」の数学的表現では，通常の数（クリスプ数）を用いた記述形式が可能である。すなわち，集合 $A = \{1, 2, 3\}$，集合 $B = \{1, 2, 3, 4\}$ に対して，「IF x is 2 THEN y is 3」（もし x が 2 ならば y は 3）などの判断を記述するものである。すなわち「推論」は人工知能プログラムの基本的技術である。

ここで，通常の推論では「x is 2」「y is 3」は，確定数に対応しており，主観性は含まれない。そこで，数量表現にファジィ数を用いた**ファジィ推論**（fuzzy reasoning）を検討する。このとき，ファジィ推論の言語表現はつぎのようになる。

「x が 2 ぐらいのとき y は 3 ぐらい」

まず「x は 2 ぐらい」，「y は 3 ぐらい」という数量をメンバシップ関数のベクトルで表現する。これは通常推論では 0 か 1 で規定した値を，0～1 の中間的数値で表現するものである。すなわち

「x は 2 ぐらい」→ $\{0.5/1, 1.0/2, 0.8/3\}$ → $(0.5 \quad 1.0 \quad 0.8)$

「y は 3 ぐらい」→ $\{0.0/1, 0.6/2, 1.0/3, 0.7/4\}$ → $(0.0 \quad 0.6 \quad 1.0 \quad 0.7)$

ここで，複数のファジィ数から規定される集合領域を「ファジィ関係」という。ファジィ関係行列 R を集合 A，集合 B のメンバシップ関数 $\mu_A(x)$，$\mu_B(y)$

より定義する。これは，「x is $\bar{2}$」「y is $\bar{3}$」の事実から構成される知識「IF x is $\bar{2}$ THEN y is $\bar{3}$」を格納する作業に対応する。したがって

$$R = \{\mu_A(x) \wedge \mu_B(y)\}$$

$$= \begin{array}{c} \\ 0.5 \\ 1.0 \\ 0.8 \end{array} \begin{pmatrix} 0.0 & 0.6 & 1.0 & 0.7 \\ 0.0 & 0.5 & 0.5 & 0.5 \\ 0.0 & 0.6 & 1.0 & 0.7 \\ 0.0 & 0.6 & 0.8 & 0.7 \end{pmatrix}$$

このように，既存のファジィ数 A, B に基づいてファジィ関係が作成できる。これを含意公式（imprication rule）という。この最も基本的な含意公式は，ロンドン大学の Mamdani により提案された方法である（マンダニ法）。

つぎに，推論知識を保存したファジィ関係 R を用いて，ファジィ推論を実行する。合成規則は $A \circ R$（マックス・ミニ演算）である。この場合は，行列の要素がメンバシップ関数値であり，当然 $0 \sim 1$ の数値となる。

推論の例として，新事実 A' が「x が 2 ぐらい」（$=A$）としてみる。このとき，推論結果はつぎのように計算される。

新事実：「x が 2 ぐらい」→ $(0.5 \quad 1.0 \quad 0.8)$

$$(0.5 \quad 1.0 \quad 0.8) \circ \begin{pmatrix} 0.0 & 0.5 & 0.5 & 0.5 \\ 0.0 & 0.6 & 1.0 & 0.7 \\ 0.0 & 0.6 & 0.8 & 0.7 \end{pmatrix} = (0.0 \quad 0.6 \quad 1.0 \quad 0.7)$$
$$\downarrow$$
$$\text{「}y\text{ が 3 ぐらい」}$$

推論結果は「が 3 ぐらい」である。つまり，この計算から $A \to B$ のファジィ関係 R を規定したとき，新事実に「$x = A$」を与えれば，「$y = B$」が導かれることがわかる。これを三段論法（modus ponens）が成立するという。

また，「x が 3 ぐらい」という新事実が得られた場合にも，同様の推論手順で計算できる。

新事実：「x が 3 ぐらい」→ $(0.0 \quad 0.5 \quad 1.0)$

$$(0.0 \quad 0.5 \quad 1.0) \circ \begin{pmatrix} 0.0 & 0.5 & 0.5 & 0.5 \\ 0.0 & 0.6 & 1.0 & 0.7 \\ 0.0 & 0.6 & 0.8 & 0.7 \end{pmatrix} = (0.0 \quad 0.6 \quad 0.8 \quad 0.7)$$

この結果から，y の 2～4 付近のグレードが高く，「3 より少し大きい」値と解釈できる。この例より，ファジィ推論の通常推論との相違点がわかる。このファジィ推論のルールは「x が 2 ぐらい」に対する「y の値」を推定するものである。しかしながら，前件部と異なる「x **が 2 ぐらい」以外の場合にも**，推論結果が得られる（通常推論では，前件部の相違する場合には推論結果は算定できない）。これは，主観的表現が一定範囲の判断を包含することを示している。

7.3.3 ファジィ推論の解釈

ファジィ推論の計算過程（$A' \circ R \Rightarrow B$）は，連続的なメンバシップ関数により定式化できる。すなわち，観測された事実 A，事実 B から関係 R を作り，新事実 A' と R から推論結果 B' を得る。これはつぎのように定式化できる。

$$B' = A' \circ R \quad [\mu_{B'}(y) = \mu_A(x) \circ \mu_R(x,y) : \text{メンバシップ関数}]$$

$\circ$：マックス・ミニ（max-min）演算．小さいものの中で最大の値

このとき，前件部の適合度から推論結果を導出する。

$$\int \mu_{B'}(y)/y = \int \max[\mu_{A'}(x) \wedge \mu_R(x,y)]/y$$
$$= \int \max[\mu_{A'}(x) \wedge \mu_A(x) \wedge \mu_B(y)]/y$$
$$= \int [\alpha \wedge \mu_B(y)]/y \quad (\text{ここで，} \alpha = \max\{\mu_{A'}(x) \wedge \mu_A(x)\})$$

この内容は図示して考えると理解しやすい。すなわち，**図 7.1** のように，ファジィ推論のルール「IF x is A THEN y is B」前件部・後件部に相当するファジィ数 A，B が定義され，両者のファジィ関係 R が決定される。これは経験的で主観的な「推論」を知識として格納したことに対応する。

つぎに，図 7.1 (b) のように，新条件が与えられた。この新条件と前件部の一致度 α を定義する。上記のマンダニ法の含意公式（min）では，前件部条件の一致度は図中の交点の位置で示される。これより，当該ルールの後件部（結論部）の採用できる程度を α と考える。すなわち，後件部分布のグレードが α 以上の部分は結論として採用しない。このような意味の計算から，図中では最

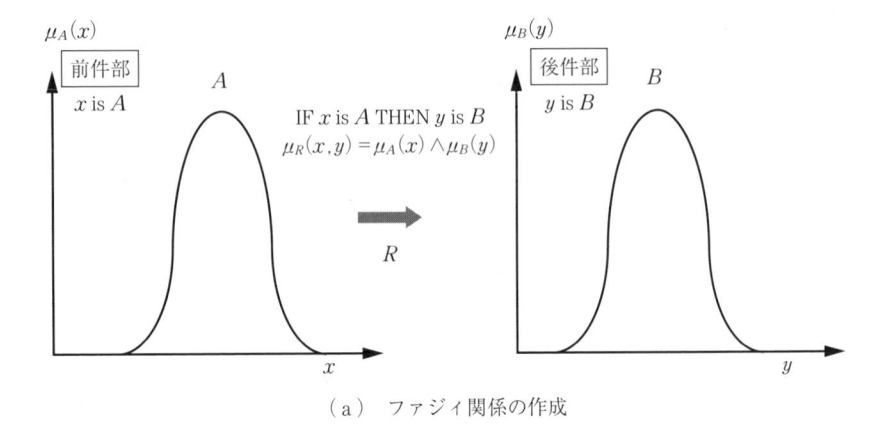

246   7. 交通現象定量化法の新展開

$\mu_A(x)$

前件部
x is A

A

IF x is A THEN y is B
$\mu_R(x,y) = \mu_A(x) \wedge \mu_B(y)$

R

$\mu_B(y)$

後件部
y is B

B

x

y

(a) ファジィ関係の作成

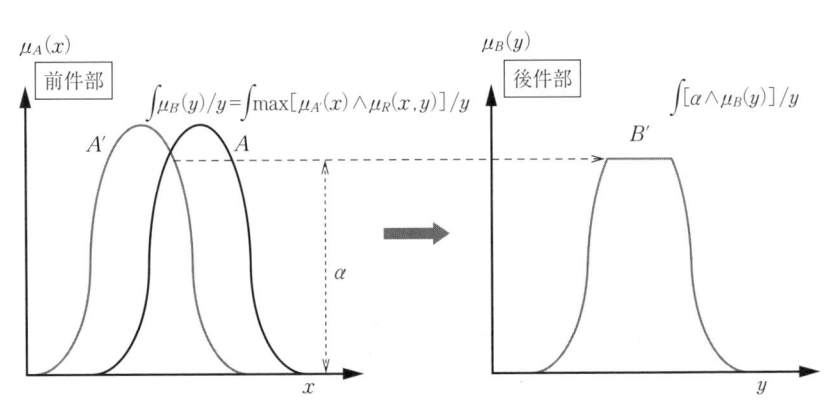

$\mu_A(x)$

前件部

$\int \mu_B(y)/y = \int \max[\mu_{A'}(x) \wedge \mu_R(x,y)]/y$

A' A

α

$\mu_B(y)$

後件部

$\int [\alpha \wedge \mu_B(y)]/y$

B'

x

y

(b) ファジィ推論プロセス

図7.1 主観的知識表現とファジィ推論

後の結論として台形状の部分となる。

　ファジィ推論は，あいまい情報処理の基本的技術であり，① 観測情報に主観性を含む場合，② 変量間に明確な関数関係を規定できない場合，③ 経験的な知識で判断論理が形成される場合などに適用可能性が高いと考えられる。

　ここで，A'がAとまったく一致しない場合は，Bの分布全部が切断されて何も結論を与えない。マムダニ法では，結論部が条件部の一致度に応じて切断されるので「頭切り法」とも呼ばれる。ここで「含意公式」は，$t\text{-}norm$という演算で一般化できる。また，「合成規則」。にも多数の形式を想定できるた

め，ファジィ推論の方法は多数設定することができる．

7.3.4 ソフトコンピューティング技術の適用

計算機工学，人工知能における「推論モデル」に主観性を考慮したファジィ推論を紹介した．ファジィ推論を多変数・多ルール化して制御問題に応用する方法をファジィ制御（fuzzy control）と呼ぶ．観測情報に基づいて，ファジィ推論化された多数の知識（ルール）を同時に用いて，対象の制御量を決定するモデルである．ファジィ制御はファジィ推論の実用的な応用と考えることができる．このため，問題に応じて，① 観測値（通常数）の入力，② 複数の推論結果の統合，③ 推論結果の確定値への変換（非ファジィ化）などのプロセスを検討する．ファジィ交通制御は，経験的知識を利用した交通制御[20]，高度情報化に対応した交通調整の定式化に利用できる[21]．また，交通行動者の主観性を考慮した交通行動分析モデルは，多様な交通行動の表現に有効であり，交通需要推計精度の向上が期待できる[22],[23]．交通システムの分析において主観性に配慮することは，社会の多様性・複雑性に対応する意味で重要性が高い[24]．この意味では，ファジィ数理計画，ファジィ積分，ファジィ決定木，ファジィクラスタリングなどの利用を検討することができる．

さらに，知的情報処理においては，脳の神経回路網の情報処理をモデルとするニューラルネットワーク（NN），生物の進化過程をモデルとする遺伝的アルゴリズム（GA），免疫細胞の抗体形成をモデルとする免疫アルゴリズム（IA）などが有機的に利用され，**ソフトコンピューティング**（soft computing）として体系化されている．主観性の表現を意図するファジィ理論は，これらの技術との融合的な利用により，適用可能性が向上することが報告されている．

7.4 複雑現象の表現

7.4.1 限定合理性とプロセスの視点

交通行動分析，交通ネットワーク分析，交通シミュレーションモデルなどの

これまでの交通に関する大半の研究では，ある（代表的）1日の交通システムの状況，ある1人の代表個人の行動を取り上げ，調査やモデル化や分析が行われてきている．この背景には，膨大な費用や労力の必要な調査を何度も行うことは困難であることや，後に述べるようにモデル自体が均衡という一つの状態のみを扱っていること，均衡を用いていなくともある種の収束状態（非常に広い意味での均衡）でのモデル化をすれば十分との考えに基づいていることが多いことなどが考えられる．このようなある1日の代表状態の調査や分析が行われることは，現実のさまざまな制約を考えると妥当ともいえるが，動的で複雑な交通システムをとらえるためには，ある（平日の）1日の交通状態や唯一の均衡状態など，ある一つの代表状態のみに着目するだけでは十分とはいいがたい．

これまでの研究がこのような一つの代表状態のみに着目する理論的背景について考察するため，まず，多くの交通研究で前提条件とされている行動主体の完全合理性について触れたい．交通工学の分野では，ランダム効用理論に基づいた各種の離散選択モデルが多くの場合用いられ，交通行動は効用最大化として定式化される．行動主体が合理的であれば，最も旅行時間の小さい経路を選択するなど，行動主体は効用を最大にする行動を行うことになる．本来，人間の行動をモデル化することは非常に難しいが，完全合理性の仮定をおくことで，人間行動を効用が最大化された一つの状態として定式化することができる．そして，効用最大化として交通行動を定式化できれば，例えば，確率的利用者均衡が示すように，その集積である交通システムの状態も均衡という唯一の状態としてモデル化することが可能となる．このように，ネットワーク均衡を用いて交通システムを解明しようとする交通システムの均衡分析は，交通システムを均衡という（通常は）一つの「状態」によって記述するものであるといえる．このような均衡という一つの「状態」は，上述のように行動主体に完全合理性を仮定し，交通行動を効用最大化として記述することによって保証されている．均衡分析は，動的で複雑な交通システムをわれわれが理解できる系，言い換えると，解析的に取り扱えるほどの単純な系，一つの均衡状態として記述できる単純系として定式化を行うというものである．これにより，均衡

分析では，理論を演繹的に展開することにより，交通システムを統一的に取り扱うことが可能となり，これまでわれわれが交通システムに対する洞察を深めることに大きく寄与してきた。

しかし，現実の人間の計算能力や知識は限られたものであるため，行動と目的との客観的な関係からみると，人間の合理性は制限されたものである[25),26)]。したがって，完全合理性や効用最大化仮説は理想化された人間を記述するものであり，現実の人間行動に対する仮定としては必ずしも適切とはいえない。このような**限定合理性**の概念は人間の合理性を消極的にとらえたものであるが，それを積極的にとらえることも可能である。計算能力や知識の限界などの行動が決定される「プロセス」を（制約として）考慮すれば，人間は十分合理的であるとみなせる。この意味での限定された合理性は，手続的合理性とも呼ばれる[2)]。限定合理性の概念からは，人間の行動は効用最大化問題として定式化することはできず，「状態」としての行動ではなく，行動が生み出される「プロセス」，すなわち認知過程を直接に解析することが必要であることを意味するものである。行動をそれが決定されるプロセスを含めて記述しなければならないとするならば，当然のことながら，その行動の集積であるシステム自体についてもプロセスを記述しなければならないであろう。行動主体の限定合理性を考慮するということは，行動主体のプロセス，すなわち，認知過程を考慮することであり，さらに，交通システムについてもこれまでのように均衡という一つの「状態」としてのみとらえるのではなく，プロセスという視点からとらえなければならないことを意味すると考えられる[27),28)]。

7.4.2 交通システムと複雑系

複雑系とは，複雑なシステムのことであるが，その「複雑」が何を意味するのかが問題となる。複雑系における複雑性（complexity）とは，多くのものが関連することを意味する「込み入った」（complicated）とは区別される。単に多くのものが関係するだけならば，分離・整理すれば理解することが可能である。しかし，複雑性は，そのように分離することによって理解することができ

ないことを意味していると考えられている．一般に，非線形な相互作用が生じるシステムにおいては，その全体は部分の総和以上であり，個々の部分を調査するだけでは全体を理解することはできないとされる[29]．このような複雑系においては，全体は部分の総和以上であり，部分を理解するだけで全体を理解することはできず，逆に，部分も全体を理解してわかるようになる．

複雑系を研究する方法の一つは，シミュレーションなどコンピュータの利用である．近年，社会学や社会心理学，経済学（進化経済学）を中心とした社会科学の分野において，**エージェント**によるシミュレーションを用いた研究が進められている．エージェント（エージェント・シミュレーション）自体は情報工学でも研究が進んでいるが[30]，人間行動の集積という観点から，交通工学では，社会科学で用いられるエージェント・シミュレーションのほうがより近いものであると考えられる．社会システムに対するシミュレーションは，人工社会[31]，マルチ・エージェント・シミュレーション[32]，エージェント・ベース・アプローチ[33]などさまざまな名称で呼ばれている．

すでに述べたように，交通行動の限定合理性や行動決定プロセスを記述すると，均衡という状態だけでは，交通システムを記述することができない場合があり，複雑系となり得ると考えられる．例えば，どのように経路選択を行うかを学習するエージェントの集合としての交通システムでは，歴史依存性と呼ばれる性質，現在の状態は初期状態やシステムが変遷するプロセスによって変化する性質がある場合が示されている[27),28),34]．この場合，「状態」によってのみではシステムをとらえることはできず，それが生成されるプロセスをも考慮することが必要となり，システムはより複雑なものとなっている．また，エージェントの認知状態も歴史依存性があり，何がこれまでに起こり，何を経験し，どのように学習したのかなどによって，認知状態は異なってくる．

7.4.3 交通システムの複雑現象とカオス

これまで交通システムのday-to-dayダイナミクスや安定性の研究は少なからず行われている．これらの研究のほとんどは交通行動として経路選択を扱っ

ており,経路選択によって日々の交通量が変動することをモデル化している。これらの研究結果は,交通システムの「プロセス」を考えるうえで,参考になる知見も多い。

交通システムのday-to-dayダイナミクスに関して,均衡に収束することを示した研究もあれば,必ずしも均衡に収束するとは限らないことを示す研究も存在する。均衡に収束することを示す論文には,微分方程式を用いて解析的に交通ネットワーク均衡の(漸近)安定性を検討するものが多くを占めている。行動主体が経路を変更するならば,より旅行時間(旅行コスト)の小さい経路を選択する傾向があることを前提とし,マクロ的に,旅行時間の大きな経路の交通量は減少し,旅行時間の小さな経路の交通量は増加することを基本とした定式化を行うものが多い。基本的に,day-to-dayダイナミクスを考える場合の時間は1日,1日という離散的と考えるほうが適切と考えられる。ここで,ZhangとNagurneyの微分方程式モデル[35]を差分化し,時間を離散的に扱った以下のような方程式を考えよう[36]。対象としたネットワークは一つのODを道路と鉄道で結んだ単純なネットワークである。細かな設定の説明は省くが,鉄道の旅行時間は鉄道利用者にかかわらず毎日一定と仮定する(実質道路の交通量のみを考える1OD1リンクネットワークとなる)。

$$x_{i+1} - x_i = \begin{cases} \max\{-\eta[t_c(x)-t_t], -x\} & \text{if } t_c(x)-t_t > 0 \\ \eta[-t_c(x)+t_t] & \text{if } t_c(x)-t_t \leq 0 \end{cases} \quad (7.24)$$

ここで,x_iはi日目の交通量,t_tは公共交通の旅行時間(定数),t_cは自動車の旅行時間,ηは正のパラメータ(ηが大きいほど行動主体の旅行時間に対する感度が大きく,交通量の変動が大きくなる),$\max\{x,y\}$はx,yのうち値の大きな値のほうをとる演算である。$t_c(x)-t_t>0$の時,xが減少し過ぎて,負の値をとることを避けるため,$\max\{-\eta[t_c(x)-t_t], -x\}$とし,最も減少する場合でも$x$が0にとどまるようになっている。上式では,自動車の旅行時間が鉄道よりも大きければつぎの日の自動車利用者は減少し,逆に自動車の旅行時間が鉄道よりも小さければ自動車利用者は増加することを示しており,利用者は効用最大化ではなく,満足化原理[25],[26]に従っている[36]。つまり,行動主体

252   7. 交通現象定量化法の新展開

の限定合理性が前提とされている。

図7.2は利用者の旅行時間に対する感度のパラメータηが25, 100の場合の自動車の旅行時間の推移を示している。ηが小さい場合は均衡に収束するが，大きいと不規則に変動することがわかる。

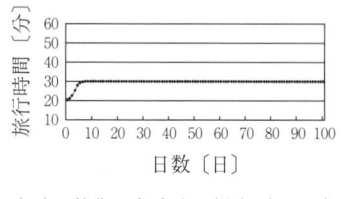

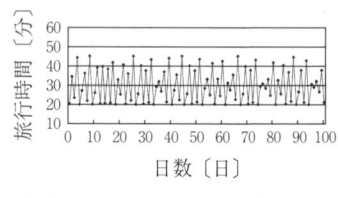

（a） 均衡に収束する場合（$\eta=25$）　　（b） カオス挙動の場合（$\eta=100$）

図7.2 day-to-day ダイナミクス

自動車の旅行時間のダイナミクスがどのように変化するのかを検討するために分岐図を作成する。それが**図7.3**である。図7.3では，パラメータηを0.1刻みにとっており，それぞれのηの値について，300日分の自動車旅行時間のプロット（横座標にη，縦座標に道路旅行時間）を記載している。$\eta=75$では，（横座標が75の）プロットは二つあり，2周期の変動を繰り返していることがわかる。ηが67.6までは30.0〔分〕の値をとる1本の直線（直線状に並んだプロット集合）が描かれており，$\eta\leqq67.6$では均衡に収束することがわかる。$67.6<\eta\leqq85.1$では2本の曲線が描かれており，解が二つに分岐している。そ

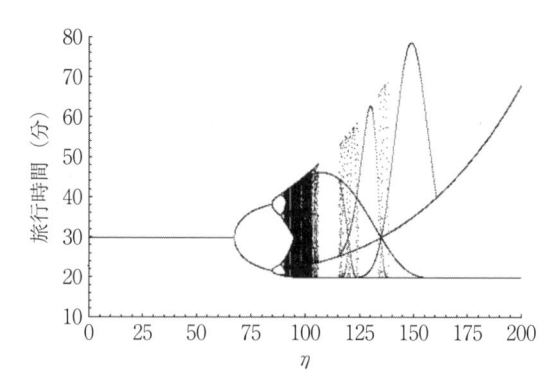

図7.3 ηに対する旅行時間の分岐図

の後，解は四つに分岐することが見てとれる．その後，順次解が倍に分岐し，道路旅行時間はさまざまな値をとる，複雑な挙動になっていくことがわかる．

カオスにはいくつかの定義が存在する．その一つはカオスがもつ初期値鋭敏性の有無によりカオスを定義もしくは判定するものである．初期値鋭敏性とは，初期値のわずかな違いが時間の経過とともに指数的に拡大する性質のことである．初期値鋭敏性を測る指標としてリアプノフ数がある[37]．η が 91～103 の場合，わずかな例外はあるが，リアプノフ数は正の値をとり，カオスが生起していることが示される．$\eta=100$ の図 7.2（b）のダイナミクスはカオスである．交通システムの day-to-day の挙動は利用者の旅行時間に対する感度 η によって大きく異なる．

現在以上に情報化，ITS が進展すると，利用者の旅行時間に対する感度は高くなることも予想される．カオス的な挙動をしている場合，現時点の交通量を観測し，それをもとに，旅行時間の長期予測を行うことは，観測誤差が指数的に拡大するため非常に難しいと考えられる．また，システムは必ずしも均衡に収束するとは限らないことが示されているが，このように変動するという結果は，旅行時間・交通量が day-to-day レベルにおいて変動する理由は，OD 交通量自体が変動したり，交通容量が変動したりすることなど外生的な変動要因がない場合でも，内生的に発生することがあることを示唆していると考えられる．

参 考 文 献

1) E. Pas : Is travel demand analysis and modelling in the doldrums? In P. Jones (ed.), Developments in Dynamic and Activity-Based Approaches to Travel Analysis, pp.3-27, Gower Publishing（1990）
2) 佐々木邦明：Stated Choice と態度指標を統合した意識構造のモデル化とその比較検証，土木学会論文集，No.765/IV-64，pp.29-38（2004）
3) T. Gärling, R. Gillholm and A. Gärling : Reintroducing attitude theory in travel behavior research, Transportation, Vol.25, pp.129-146（1998）
4) 藤井　聡：交通計画のための態度・行動変容研究——基礎的技術と実務的展望——，土木学会論文集，No.737/IV-60，pp.13-26（2003）
5) 市川伸一：心理測定法への招待——測定からみた心理学入門——，サイエンス社（1991）

6) 繁桝算男：5.4 測定値の理論，現代心理学理論事典（中島義明編），朝倉書店，pp.119-125（2001）
7) 藤井 聡：交通行動分析の社会心理学的アプローチ，交通行動の分析とモデリング（北村隆一，森川高行 編著），技報堂出版，pp.35-51（2002）
8) 武藤真介：計量心理学，朝倉書店（1982）
9) N.L. Johnson, S. Kotz and N. Balakrishnan：Continuous Univariate Distributions, New York, Wiley & Sons（1994）
10) 南風原朝和：心理統計学の基礎——統合的理解のために，有斐閣（2002）
11) 柳井晴夫，繁桝算男，前川眞一，市川雅教：因子分析——その理論と応用——，朝倉書店（1990）
12) S. Jara-Díaz：Allocation and valuation of travel-time savings, In D. Hensher and K. Button (eds.) Handbook of Transport Modelling, pp.303-319, Pergamon Press（2000）
13) 森川高行，姜 美蘭，祖父江誠二，倉内慎也：旅行時間と個人属性の関数として表された交通時間価値に関する実証的研究，土木計画学研究・論文集，Vol.19, No.3, pp.513-520（2002）
14) 河野達仁，森杉壽芳：時間価値に関する理論的考察，土木学会論文集，No.639/IV-46, pp.53-64（2000）
15) C.R. Bhat：Accommodating variations in responsiveness to level-of-service variables in travel mode choice modeling, Transportation Research Part A, Vol.32, No.7, pp.495-507（1998）
16) 森杉壽芳：社会資本整備の便益評価：一般均衡理論によるアプローチ，勁草書房（1997）
17) 栗山浩一：環境の価値と評価手法：CVMによる経済評価，北海道大学図書刊行会（1998）
18) D. McFadden：Economic choices, The American Economic Review, Vol.91, No.3, pp.351-378（2001）
19) L.A. Zadeh：Fuzzy Sets as a Basic for a Theory of Possibility, Fuzzy Sets and Systems, pp.3-28（1978）（菅野道夫，向殿政男 監訳：ザデー・ファジィ理論，第9章 可能性理論の基礎としてのファジィ集合，日刊工業新聞社）
20) T. Sasaki and T. Akiyama：Fuzzy On-ramp Control Model on Urban Expressway and Its Extension, Proc. of the 10th International Symposium on Transportation and Traffic Theory, pp.377-396（1987）
21) 秋山孝正，佐佐木綱：ファジィ流入制御モデルを用いた交通制御方法の評価と検討，土木学会論文集，第413号/IV-12, pp.77-86（1990）
22) 秋山孝正，奥嶋政嗣，和泉範之：マルチエージェント型ファジィ交通行動モデルの提案，土木計画学研究・論文集，Vol.24, pp.489-490（2007）
23) 秋山孝正，奥嶋政嗣，小澤友記子：都市交通計画のためのファジィクラシファ

イアシステムによる目的地選択モデル，日本知能情報ファジィ学会誌，Vol.22, No.1, pp.110-120（2010）

24) 秋山孝正：知的情報処理を利用した交通行動分析，土木学会論文集，No.688, IV-53, pp.37-47（2001）

25) H.A. Simon 著，松田武彦，高柳　暁，二村敏子 訳：経営行動，経営組織における意思決定プロセスの研究，ダイヤモンド社（1965）

26) H.A. Simon：From Substantive to Procedural Rationality, Method and Appraisal in Economics, S.J. Latsis（eds.）, Cambridge University Press, Cambridge, pp.129-148（1976）

27) 中山晶一朗，北村隆一：帰納的推論に基づく経路選択行動と道路交通システムの動態に関する研究，土木学会論文集，No.660/IV-49, pp.53-63（2000）

28) 中山晶一朗：行動主体の認知過程を考慮した交通システムの動的挙動に関する研究，京都大学博士学位論文（2000）

29) L. von Bertalanffy 著，長野　敬，太田邦昌 訳：一般システム理論：その基礎・発展・応用，みみず書房（1973）

30) J.R. Stuart, P. Norvig 著，古川康一 監訳：エージェント・アプローチ，共立出版（1997）

31) J.M. Epstein, R. Axtell 著，服部正太，木村香代子 訳：人工社会，共立出版（1999）

32) Y. Shoham：Multi-Agent Research in the Knobotics Group, In Castelfranchi & Werner（eds.）, Artificial Social Systems, Springer, Berlin, pp.271-278（1994）

33) R. Axelrod 著，寺野隆雄 監訳：対立と協調の科学，ダイヤモンド社（2003）

34) 中山晶一朗，藤井　聡，北村隆一：ドライバーの学習を考慮した道路交通の動的解析：複雑系としての道路交通システム解析に向けて，土木計画学研究・論文集，No.16, pp.753-761（1999）

35) D. Zhang and A. Nagurney：On the Local and Global Stability of a Travel Route Choice Adjustment Process, Transportation Research, Vol.30B, pp.245-262（1996）

36) S. Nakayama：A Theoretical Analysis of the Day-to-Day Dynamics of Transportation System, Proceedings of the 83rd Annual Meeting of Transportation Research Board, on CD-ROM（2004）

37) 例えば，香田　徹：離散力学系のカオス，コロナ社（1998）

8 シミュレーションとコンピュータ技術の展開

　演算処理能力の著しい向上により，コンピュータ技術の交通計画分野への適用が盛んに行われている．特に自動車交通流を再現するシミュレーションは，数多くのモデルが開発され，適用事例が増えるとともに実務者の関心も高まり，交通施策の事前評価に数多く利用されるようになってきている．本章では，まず，シミュレーションアプローチの特性および検討の流れを解説したあと，近年注目されている周辺技術を紹介する．そして，交通計画において用いられている各種シミュレーションの基本概念を整理する．また，コンピュータ技術の展開として，データ解析手法であるデータマイニングと，GISを用いた交通計画支援ツールを紹介する．

8.1　シミュレーションアプローチと被験者実験アプローチ

　現実の交通状況は，個々人の意思決定行動の集積として表出する一種のシステムととらえることができる．さらに，個々人の意思決定行動の間には，直接的・間接的な相互作用が存在する．このような相互作用下における交通システムの解明には，理論・シミュレーション（計算機実験）・被験者実験の三つの分析アプローチが挙げられる（図8.1）．ここでは，理論アプローチの問題点・限界の視点から，シミュレーションと被験者実験の特性を整理する．

　（1）**理論によるアプローチ**　理論によるアプローチは，分析対象の単位（1台の自動車，個々の意思決定主体，世帯など）の行動規則・挙動規則を定式化し，解析的あるいは数値的に解を求めようとするものである．

　このアプローチは，交通システムの解明に非常に重要な基礎的知見を与える

8.1 シミュレーションアプローチと被験者実験アプローチ

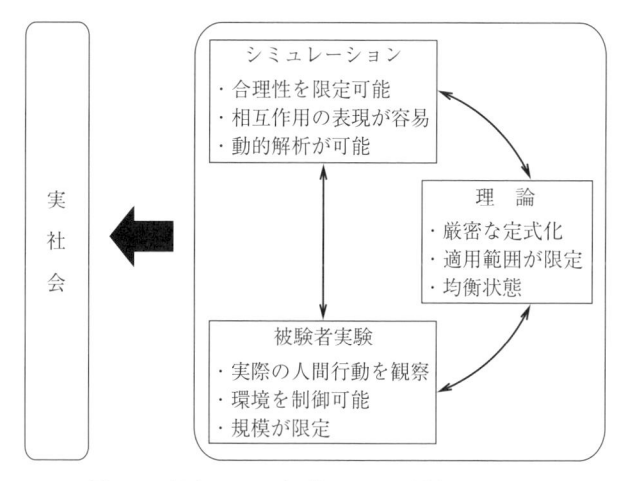

```
┌─────────────────────────┐
│ シミュレーション              │
│ ・合理性を限定可能           │
│ ・相互作用の表現が容易        │
│ ・動的解析が可能            │
└─────────────────────────┘
          ↕           ↕
  実                ┌──────────────┐
  社  ←──           │ 理　論       │
  会                │ ・厳密な定式化  │
                   │ ・適用範囲が限定 │
                   │ ・均衡状態     │
                   └──────────────┘
          ↕           ↕
┌─────────────────────────┐
│ 被験者実験                  │
│ ・実際の人間行動を観察        │
│ ・環境を制御可能            │
│ ・規模が限定               │
└─────────────────────────┘
```

図 8.1 交通システム解明のための分析アプローチ

が，実社会への適用にあたっては，いくつかの問題点がある。

第 1 に，分析対象単位の行動・挙動が比較的単純な場合には解析も十分に可能で明確な知見が得られるが，行動・挙動が複雑化したり，大規模システムを分析対象とした場合，解を現実的に得られないという状況が起こりうる。

第 2 に，厳密な定式化による実社会からの乖離がある。これは，第 1 の問題点と深く関係しており，求解性を確保するために，完全合理性，完全情報，完全流体といった実社会には存在しない理想的な状況を仮定することが多く，おおよその挙動を知るための分析は可能ではあるが，必ずしも実社会と一致するとはいえない。

第 3 に，分析対象単位の挙動や相互影響が明確に定式化できない場合は，このアプローチを採用することは困難である。

（2） **シミュレーションアプローチ**（**計算機実験アプローチ**）　シミュレーション（simulation）とは，現実の現象あるいはシステムの模倣であり，模擬実験と訳される。交通をはじめとする現実の問題は，その構造が複雑であり，現実の振る舞いを直接にかつ正確に知ることは難しい。また，実世界において実験的試行を行おうとすると，一般的にそのコストが高くなるため現実的ではない。また安全上の問題から，複数の施策を実験することが不可能である

ことが多い。

　そのような場合，実際のシステムを比較的単純かつ安価なモデルで模倣し，その挙動や全体への影響を知る必要が生じる。すなわち，類似のものを架空に作成し，実験を行うことで，さまざまなデータを入手することがシミュレーションの一般的な役割となる。飛行機の操縦訓練のためのフライトシミュレータやコンピュータのシミュレーションゲームなどはそのよい例であり，コンピュータ上に仮想的な現実の場を作るといってよい。

　シミュレーションアプローチの利点には，以下のようなことが挙げられる。

① それぞれの分析対象単位の合理性を限定したり，乱数を用いることで確率事象を簡単に取り扱うことができる。

② 現実の問題あるいはシステムの振る舞いが数式で表せない，あるいは数式で表現できたとしてもその解を解析的に求めるのがきわめて困難である場合，近似的な解を得る手段となる。また，均衡解析では最終的に到達する静的な状態しかわからないが，シミュレーションでは，そこに至る動的な過程を観察することができる。

③ 分析対象単位間の相互作用を明示的に導入することが可能であり，時間的・空間的な連続性を取り扱える。

　しかし，統計的解析などにより結果の頑健性や妥当性を証明可能な「理論によるアプローチ」と比べると，シミュレーションアプローチでは，結果の頑健性や妥当性を証明するのは難しい。頑健性を示すには，パラメータや初期条件，乱数シードを変えながら，多数回計算する以外の方法はないが，時間コストが膨大となってしまう。また，結果の妥当性については，「恣意的な設定によって都合のよい結果を得ている」などの批判[1]も存在する。

（3）被験者実験アプローチ　理論によるアプローチが想定する環境を実験室内に人工的に作り，実際の人間の行動を観察・分析する手法が被験者実験と呼ばれるものである。例えば，**図8.2**のような仮想的状況を各被験者のモニタ画面に表示し，現実の状況であると想定してもらったうえで，キーボードやマウスの操作によって回答を要請する。被験者実験のためには，実験用のソフ

8.1 シミュレーションアプローチと被験者実験アプローチ

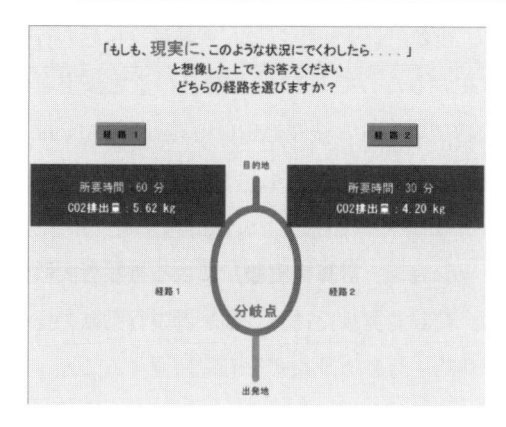

図 8.2 被験者実験におけるモニタ画面例

トウェアを開発する必要があるが，代表的な開発環境として z-tree[2] があり，特に実験経済学において広く利用されている。

被験者実験アプローチは，フィールドにおける実証研究にない特徴を有している[3]。一つは被験者に与える環境の制御可能性であり，実社会に存在するさまざまなノイズを排除した条件のもとでの行動観察が可能である。

もう一つは，環境の再現性である。実社会で収集されるデータは，時空間軸を考慮すれば，そこに再現性を求めるのは難しい。一方，被験者実験アプローチでは，同じ実験を異なる実験者が実行し，実験上の発見を独立して確認することが可能であり，想定した理論の妥当性や普遍性を検証するうえで重要な特徴となる。

このアプローチの問題点は，まず，規模の乖離が挙げられる。これは室内実験室の物理的制約上，回避できない問題である。また，規模が異なることにより，被験者の意思決定に影響を及ぼす可能性もある。すなわち，実社会とは質的にも量的にも異なるデータが収集されることは留意すべき点である。

また，被験者実験アプローチにおいて観察可能なものは，意思決定の結果や実際の挙動そのものであり，被験者の意思決定過程を直接観察するわけではないことも注意しなければならない。しかし「どのような戦略を採用していたのか」といったアンケートやインタビューを実験終了後に行うことは推奨されな

い。これは実験終了後のアンケートでは、被験者は自己の行動を事後的に合理化する可能性が存在するためである[4]。被験者の意思決定過程を間接的にでも観察するには、発話プロトコル法や fMRI（functional Magnetic Resonance Imaging, 機能的 MRI）などを援用[5],[6]し、可能な限り実験中に観測しなければならない。

（4）**シミュレーション（計算機実験）による被験者実験の再現**　これまでに述べたように、被験者実験では、各被験者の行動結果を観測できるが、意思決定プロセスや戦略、行動原理などを直接観測することは難しい。一方、シミュレーションでは分析対象単位（以下、個体）が、コンピュータの中でどのような戦略に基づいて行動を決定するのか、いわゆるモデル化は実験者がデザインするものである。この二つの分析アプローチを複数回、体系的に実行し、被験者実験の結果を、よく再現するシミュレーションの設定を探ることにより、被験者の戦略が推定できる可能性がある。もちろん、この方法では、「Aという戦略（あるいは行動原理）の帰結がBである」と定理として述べることはできない。

（5）**参加型シミュレーション実験**　参加型シミュレーションとは、コンピュータという仮想空間内に存在する個体と、実空間上の人間が仮想空間を共有して行われるシミュレーションのことであり、シミュレーションアプローチと被験者実験アプローチを組み合わせたアプローチといえる。シミュレーション内の個体の戦略は、実験者が意図した戦略に従って行動するだけであり、同じ空間上に被験者が参加することで、個々の被験者の行動と体系全体の挙動の関係性を把握することが可能となり、また観測困難であった被験者の戦略を推定できる可能性もある。

京都大学行動心理観測実験室に設置された実験システム[7]は、20人の被験者と100人以上のドライバーエージェント（シミュレーション内の個体）が共存した空間で同時に経路選択行動の観測が可能である（図8.3）。

8.5節で取り扱うドライビングシミュレータも、周辺車両の挙動をモデル化することで、参加型シミュレーションといえる。

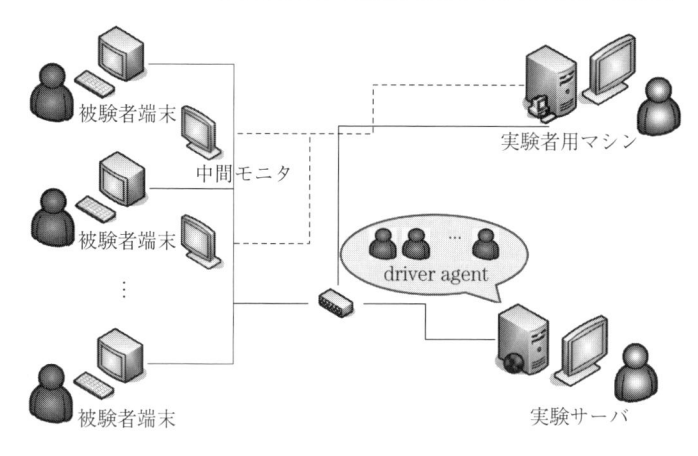

図 8.3 参加型シミュレーション交通行動実験システム概念図

8.2 シミュレーションの役割と周辺技術

8.2.1 交通計画におけるシミュレーションの役割

われわれ人間の行動を考えた場合，一人ひとりの生活している環境は違うであろうし，それぞれの考え方も少しずつ異なっている。そして一人の人間の意思も他者の影響を受けることがある。当然ながら，このような人間の複雑な意思決定の結果として表れる行動も多様なものである。それゆえ人間の行動を解析的に分析することは非常に難しい。

さて，交通とは，われわれ人間の移動手段あるいは移動そのものを指す。すなわち人間の行動の一つととらえることができるため，交通という現象も非常に複雑な構造をしており，その解析は一筋縄ではいかない。これまで多数の研究者が知見を積み重ねてきたが，それらはおもに日単位のような静的枠組みのなかで展開され，いわゆる四段階推計法におけるモデルの拡張が主であった。

わが国において，戦後の高度経済成長期以降，モータリゼーションが急速に進行し，その結果，著しく自動車交通の需要量が増加してきた。自動車産業は日本の経済成長を牽引し，現在，日本の自動車保有台数は 7 800 万台[8]を超え（2010 年 4 月時点），1965 年と比較すると 10 倍以上増加した。このような急激

なモータリゼーションの進行とあいまって、従来の交通計画の主要な課題は、急速に成長する交通需要を効率的に処理するための交通施設の拡充にあり、そのような背景のなかで、四段階推計法は長年にわたり改良発展がなされ、交通計画の意志決定に大きく貢献してきた。

しかし近年では、都市の過密化や財政的制約、地価の高騰によって、交通施設の拡充は困難なものとなってきており、さらには施設拡充に伴い新たな交通需要が誘発されるため、従来のようなハードウェア的施策のみでは、交通問題解消への大きな効果は期待できなくなった。またそれに伴い、交通需要解析に求められるものも、TDM（transport demand management）施策の評価や、交通施策による誘発需要の解析など、四段階推計法が提案された当時とは異なったものとなっている。すなわち、交通計画の課題が大きく変化・多様化し、従来の四段階推計法の枠組みでは対応が困難あるいは不可能であるため、既存の交通施設を有効利用する、現代のソフトウェア的交通施策を評価するのに適切な新しい交通需要解析手法が必要になってきた。

以上のような時代的要請に応えるものとして、近年はシミュレーション技術に大きな関心が寄せられている。交通分野におけるシミュレーションの利点は、時間軸を明示的に組み込むことが可能であり、旧来の需要予測手法の限界・課題を克服する手法といえる。また、シミュレーションから出力される情報が豊富であることや、実験結果をビジュアルに表現可能な点も大きな利点である。近年では、従来の分析手法に対するシミュレーション手法の代替可能性が議論されるとともに、現在ではシミュレーションでしか評価し得ない政策や評価指標が増えつつあることも指摘されている。

8.2.2 シミュレーション検討の流れ

ここでは、シミュレーションによる検討を行う際の手順および注意点を説明する。シミュレーションによる検討においては、目的に合致した機能をもつシミュレータを選択することが重要であるとともに、分析に耐えうるデータを取得可能かについて吟味し、必要に応じて新たなデータ収集を行う必要がある。

シミュレーション利用においては、ほぼ無限に自由度があり、設定しだいで計算結果が大きく変化することもあることから、データ収集およびパラメータ設定について細心の注意を払う必要があるといえる。一般的なシミュレーション検討の流れを**図8.4**に示す。

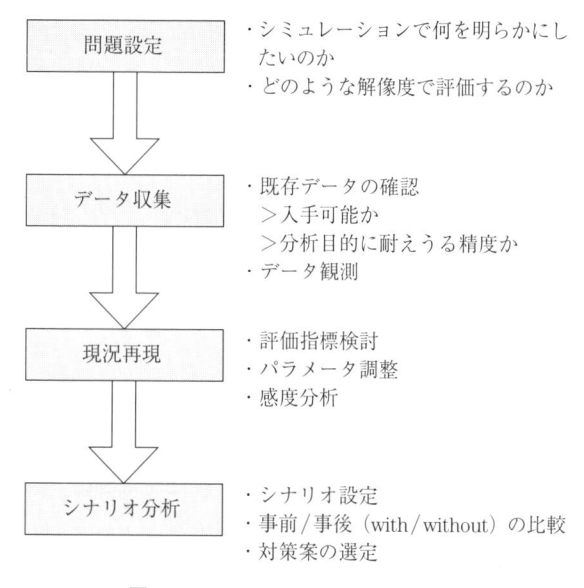

```
┌─────────────┐   ・シミュレーションで何を明らかにし
│  問題設定   │     たいのか
└──────┬──────┘   ・どのような解像度で評価するのか
       ↓
┌─────────────┐   ・既存データの確認
│ データ収集  │     ＞入手可能か
└──────┬──────┘     ＞分析目的に耐えうる精度か
       ↓           ・データ観測
┌─────────────┐   ・評価指標検討
│  現況再現   │   ・パラメータ調整
└──────┬──────┘   ・感度分析
       ↓
┌─────────────┐   ・シナリオ設定
│ シナリオ分析│   ・事前/事後（with/without）の比較
└─────────────┘   ・対策案の選定
```

図8.4 シミュレーション検討の流れ

（1） **問 題 設 定**　検討を実施するにあたって、まずは何をどこまで明らかにしたいのか、すなわち、検討対象とする問題を設定することから始まることは通常の道路計画、交通対策と変わりない。ただし、計算結果としてどの程度の解像度が要求されるかによって、データ収集の精度、現況再現の評価方法が異なってくることに注意しなければならない。朝のピーク時のみを計算対象とすればよいのか、1日全体を評価すべきなのか、といった対象時間帯の大きさや、その時間帯全体の総量で評価すればよいのか、最大値（最悪値）で評価するのか、評価値のばらつきで評価するのか、といった時間的解像度により要求されるインプットデータの精度は大きく異なる。また、交差点改良効果の検討などのように、道路ネットワークのある特定の一区画のみを検討すれば十分

なケースもあれば、バイパス建設評価、経路誘導効果検証など都市レベルでの空間的解像度が求められるケースも存在する。時間的、空間的な解像度によってそれ以降の分析の要求精度が大きく異なることより、問題設定および分析対象地域、時点について十分な吟味が必要である。

（2） **データ収集**　検討を行いたい問題の設定およびその解像度が確定すれば、その検討目的に見合った精度のデータを収集する必要がある。

（3） **現況再現**　交通現象には不確定な要素が含まれること、インプットして使用されるデータの入手時点が必ずしも一致しないことが多いことから、シミュレーションで完全に現況を再現することを目指すのはナンセンスである。しかしながら、例えば渋滞長の延伸や渋滞継続時間など、設定された問題をある程度正確に表現していなければ、シミュレーション計算で代替案を比較したとしてもその結果の信憑性は確かではない。そのため、ある程度現況を再現するようシミュレーションに設定されているさまざまなパラメータを変更することになり、その際には、どのパラメータ値が変更可能であるか、変更可能な値の範囲はどの程度かについて考慮しなければならない。例えば、信号現示パターンや信号制御設定値を直接観測しているケースでは、それらの値を変更することは適当ではないが、各リンクの自由走行速度や追従モデルパラメータなどは必要に応じて調整可能と考えられる。ただし、現況再現性を追求するあまり非現実的なパラメータ設定値を採用してしまうおそれもあることは十分に留意しなければならない。現況再現の際に重要なことは、何をもって現況と合わせるのかであり、問題設定に応じて評価値を変更していく必要があるといえよう。なお、現況再現性を高めることを目的として、パラメータの自動設定について検討を加えた研究もある[9]。

さらに、乱数の影響を排除するために複数回の計算実施が必要であることも忘れてはならない。ほとんどのシミュレーションにおいては、何らかの確率要素が含まれているケースが多く、乱数発生によりその確率現象を表現している。計算に確率事象が含まれる場合、1回の計算結果が全体の傾向を表現しているかどうかを見極めることは不可能であり、異なる乱数セット（乱数シー

ド）を用いて同一条件下での計算を実施し，その平均値あるいは中央値を用いて評価することが必要である。

また，シミュレーションのインプットパラメータは膨大な数となっており，特に観測が非常に困難なパラメータなどはシミュレーションモデルがあらかじめ設定しているデフォルト値を用いることも多い。計算結果の信頼性を評価するためにも，各パラメータについて異なる値に設定したケースを多数計算し，計算の結果のパラメータに対する感度を検討しておくことが重要である。このような分析方法は感度分析といわれる。特に複雑なシミュレーションの場合，多数回の計算の繰り返しが必要な感度分析を行うことは難しいかもしれないが，できる限り実施することでパラメータ間の重要性を議論することもでき，その結果は現況再現性の向上にも役立つ。

（4）**シナリオ分析**　現況再現が満足できるレベルで実施できたならば，そのモデルを活用してさまざまなシナリオを設定し，計算結果を比較することになる。設定された目標を達成するためのシナリオを設定することと，各代替案実行時の交通状況（with）を，対策を行わないケース（without）と比較することで，適切な代替案を選出する。なお，比較分析に際しては，目的に合致した評価指標をもって議論しなければならないことはいうまでもない。

8.2.3　シミュレーション周辺技術

（1）**乱数生成アルゴリズム**　検討の流れでも述べたが，シミュレーションにおいては，確率現象を乱数発生により表現している。通常，乱数を用いたシミュレーションはモンテカルロ・シミュレーション（Monte Carlo Simulation）あるいはモンテカルロ法と呼ばれるが，コンピュータを使って乱数を発生させた場合，つぎに出る乱数は完全に決まっており，疑似乱数と呼ばれる。疑似乱数を用いることの最大のメリットは，再現性があることである。乱数シードが同じであれば，発生する乱数列もまったく同じものが得られる。このことは，シミュレーションにおいて，パラメータを変更して実験する場合，乱数による揺らぎを完全になくすのに便利である。

コンピュータで乱数を生成する方法はさまざまなものが開発されているが, 市販のコンピュータで利用できるプログラム言語が標準で採用している乱数生成関数は, 線形合同法と呼ばれるアルゴリズムを用いている. 通常の利用時には問題とならないが, 大量の擬似乱数を使うシミュレーションでは, 周期の長さや, 前後の乱数列の独立性が問題になるため, 注意が必要である. もし乱数を膨大に生成する場合には, メルセンヌ・ツイスター法[10]を用いるとよい. なお, 近年では, デフォルトでメルセンヌ・ツイスター法による乱数生成を行うソフトウェア (例えば, 統計解析プログラミング言語Rなど) も存在するので, シミュレーションの開発言語が採用している乱数生成法を確認しておくとよい.

(2) マルコフチェーン・モンテカルロ法　マルコフチェーン・モンテカルロ[11] (Markov chain Monte Carlo, MCMC) 法は, 通常のモンテカルロ法では困難な乱数の生成と期待値の計算をマルコフチェーンを用いて行う方法である. MCMCを応用することにより, 与えられた確率分布からのサンプルを得ることが可能であり, 離散選択モデルのパラメータ推定[12,13]などに用いられている. 交通の分野では, 道路ネットワークの確率的利用者均衡配分状態の算出[14]や1日の個人の活動パターンの生成手法[15], 目的地選択行動のシミュレーション[16]などに適用されている.

ここでは, 選択肢kの選択確率$P(k)$が与えられた場合に, この確率分布に従ったサンプリングを行う方法を**図 8.5**に示すとともに, その手順を解説する[16].

① 選択肢集合の中からランダムに一つの選択肢iを抽出し, これを初期状態とする.

② 新たに選択肢集合の中からランダムに一つの選択肢jを抽出する ($i \neq j$).

③ 二つの選択確率の比γを求める.

$$\gamma = \frac{P(j)}{P(i)} \tag{8.1}$$

④ $(0,1)$の一様乱数εを生成し

$$\gamma > \varepsilon \tag{8.2}$$

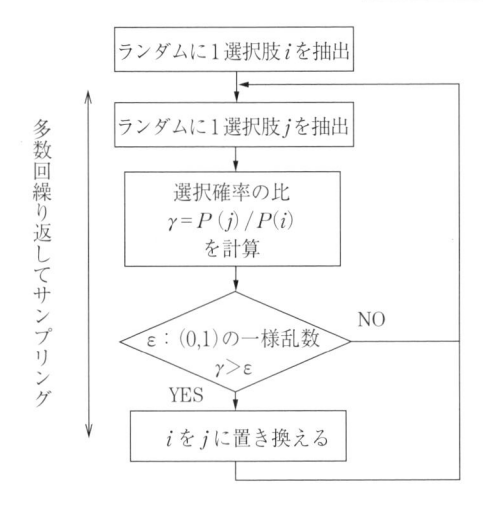

図 8.5 MCMC によるサンプリングアルゴリズム

[フローチャート: 多数回繰り返してサンプリング / ランダムに1選択肢 i を抽出 → ランダムに1選択肢 j を抽出 → 選択確率の比 $\gamma = P(j)/P(i)$ を計算 → ε：(0,1)の一様乱数 $\gamma > \varepsilon$？ YES→ i を j に置き換える / NO→ 戻る]

のとき i を j で置き換え，②に戻る．式 (8.2) を満足しない場合は，置き換えを行わずに②へ戻る．

上記②〜④の手順を，ある初期状態から開始して多数回繰り返すことにより，初期状態の影響は緩和される．緩和された後に，十分大きい間隔でサンプル i を抜き出せば，これらは定常分布からランダムにサンプリングしたものとみなすことができる．

例えば，選択確率が Logit Model のような構造の場合，$P(k)$ の分母には全選択肢の確定効用の和が必要となるが，MCMC を適用することで，式 (8.1) で表されるように分母がキャンセルされる．そのためすべての選択肢の確定効用を算出することなく，ランダムなサンプリングが可能となり，計算コストの大きな削減が期待できる．

8.3 交通流シミュレーション

8.3.1 交通流シミュレーションの分類

現実の交通システムは一般に複雑で大規模なものであり，また，交通システムの構成要素は確率的に変動する不確定なものが多く含まれる．交通流シミュ

レーションは，このような実験による観察が困難な交通現象をコンピュータ上で模擬的に再現するものである．

道路交通状況の改善のための交通規制・交通制御などの交通管理，あるいは道路の新規供用・車線拡幅などの施設整備を実施した場合に，交通流の状態を推計し，政策の評価を行う必要がある．このとき，評価のために交通流シミュレーションモデルが用いられる．

図8.6に示すように，交通流シミュレーションは車両群の挙動を連続的な流体として記述するなど，比較的シンプルに表現する**マクロシミュレーション**（macro-simulation）と，追従モデルやセルオートマトンを用いて個々の車両を離散的に表現する**マイクロシミュレーション**（micro-simulation）とに大別される．前者は主として広域の道路ネットワークを対象とし，後者は車両挙動の詳細な表現に重点を置くため限定された領域を対象とすることが多い．また，両者の中間的なモデルとして，個々の車両の属性や選択行動を取り扱いつつ，移動量は車両群単位で算定するメソモデルがある．

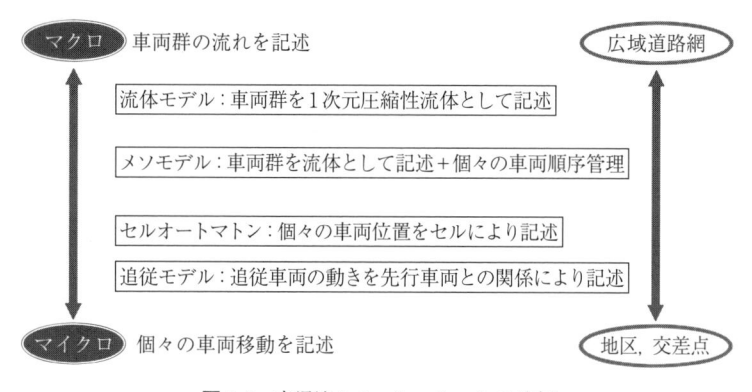

```
マクロ    車両群の流れを記述                          広域道路網

         流体モデル：車両群を1次元圧縮性流体として記述

         メソモデル：車両群を流体として記述＋個々の車両順序管理

         セルオートマトン：個々の車両位置をセルにより記述

         追従モデル：追従車両の動きを先行車両との関係により記述

マイクロ  個々の車両移動を記述                        地区，交差点
```

図8.6 交通流シミュレーションの分類

なお，車両挙動の表現による違いのほか，交通流シミュレーションが取り扱う事象は多種多様であり，着目する対象によってさまざまなモデル化が可能である．そこで適用にあたっては，評価対象や利用可能なデータに応じて適切なモデルの選択[17]・構築が必要である．

（1）**マイクロシミュレーションの特徴**　マイクロシミュレーションでは，道路上で発生する各種の車両挙動を直接的にモデル化し，車両ごとに離散的にシミュレートする．例えば，車両は停止状態から発進・加速し，自らの希望する速度で走行し，前方に車両が存在すればそれに追従して走行する．交差点で赤信号であれば停止するし，右折時には対向車のギャップを見つけて進行する．また，ランプでは本線車両の流れに割り込んで合流し，追い越しする場合や右左折に伴って車線変更を行う．渋滞などの交通状況は，こういった挙動の累積の結果として出現する．

マイクロシミュレーションの特徴としては，個々人の選択行動や運転操作に関する振る舞いを直接取り扱うことができるため，政策評価の多様性が向上すること，渋滞状況や個別車両の所要時間といった交通現象そのものがアウトプットとなり直感的に理解しやすいことが挙げられる．一方で，モデルが複雑で計算量や設定すべきパラメータ量が増大する．つまり，マクロシミュレーションと比較すると適用対象が質的に拡大するが，規模的に制約される傾向がある．

（2）**マクロシミュレーションの特徴**　マクロシミュレーションはいわゆるネットワークシミュレーションであり，おもな対象として広域的な道路ネットワークでの交通現象記述に利用されている．サグや織り込み区間を対象とした局所的なシミュレーションモデルが，問題とする交通現象をより精緻に解析し，より精密なロジックを構築しようとするアプローチで開発されているのが一般的であるのに対し，ネットワークシミュレーションモデルでは交通状況を総合的に扱うため，さまざまな現象を「単純化」してモデリングすることが一般的である．

マクロシミュレーションモデルは，マイクロシミュレーションモデルと比較して，① 交通観測データとの整合が比較的図りやすい，② 入力データ，検証データの入手が比較的容易である，③ リアルタイムでの交通管理に利用可能であるなどの特徴がある．

8.3.2 交通流シミュレーションのモデル

ここでは，交通流シミュレーションの基本的なモデル構成とそれぞれの交通現象を表現するサブモデルの理論的な背景を整理する．

（1） モデルの基本構成　　交通流シミュレーションでは，図8.7に示すように「運転者の意思決定」と「車両挙動」の記述がモデル構成の中心となる[18]．交通状況，道路の構造・属性などを参照しながら，「運転者の意思決定」と「車両挙動」が算定され，その結果として車両位置や交通状況が更新される．このような一連の手順の繰り返しにより，交通流動を表現している．

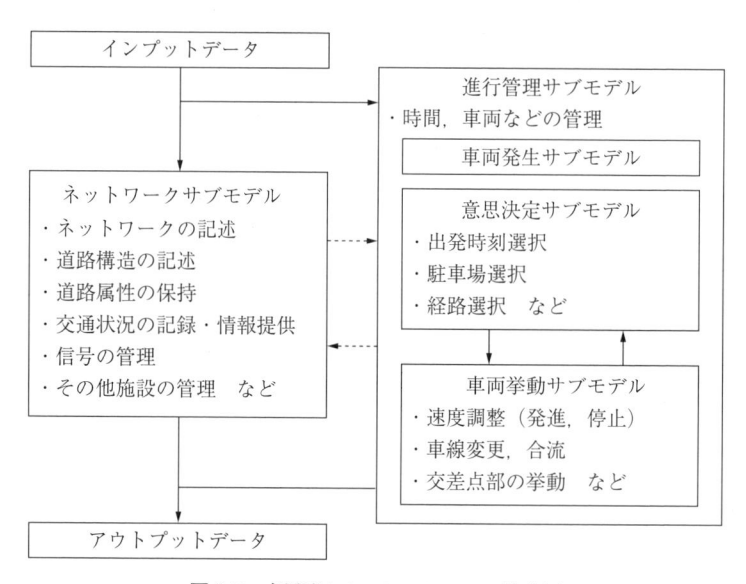

図8.7　交通流シミュレーションの構成例

（2） 車両の発生　　交通流シミュレーションの実行には，スタディエリア外からの車両の到着分布に従って，流入ノードにおいて交通を発生させることが必要である．到着分布による車両発生パターンは対象とする道路種別や交通量の大小に応じて選定される．一般にはつぎのようなパターンが考えられる．

（a）ランダム到着

対象エリア外で整流化の影響を受けない交通の到着パターンは，車頭間隔が

ランダムに分布する到着パターンが想定できる。交通量が小さく，各車両が互いに影響を及ぼさず独立に走行している状況では，ランダム到着の車頭間隔は指数分布に従う。具体的には，個々の車両の発生時刻間隔 t は，単位時間当りの発生車両数 λ と一様乱数 x を用いて以下のように表される。

$$t = -\frac{1}{\lambda}\log(x) \tag{8.3}$$

また，交通量が大きくなり飽和状態に近づくと，アーラン分布に従う。

（b）一様到着

対象エリア外で交通規制あるいはボトルネックにより整流化の影響を受けた交通が到着することを想定した場合，車頭間隔は一様分布する。この場合，乱数系列を扱う必要がない。

（3）**単路の交通流動**　マクロシミュレーションでは，リンクをいくつかの区間に分割し，各区間における交通量-密度関係に基づいて流出入台数を算出し，各区間の交通密度をスキャンインターバルごとに更新していくものが多い。このとき，1インターバルでの車両の最大移動距離よりも大きくなるように区間長が設定される。

一方，マイクロシミュレーションにおける車両挙動に関しては，進行方向への「速度調整」と走行する車線を変更する「車線変更」に分別される。

（a）速度調整モデル

進行方向への「速度調整」は，周辺車両との関係に基づいて行われる。① 道路区間ごとの車頭距離-速度関係に基づいて，当該時刻における車頭距離から速度を算定する方法，② 前方車両との速度差に応じて加速度を決定する方法（追従モデル）などがある。また，追従状態と自由走行状態・発進状態をそれぞれ区分して表現されることも多い。算定された速度（または加速度）に基づいて，スキャンインターバルでの走行距離が算出される。この走行距離に従って，個々の車両をリンクの下流側へ移動させていく。ただし，前方車両に追突しないという前提で移動距離を制約するものが多い。また，前方車両だけでなく，側方車線を走行する車両の挙動，路側駐車車両などの影響を取り扱うモデ

ルも開発されている。

（b）車線変更モデル

「車線変更」については，「車線変更意図の発生」プロセスと「車線変更の実現性の検討」プロセスの2段階のプロセスで表現されるモデルが多い。

前者のプロセスには，ドライバーの自由意思に基づく車線変更意図の発生と，義務的な車線変更意図の発生とがある。自由意思に基づく車線変更には，前方車両の速度が低く，希望速度を維持することを目的に行う場合などが含まれる。義務的な車線変更には，右左折の必要にせまられての場合などが含まれる。

一方，「車線変更の実現性の検討」プロセスでは，変更先車線の車頭間隔に基づいて，ギャップあるいはタイミングを選択する意思決定をモデル化する必要がある。また，車線変更の過程における横方向の位置，速度についても表現しているモデルもある。

（4）**合流部および交差点部の車両挙動** マクロシミュレーションでは，合流部がボトルネックとなる場合，合流部の交通状況を表現するために，交通渋滞発生状態での合流比が設定され，合流部の交通挙動が表現されることが多い。一方，マイクロシミュレーションでは，ランプにおける本線走行車の間に割り込んでの合流挙動の表現には，ギャップアクセプタンスモデルが用いられる。

また，マイクロシミュレーションでは，交差点での右折時における対向直進車に応じた右折可否の判定の場面にもギャップアクセプタンスモデルが用いられる。右折時を例にとると，対向車のギャップに対して，例えば5秒といった閾値が設定される。ここで，対向車のギャップが閾値以上なら，右折車は進行することを表現したものである。この閾値には，ドライバー個別の値が設定される場合も多い。ギャップの値に対応して，交通挙動の選択確率を与えることで，確率的な行動選択が表現されることも多い。

（5）**経路選択** 経路選択を内生化している交通流シミュレーションでは，各車両には目的地点（到達地点）が設定され，各車両の経路は個別に決定されるものが多い。一方，各車両に目的地点（到達地点）が設定されず，交差点の分岐率などに応じて車両の進行方向を決定するモデルもある。この場合，

OD 交通量データが不要となるため，現況道路への適用は容易となる．しかしながら，複数経路があるネットワークにおいて経路変更を表現できないため，経路変更を促進する施策を評価することはできない．

経路選択の方法としては，所要時間などに基づく最短経路（あるいは最小費用経路）を選択するモデルと，複数の経路からリンクコストなどに応じて確率的に選択するモデルが代表的である．さらに，これらを基本とし，経路途上における経路変更を行うモデル，情報板やVICSを想定して任意の情報提供を行うモデル，ドライバーの経験を勘案するモデルなども提案されている．

（6） モデルの検証の留意点[19]

（a） ボトルネック区間の交通容量（飽和交通流率）

高速道路の合流部などの交通渋滞の先頭となっているボトルネック区間の直下流では，一定の交通量が安定して観測される．ボトルネック区間の交通容量の再現性は，遅れ時間の再現精度に大きく寄与する．

図 8.8 に示すように，道路区間の上流端に与えられた累積交通需要量 $A(t)$ を，ボトルネックまでの自由流での旅行時間 t_f に応じて時間軸方向にシフトすると，ボトルネック部分への累積到着量 $A'(t)$ が得られる．

累積到着量 $A'(t)$ のピークが，ボトルネック区間の交通容量 C^* を超過するとき，累積流出量 $D(t)$ の傾きは交通容量 C^* で制限される．このため，累積到着量 $A'(t)$ と累積流出量 $D(t)$ は乖離する．ボトルネックによる総遅れ時間

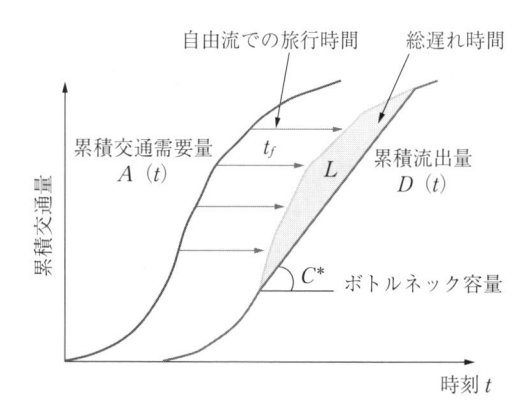

図 8.8 ボトルネックでの交通流動の時間推移

は，この乖離した部分の面積 L で表される。このため，交通流シミュレーションではボトルネック区間の交通容量が安定して再現されることが必要となる。

街路では信号交差点がボトルネックとなるため，交通容量の再現性を確保する重要性が高い。特に，対向直進交通による右折交通容量の低下は検証すべき項目の一つである。このため，交通流シミュレーションによる信号交差点の右折交通量について，交通工学研究会による右折交通容量の算定式[20]との整合性について検証しておく必要がある。

（b） 交通渋滞の延伸・解消

ボトルネック区間を先頭として交通渋滞が上流リンクに延伸するとき，ボトルネック区間を通過する予定のない交通が影響を受ける場合がある。このため，交通流シミュレーションでは，交通渋滞の空間的な影響を明示的に取り扱う必要がある。したがって，交通流シミュレーションにおける交通渋滞の延伸・解消が，衝撃波（shock wave）理論に整合しているかを検証する必要がある。なお，マイクロシミュレーションでも個々の車両位置を扱うため，交通渋滞の延伸・解消は表現可能である。

（c） 合流部の交通状況

合流部がボトルネックとなる場合，合流比によって各合流枝の交通渋滞状況は相違する場合がある。ある合流枝の交通需要を Q，合流比を r，ボトルネック容量を C とすると，合流部での交通需要が交通容量を超過している場合，$Q/r>C$ のとき，該当する合流枝では交通渋滞が延伸する。このため，上流側からの交通需要の構成比についての感度分析を行い，合流比および各合流枝の交通渋滞状況の再現性を検証する必要がある。

（7） **代表的なシミュレーションモデルの特徴**　これまで，都市道路網を対象とした交通流シミュレーションについては，数多くの研究が行われている。例えば，欧州の SMARTEST プロジェクトによる報告では，交通流シミュレーションモデルとして 32 のモデルが取り上げられている[21]。

マクロ交通流シミュレーションにおける個別車両の識別については，AVENUE が微視的な交通現象記述を組み込んでいる。AVENUE ではブロック

密度法に基づき,ブロック間の移動台数を整数化することで離散的な車両移動の記述を行っている。また,都市高速道路の交通管理の検討ための交通シミュレーションにおいても,交通密度を基本とした交通流の計算において,個別車両を取り扱う方法についての提案がなされている[22]。

ネットワークを対象とした交通流シミュレーションでは,多くのモデルにおいて,経路選択行動が記述されている。経路選択行動は,利用者属性,情報提供との関係を考慮して記述が行われ,出発点においてのみ導入されることが多い。また,経路途上での意思決定を取り扱うものであっても,目的地までの旅行時間(コスト)を唯一の経路変更要因とし,最短経路を更新することで,交通状況変化に応じた経路変更を表現するものが多い。

近年の国外のマイクロ交通流シミュレーションとして,例えば MITSIM[23],AIMSUN[24],DRACULA[25],FLOSIM[26] などが挙げられる。また,VISSIM[27],PARAMICS[28] などの商用ソフトウェアでは3次元アニメーションの画面表示などの機能を備え,都市道路網を対象とした交通施策評価が可能となっている。

一方,国内においては,都市道路網を対象としたマイクロ交通流シミュレーションでは,tiss-NET[29],VISITOK[30] および INSPECTOR[31] が交通施策評価に適用されている。

また,都市高速道路における交通管制技術を用いた意思決定支援のためには,リアルタイム交通流シミュレーションが必要である。阪神高速道路では,リアルタイムでの道路交通状況の観測データを用いた交通シミュレータ,HEROINE が開発され,実際に運用されている[32]。

8.3.3 適用方法とインプット・アウトプット

(1) **シミュレーションモデルのインプットデータ** 広域のネットワークシミュレーションを適用するためには,交通量配分が実行可能なデータセットがあれば基本的には実行可能となる。具体的には,道路構造データ,交通データ,交通管制データである。マイクロシミュレーションの一般的なインプット

データ例を**表 8.1**に示す。道路構造データとは，主として道路の物理形状を表現するためのデータであり，交通データは物理的な道路構造の上を走行する交通に関するデータとなる。交通管制データとは，交通制御のために設定されるデータを表しており，信号制御や交通規制状況などを指す。このとき，求められるアウトプットの精度に応じて入力データも詳細化していく必要が生じる。

表 8.1 マイクロシミュレーションのインプットデータ例

分類	種類		データ内容
道路構造データ	基本データ		・ネットワーク構成（ノード・リンクおよびその接続関係） ・車線数
	選択データ	リンク全体	・横断線形・縦断線形・車線幅員 ・規制速度・設計速度　など
		交差点関連 （ノード関連）	・車線構成（右左折レーン，レーン長など） ・交差点幾何構造・停止線位置　など
		施設関連など	・バス停，トランジット駅の位置 ・駐車場位置・料金所位置　など
交通データ・交通管制データ	基本データ	交通量関連	・時間帯別交通需要（OD 交通量　など）
		信号関連	・信号現示・オフセット・スプリット　など
	選択データ	沿道施設・ 駐車場関連	・駐車容量・需要分布　など
		路上駐車帯関連	・駐車容量・平均駐車時間　など
		バス， トランジット関連	・経路・運行頻度または出発時刻　など
		経路選択関連	・コスト設定 ・経路選択ドライバー比率　など
		その他	・歩行者交通量・車線規制　など
	各種パラメータ	追従挙動関連	・希望車間時間，加速度，減速度の分布 ・反応遅れ時間・追従挙動パラメータ　など
		車線変更・ 右左折挙動関連	・ギャップアクセプタンス　など
		車両関連	・車種・車長，重量　など
		環境評価関連	・車種別，加速度別燃料消費量　など
シミュレーション実行データ		時間パラメータ	・シミュレーション時間　など
		交通パラメータ	・車両発生分布・乱数シード　など
		その他	・出力時間間隔　など

8.3 交通流シミュレーション　277

（a）道路構造データ

道路ネットワークに関するデータは，道路網の物理的な連結構造を表すリンク隣接関係データと，各リンクの交通条件を表すリンク属性データに大別できる。マクロシミュレーションにおいては，交通を流れとして取り扱うため，流れの特性を規定するパラメータ，すなわち交通容量，交通量-密度特性，リンク長，車線数などが必要となる。

一方，マイクロシミュレーションにおいては，追従理論などを活用し，個々の車両の挙動を再現することからも，要求されるデータの詳細度は非常に高い。例えば単路部では，道路の線形，縦断勾配，横断勾配，車線幅員，規制速度や設計速度，交通規制情報などが必要となる。交差点においては，車線構成や幾何構造などが必要となる。これらの基本ネットワークデータに加えて，必要に応じてバス停位置，バス路線情報や路上・路外駐車場の位置，駐車料金などを用いる。

道路構造データ収集に際しては，既存の調査データを活用することがほとんどである。具体的には，道路交通センサスデータをはじめ，近年ではデジタル道路地図などをベースにデータ作成を行うことが多い。しかし，既存データの精度が十分でない場合には，現地踏査により最新の状況を確認することになる。

（b）交通データ

交通データは，交通需要を表す時間帯別のOD交通需要データと道路上の交通状況を表現する路側観測交通データに分類可能である。路側観測交通データは，基本的には上記のOD交通需要がネットワーク上を走行した結果として観測されるものであり，現況再現の確認の際の評価データとして活用される。また，シミュレーションの検討目的に応じて，2次加工データである渋滞長や渋滞継続時間などをシミュレーションの現況再現の確認のために用いることもある。OD交通需要データは直接観測できない。交差点運用評価など限られた地点の交通流評価の際には交差点分岐率で十分なケースもあるが，ネットワークレベルでの評価の際にはその取得が非常に困難である。既存データの活用としては，道路交通センサスやパーソントリップ調査などの実態調査に基づくこと

が考えられるが，どちらも比較的大きなゾーンレベルでの移動となっていること，抽出率がそれほど高くなく，動的な交通需要として用いるには不十分であることが課題である。マクロシミュレーションでは，それほど大きな問題にならないケースもあるが，マイクロシミュレーションで検討するような詳細レベルでの分析には耐えられないことも多い。一方，近年では路側観測交通量から推定する方法も提案されている[33]。交通需要も変動するものであることから，パーソントリップ調査などの既存調査データを利用しつつ，路側交通量の現況に合うようにOD交通需要を補正していくことが現実的と考えられる。

路側観測交通データについては，道路交通センサスにおける断面交通量を活用することもあるが，時間単位となっており，特にマイクロシミュレーションのインプットあるいは評価データとして耐えうる精度は確保できない。そのため，道路上に設置された交通量検知器による観測データを用いることもある。交通量検知器では，断面交通量や空間平均密度，平均速度などを常時観測している。しかし，検知方式によっては車種判別ができず，車種を詳細に考慮したい場合などにおいては，現地での状況調査が必要となる。

なお，近年のETC機器の普及により，有料道路区間に関する動的なOD交通需要の推移はかなり正確に把握可能となっている。また，ETCに加え，GPSを搭載したプローブカーデータを活用することで地点間の所要時間を直接観測可能となるため，旅行時間を現況再現評価に活用することが可能となる。

上記で説明したデータは現在の状況を想定したものであるが，例えば新規道路建設評価などを行う際には，将来の道路交通需要を用いる必要がある。一般的には道路交通センサスの将来OD表をベースとすることが多いが，マイクロシミュレーションに耐えうる精度の予測が行われている可能性は低いため，別途工夫が必要となる。データ入手に際して重要なことは，設定された問題に要求される精度を満たしているかどうかを十分吟味し，必要に応じて要求水準を満たすデータを収集することである。

（c） 交通管制データ

交通管制データとは，交通の管理制御のために設定されたデータのことを指

す。その代表的なものは信号制御パラメータ，信号現示パターンなどである。さらに，さまざまなITS技術が交通分野に導入されている現在，交通状況を評価検討する際にそれらを無視できず，高速道路の流入調整などの制御データや道路交通情報も交通管制データの一つとして取り上げられるべきといえる。これらのデータは，交通管制システムを通じて入手することが一般的であるが，それが困難な場合には現地調査を行う必要がある。

（2）**シミュレーションモデルのアウトプット**　交通シミュレーションの出力は多岐にわたる。特にマイクロシミュレーションについては，車両1台1台の動きを再現しているため，道路上で観測可能な交通指標はすべて再現可能であると考えればよい。1次的な出力としては，各区間の交通状況を表す存在台数，交通密度，速度，流出入量などが挙げられる。マイクロシミュレーションでは，交通状況がアニメーションで確認できるシステムを備えたものが一般的である。3D表示や地図・写真と組み合わせての表示など，視覚表現に工夫をこらしたシステムも多く開発されている。アウトプットデータ（**表8.2**）は，結果の検証・パラメータ調整に用いられる場合と，施策評価に用いられる場合とがあり，目的に応じて出力内容が選択される。

表8.2　マイクロシミュレーションのアウトプットデータ例

種　類	データ内容
基本データ	・時間帯別断面交通量 ・時間帯別区間旅行時間（遅れ時間），または，区間別渋滞長
選択データ	・車種別交通量・車線利用率・排気ガス濃度・騒音 ・総走行台キロ・総走行台時間　など

8.3.4　交通流シミュレーションの課題と展望

（1）**交通流シミュレーションの課題**　交通流シミュレーションは，動的な交通施策の事前評価に広く活用されてきているが，いくつかの課題も指摘されている。課題は，おおむね「データ収集・整備の効率化などに関する課題」「さらなるモデル分析の必要性などに関する課題」，そして「検討過程の正当性

の確保や利用者に対する情報提供」に大別できる。

（a）　データ収集・整備の効率化などに関する課題

　交通流シミュレーションの実行に際しては，入力データとしての交通量や道路データ，検証のための交通データなど多くのデータが必要となるため，予算や労力を軽減するための効率化が大きな課題である。

　交通データのうち，断面交通量の計測にはポータブルな車両検知器の活用や交通管理者が所有する車両検知器データの活用などが，OD交通量データについてはプローブカーデータやETC利用履歴データの活用，そして車両検知器で観測される断面交通量やプローブカーからのアップリンク情報を用いた交通需要推定手法などが提案されてきている。

　道路ネットワークデータに関しては，GISツールの活用とともに，空間情報データベースを用いた入力データ取得の省力化が図られている。今後は，信号制御などの交通管理データなどについても共有化が望まれるとともに，土地利用データ，人口データ，公共交通機関に関するデータベースなども必要となると考えられる。

（b）　さらなるモデル分析の必要性などに関する課題

　ネットワーク交通流シミュレーションにおいては，利用者の交通行動の記述は交通状況の推計結果に大きく影響する。このため，交通環境や交通状況の時間推移を考慮した交通行動分析に基づくモデルの開発が精力的に行われている。また，適用に際して，利用者属性に関するパラメータを，モデル内の各ドライバーに付与するための設定方法についても検討する必要がある。

　分合流部や織り込み区間での車両挙動記述については，より精緻な交通状況再現要請に基づいて，車両挙動を微視的にモデル化する試みもなされており，微視的なシミュレーションモデルを部分的に導入した場合の巨視的なシミュレーション演算との連携システム構築の試みも検討されている。

　道路の幾何構造に関しては，例えば車線ごとの交通特性の違いや，交通量に応じた車線利用率の変化のモデル化，そして，交通管制システムでのパラメータ自動更新などの検討も必要である。

（c） 検討過程の正当性の確保

　交通流シミュレーションは，その利用目的に応じて数多くのモデルが開発されている。しかしながら，共通の検証プロセスによりモデルの性能評価が行われてこなかったため，モデルの相互比較ができず，利用目的に応じてモデルを選択することが困難であったため，交通状況の再現能力評価のための標準的な検証プロセスが提案されている。検証プロセスは，① 交通現象の再現性を評価するために仮想データセットにモデルを適用した結果を理論値と比較するもの（verification）と，② モデルパラメータの妥当な範囲でのキャリブレーションにより現実の交通状況の再現性を評価するもの（validation）の2段階において，モデル開発者が共通して再現性の検証に利用できるベンチマークデータセットも構築されている。このような信頼性の高い情報が蓄積されることにより，利用目的に応じたモデルの相互比較が可能となり，実務での交通シミュレーションの利用も促進されると考えられる。

　また，交通流シミュレーションは，どうしても現実世界を簡略化する仮定のもとにモデルが作成されるため，現況再現性が高いからといって異なる交通条件での推計結果が正確であるとは保証できない。このため，感度分析などに基づき，モデルの仮定や限界，入力データの信頼性などを考慮して推計結果を解釈する必要がある。

（2）**今後の展望**　交通流シミュレーションは，"時々刻々と変化する交通状況を再現"し，よりわかりやすい指標によって動的な施策や計画の効果と影響を評価することができるため，いくつかの課題があるものの，課題を解決するための研究が進められていくなかで交通流シミュレーションの有用性は今後さらに高まり，適用は拡大していくものと考えられる。

　その対象は，交通マネジメントだけでなく，環境評価，交通事故対策，ITS，そしてヒューマンファクタなどの評価に広がることが期待される。また，すでに公共交通や歩行者なども対象としたマルチモーダルなシミュレーションとの融合，アクティビティモデルなどの個々の活動との連携，まちのにぎわいを創出するための空間再配分や商業と生活活動との連携，土地利用計画との連

携など,従来のモデル分析の枠組みを超えた展開もおおいに期待される。

8.4 アクティビティシミュレーション

8.4.1 アクティビティシミュレーションのねらい

　従来需要予測に広く用いられてきた四段階推計法とは,個人の交通行動をゾーンというグループ単位で集計して分析し,トリップの発生・分布・機関分担・配分の4段階に分けてモデル化しようとするものである。すなわち,最初に総トリップ数を予測し,それをOD・交通機関・経路に対してある種のモデルによって割り振る手法である。

　この四段階推計法が,今日求められているTDMをはじめとする各種施策の評価に適さなくなった時代背景は8.2.1項で述べたが,それでは,なぜ四段階推計法の枠組みでは対応が困難なのだろうか。

　その主要な理由の一つは,四段階推計法がトリップを解析対象としているという構造的問題にある。多くのTDM施策は個別のトリップに影響を及ぼすばかりでなく,個人の1日の活動・交通すなわち生活行動にも影響を及ぼすものであり,その影響を解析できなくては適切なTDM施策評価を行っているとはいえない。なぜなら,TDM施策が実施されたとき,個々人は個別トリップではなく,1日の活動・行動の全体を考慮したうえでそれに対応する,すなわちトリップの開始時刻を変更するのみならず,1日の交通行動自体を調整することは十分に考えられるからである。トリップベースの解析ではこのことがまったく対応できない。

　また,時間軸を考慮していない点も四段階推計法の問題点である。そのため,交通需要の時間的集中を緩和することを目的とした混雑料金制やフレックスタイムなどの施策への対応は不可能である。さらには,推定値の信頼性が必ずしも高いとはいえないといった問題点も指摘されている。

　このような四段階推計法の問題克服のために,個人レベルで交通現象をとらえる非集計行動モデルによる交通需要分析や,交通需要は生活行動の派生的な

需要であるものととらえるアクティビティ分析のアプローチに基づいた生活行動・交通行動モデルが多く研究開発されてきた。

しかし，交通行動の背後にある意思決定は非常に複雑である．1日の行動パターンを決定するにあたっては，利用可能な時間を各活動に割り当てる資源配分の問題に加え，どの活動をどこで行うのか，あるいはそのための交通手段はどうするのかといった離散選択の問題も生じる．

さらには，人間の行動はさまざまな条件により制約されている．例として，代表的なものに Hägerstrand が提案した**時空間プリズム**の概念[34]がある．これは，個人の移動の速度は利用可能な交通手段によって限られており，また，活動と移動に割り当てる時間も有限であるため，個人は時空間という3次元の座標内でプリズムとして定義される領域内でのみ活動し得る，というものである．このような制約は必ずしも観測されておらず，交通行動の解析をさらに複雑にしている．

すなわち，このような人間の行動を予測するために数学的なモデル化を行い，解析的な解を導出することは非常に難しく，交通行動における定量的解析にシミュレーション技術を援用することになったのは，時代背景と対象としている問題の複雑さから考えて当然の流れであるのだろう．

8.4.2 アクティビティシミュレーションの分類

北村[35]は，アクティビティシミュレーションをモデル化のアプローチにより二分し，交通行動を確率的あるいは機械的にとらえ記述するものを確率的現象モデル，交通行動の背後にある意思決定過程を明示的に取り扱うモデルを意思決定・認知過程モデルと定義している．確率的現象モデルは，いわゆる効用最大化原理に基づくシミュレーションが多く，意思決定・認知過程モデルは，ルールベース型のシミュレーションが多い．

（a）確率的現象モデル

1970年代中頃以降，交通行動のモデル化において，ロジットモデルを代表とする離散選択モデルの適用が盛んに行われてきた．この離散選択モデルに

は，以下の四つの仮定がおかれている[36]。

① 選択肢集合は客観的に定義され，不確定要素はない
② 選択肢集合から選択肢が必ず一つだけ選択される
③ おのおのの選択肢は効用（選択肢の好ましさを示す指標，utility）をもたらし，最大の効用をもつ選択肢が選択される（効用最大化原理）
④ 選択肢の効用は確率変数である

これらの仮定に基づき，選択肢の効用を定義するパラメータを推定すれば，おのおのの選択肢が実際に選択される確率が計算可能となる。効用最大化原理に基づくアクティビティシミュレーションでは，各選択肢の選択確率を用いてモンテカルロ法により，選択される選択肢を確率的に再現している。

しかし，現実に選択できる選択肢は個人によって，あるいは選択時点の状況によって異なるため，シミュレーションでは選択の場面に応じて選択肢集合を特定することが必要となる。例えば，自動車を保有していない人は自動車での移動が選択不可能であるため，選択肢集合から自動車を除いたうえで，他のとり得る選択肢の選択確率を計算しなければならない。

また，時間軸・空間軸を明示的に考慮するシミュレーションの場合は，8.4.1項で述べたような時空間プリズムを制約条件として，選択肢集合を特定する必要がある。このような選択肢集合の特定を通じて，非現実的な選択肢が選択される可能性を排除し，シミュレーションの再現性を向上させることが可能となる。

さらに，個々の意思決定（交通行動選択）を組み合わせ，例えば1日の生活行動・交通行動を再現するシミュレーションを行う場合，複数の意思決定の関係性を考慮しなければならない，という問題点がある。後述するPCATS[37]では，逐次的意思決定プロセスを仮定し，この問題点に対処している。PCATSは実務上の適用可能性が高いシミュレーションであるが，逐次的意思決定プロセスを導入した場合，意思決定時点以降の環境の変化が反映されない，といった問題点も挙げられる。

（b） 意思決定・認知過程モデル

8.4 アクティビティシミュレーション

確率的現象モデルは，人間の意思決定の情報処理プロセスを考慮したものではない。この点に着目し，記憶，経験則，探索といった認知過程に関して，行動文脈（コンテクスト，context）に基づいて再現するシミュレーションが，意思決定・認知過程モデルである。

代表的なモデル化アプローチは，与件（前提条件）と行動（選択）の関係性をルールとして記述するヒューリスティックな方法である。このようなモデルは一般的に**プロダクションシステム**（production rule system）と呼ばれる。おのおののルールは，特定の条件が成立するときに，選択される行動を規定するものであり，IF…THEN…の形式で表現される。

例えば，day-to-day の自動車通勤行動を再現するシミュレーションを考えてみよう。「前日の到着時刻が，希望到着時刻±10 分に収まっていた」（与件）ならば，「前日と同じ時刻に出発する」（行動）というルール，「前日の到着時刻が，希望到着時刻より 10 分以上遅かった」（与件）ならば，「前日よりも 20 分早い時刻に出発する」（行動）というルール，「前日の到着時刻が，希望到着時刻より 10 分以上早かった」（与件）ならば，「前日よりも 10 分遅い時刻に出発する」（行動）というルール集合を作成すれば，出発時刻の変更を再現することが可能となる。

プロダクションシステムでは，ルール適用の順序，および複数のルールが適用された場合の調整方法を定義する必要がある。例えば，上述の自動車通勤行動シミュレーションの例において，「雨が降っている」（与件）ならば「前日よりも 10 分早い時刻に出発する」（行動）というルールを，ルール集合に追加したとしよう。とある日の条件が，「前日の到着時刻が，希望到着時刻より 10 分以上早かった」かつ「雨が降っている」場合に，複数のルールが競合しているため，何らかの競合解消戦略（conflict resolution strategy）が定義されていなければ，出発時刻が決定できない。競合解消戦略には，固定的に優先度を定義する方法のほか，行動（選択）がもたらす帰結を考慮したルール評価値によりシミュレーション内で変動させることもある。

8.4.3 アクティビティシミュレーションの事例

（1） PCATS[37]　PCATS は，1日の任意の時刻は個人の自由意思で決定可能な自由時間帯と，時間利用形態が先決されている固定時間帯から構成されるという仮定に基づいている（以下，自由時間帯における活動を自由活動，固定時間帯における活動を固定活動と表記する）。この前提のもとで，PCATS は個人についての情報（年齢，性別，職業，免許保有の有無，世帯自動車台数，世帯収入，および当日の全固定活動の場所，開始・終了時刻，内容）と，活動を実行する可能性のあるすべてのゾーンの属性（人口，サービス事業所数），ならびに，全ゾーン間の移動抵抗データ（機関別 OD 所要時間・費用・乗り換え回数）に基づいて，自由時間帯での個人の行動パターンを再現するマイクロ

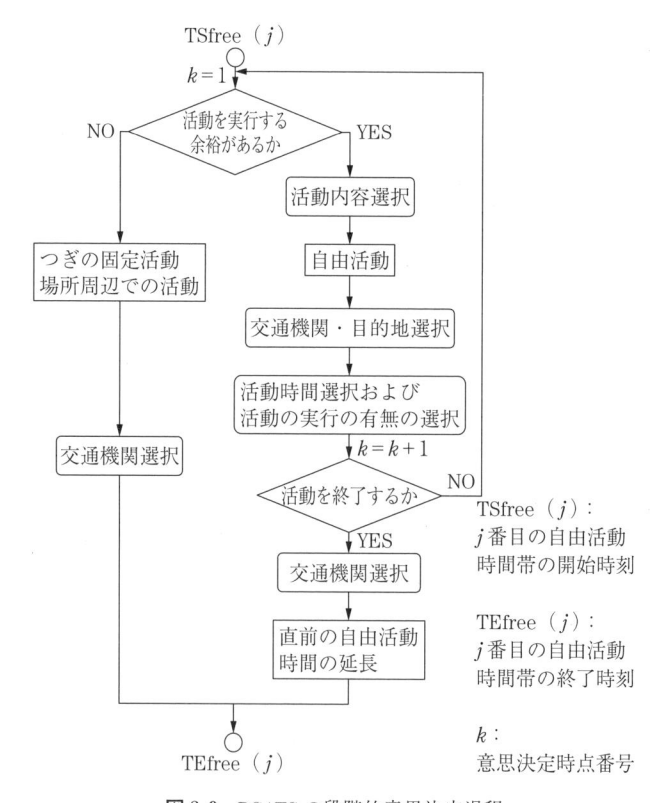

$TSfree(j)$： j番目の自由活動時間帯の開始時刻

$TEfree(j)$： j番目の自由活動時間帯の終了時刻

k： 意思決定時点番号

図 8.9　PCATS の段階的意思決定過程

シミュレータである。

生活パターンの生成にあたっては，**図 8.9** に示すような逐次的，段階的な意思決定過程を想定する一方で，個々の意思決定の局面を，活動時間分布を示すHazard-Based Duration モデルに基づいた活動時間分布モデル，活動内容選択 Nested Logit モデルに基づいた活動内容の選択モデルと，活動場所・交通機関の選択モデルの三つのサブモデルを組み合わせて用いることで再現する。なお，交通機関としては，自動車，公共交通機関，徒歩，自転車の四つを，目的地としては市区町村単位のゾーンシステムを選択肢集合としている。これらのサブモデルは，1 日の活動データに基づいて推定されたもので，それぞれ良好な適合度が得られている。

行動制約としては，固定活動スケジュールとゾーン間所要時間とで規定される時空間プリズム制約，目的地選択肢における認知制約，交通機関制約（営業時間帯以外で公共交通機関を利用することはできない，利用可能な自動車・自転車が現時点に存在しない場合は自動車・自転車を利用できない，自動車・自転車を放置したまま他の交通機関でトリップを実行することはできない）を考慮している。

PCATS の最大の特徴は，ある個人が実行するおのおののトリップに関する情報をすべて含む形で，1 日の「生活パターン」全体を再現するという点である。これにより，各種交通施策が生活行動に与える影響を再現し，活動の変化に伴い生じる，トリップ生成，個々のトリップの機関選択，目的地選択，出発時刻選択，あるいは，トリップチェイン形態などの 2 次的，3 次的変化を総合的に把握，分析することが可能となる。

（2） **統合型シミュレーションモデル：PCATS-DEBNetS システム**　上述のアクティビティシミュレーション PCATS は，四段階推計法における発生・分布・分担の 3 段階に相当する。この PCATS と前節で解説した交通流シミュレーションの繰り返し計算（**図 8.10**）を行うことで，都市圏レベルでの交通需要予測が可能となる[38]。しかし，一方のシミュレータの出力を与件として他方のシミュレータが稼働するという構成のため，交通行動と道路混雑状況

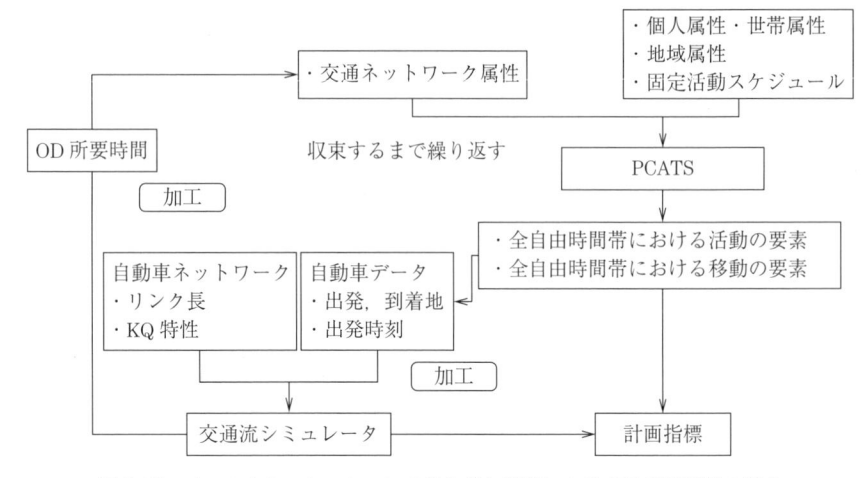

8. シミュレーションとコンピュータ技術の展開

図8.10 二つのシミュレーションの繰り返し計算による交通需要予測の構成

が動的に影響を及ぼし合う施策，例えば，道路が混雑してきた場合にのみ実施する交通規制施策などの評価には対応できない．また，PCATSのなかで取り扱う自動車トリップのOD所要時間は，外生的に与えるため，PCATSで用いたOD所要時間と動的交通流シミュレータから得られるOD所要時間が必ずしも一致しないという問題点もある．

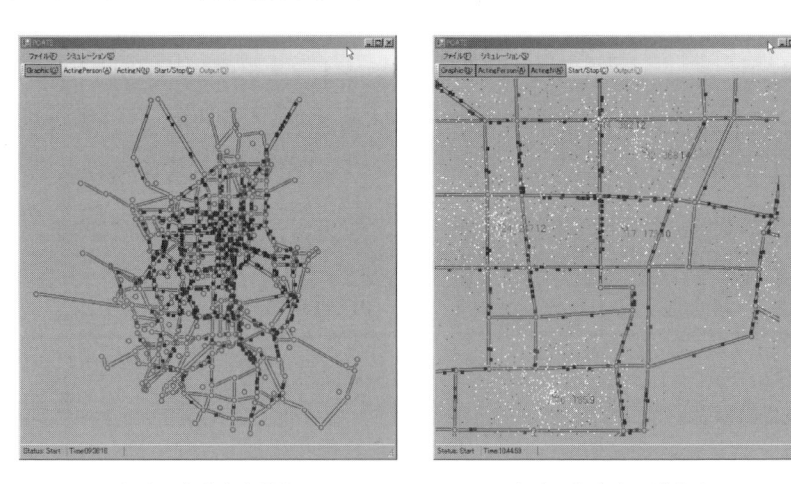

（a）自動車交通流　　　　　　　（b）都市内の滞留人口

図8.11　PCATS-DEBNetSシステムの動的出力

このような課題に対処するために，生活行動シミュレータと動的交通流シミュレータを同一時間軸上で統合し，個人の生活・交通行動を同時に再現する動的な発生・分布・分担・配分統合型シミュレーション PCATS-DEBNetS システムが開発されている[39]。このシミュレーションシステムにより，動的な交通状況と個人の生活行動の相互作用を考慮した需要予測が可能である（**図 8.11**）。

8.5 ドライビングシミュレータ

近年，渋滞や事故をはじめとする交通問題の多様化に対し，走行環境改善の社会的要請が強くなっているが，そのためには，道路交通システムを構成する人間-自動車-道路の相互関係を解明し，運転者の視点から道路設計を評価・改善することが必要である。そのために，交通状況の実態調査は非常に重要な作業となる。現時点で，代表的な調査方法としては，交通状況の観測，道路上の走行実験，実験室の仮想走行実験などが挙げられる。

8.5.1 各種交通調査

（1）**交通状況の観測**　交通状況の観測は，道路上に車両検知器またはビデオカメラを設置し，車両の走行速度，交通量などの交通状況を観測する方法である。しかしながら，この方法によって得られるデータでは，運転者個々人の運転挙動や心理状況までは説明しきれない。

（2）**道路上の走行実験**　道路上の走行実験（実走実験）は，各種計器を搭載した試験車を用いて被験者に各種多様な実験条件のもとで走行させ，走行速度，加（減）速度などの車両挙動，ハンドルやアクセルなどの運転操作，および脈拍，心拍などの生理反応などのデータを収集する方法である。この方法の利点としては，運転者個々人の運転挙動という連続的・微視的な視点に立ち，道路構造上の問題点の抽出などが行えることである。しかし，この実走実験では，実験の安全性確保のため，危険回避時の運転者の運転挙動調査は難しいなどの社会的制約を伴うことが多い。

290　8. シミュレーションとコンピュータ技術の展開

（3）実験室の仮想走行実験　先に挙げた調査方法では，いずれの場合も，天候や明るさ，周辺走行車両など，実験結果に影響を及ぼす諸条件を統一することができない．また，当然ながら現存しない走行環境で調査を行うことはできない．例えば，交通問題の対策案の効果検討を現状と比較しながら行うことは困難である．

実験室の仮想走行実験（室内実験）は，さまざまな条件を伴う現場での調査・実験の問題を解決する方法として位置付けられる．最近ではコンピュータグラフィックス（computer graphics, CG）の技術的発展に伴って，より現実に近い走行中の周辺道路状況が再現できるドライビングシミュレータが開発されており，これを用いた室内実験で運転者の運転挙動を調査することが可能になってきている．このような室内実験は，つぎのような利点を有する．

（a）室内で行う仮想走行実験であるため，被験者の安全性確保が可能になり，危険回避時の運転者の運転挙動調査に用いることができる．さらに，高齢運転者の運転挙動調査など，個人の属性に関係なく被験者を採用することもできる．

（b）実験目的に合わせて，道路および周辺の風景をデザインしたり，走行時における周辺走行車両の配置や，気象条件，時間帯などを任意に設定することができる．すなわち，室内実験では実在しない道路区間における道路線形や構造物，景観などのデザインについても評価・検討を行うことが可能となる．

図 8.12 は，建設中の高速道路を，入手可能な資料から CG として再現した

図 8.12　同一地点における現地写真とシミュレータ画像

図 8.13 多様な検討案の作成（トンネル坑口部）

例である．また，**図 8.13** は同一のトンネルにおいて，入口部（坑口部）のみを変更する状況を示している．

8.5.2 ドライビングシミュレータの用途

シミュレータは，1930年代に航空機の操縦訓練を目的として制作されたのが最初といわれている．それ以来，操船用，列車運転用，自動車運転用，さらにはアポロ計画でよく知られているように宇宙船の操縦用など各種シミュレータが開発されてきている．特に，1960年代以降におけるコンピュータの急速な進歩は，臨場感のある高性能のシミュレータ開発に大きく寄与している．

自動車以外のシミュレータは，実際の乗物を利用した教育，訓練に比べて，費用の低減および安全の確保を図ることをおもな目的として利用されている．これに対し，ドライビングシミュレータは，主として運転者-自動車-道路系の研究や車両開発の研究に利用されている点に特徴がある．また，最近では機能を簡略化した安価なシミュレータも開発され，運転教習所でも運転者の運転教育のために多く用いられるようになっている．

このように，ドライビングシミュレータ開発自体の歴史は比較的浅く，その用途もさまざまな観点から検討されているところであるが，米国交通運輸研究会議（TRB）では調査委員会を設け，そのなかでドライビングシミュレータの性能および用途について，以下のようにとりまとめている．

① 運転者の運転挙動に関する用途：運転挙動に関する研究，運転者教育など
② 自動車に関する用途：車両運動のシミュレーション実験など

③ 道路環境に関する用途：道路構造，天候による影響，道路構造の事前検討など

④ 総合的用途：シミュレータ技術向上のための基礎研究，交通事故の再現と分析など

以上のことから，ドライビングシミュレータが担う役割の範囲が広範であることがわかる。言い換えれば，使用用途の明確化とそれに応じた実験システムを構築することが，ドライビングシミュレータを効果的に運用するための条件であることがわかる。

8.5.3 ドライビングシミュレータの構成

ドライビングシミュレータの構成は図 8.14 に示すとおりであり，運転者の操作信号から車両運動を計算し，各種感覚模擬装置を通じて走行感覚を運転者（被験者）に与えている。この繰り返しにより，インタラクティブな操作が可能になっている。

まず，運転者からの操作信号（ハンドル切れ角，アクセル・ブレーキ踏込み量など）を運動計算装置へ読み込み，自動車運動モデルをもとに走行速度，位

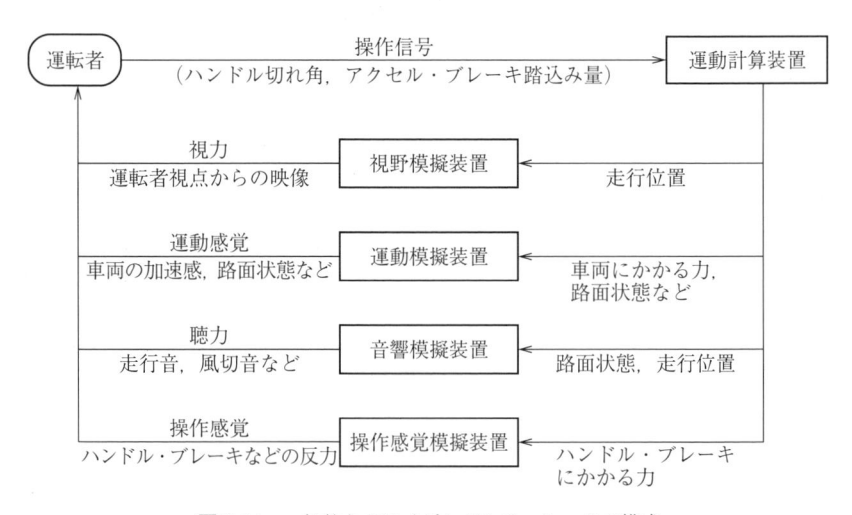

図 8.14　一般的なドライビングシミュレータの構成

置，方向など自動車の状態を計算し，これに従って，視野模擬装置，運動模擬装置，音響模擬装置，操作感覚模擬装置がそれぞれの感覚を模擬する。これによって，運転者は視覚，運動感覚などの感覚で自動車の走行感を体感しながら，シミュレータを操作する。再び，運転者からの操作信号により自動車の走行状態が計算される。

以下に，ドライビングシミュレータを構成するうえで重要となる各装置の機能について概説する。

（1）**運動計算装置**　運動計算装置は，運転者が操作したハンドル切れ角やアクセル・ブレーキ踏込み量の操作信号を読みとり，計算機上の仮想道路空間における現在の走行地点，速度，方向，車両にかかる力，ハンドルやブレーキなどにかかる力などの車両運動をリアルタイムで計算する。ここで，車両運動の計算は運動モデルを用いて計算されるが，最近ではコンピュータの計算処理能力の向上により，複雑な車両運動モデルでも迅速に計算できる。

（2）**視野模擬装置**　人が自動車を運転しているときに，道路線形や周辺交通状況などに関する情報のほとんどは，運転者の視覚を通して入っており，運転者はこれらの視覚情報を知覚し，それに反応しながら自動車を操作しているといわれている。このように，視覚情報は自動車の運転操作において最も重要な外部情報であるため，ドライビングシミュレータにおける視野模擬装置は，高い性能の再現性が要求される。これまでのドライビングシミュレータにおける視覚情報の作成方式は，つぎの3種類に大別される。

① 映画方式：あらかじめ撮影した映画を映写機やテレビで映写する方式
② 模型方式：模型の道路上を自動車の運動に応じて移動するカメラの映像による方式
③ CGI方式：コンピュータグラフィックスを用いる方式

近年では，CGI（computer generated image）方式が主流を占めるようになってきている。この方式は，道路空間を3次元上の点と線の組合せとしてデータベース化し，その仮想道路空間をCG映像として再生することで，道路環境変更の融通性や再現性に優れているなどの利点を有する（**図 8.15**）。

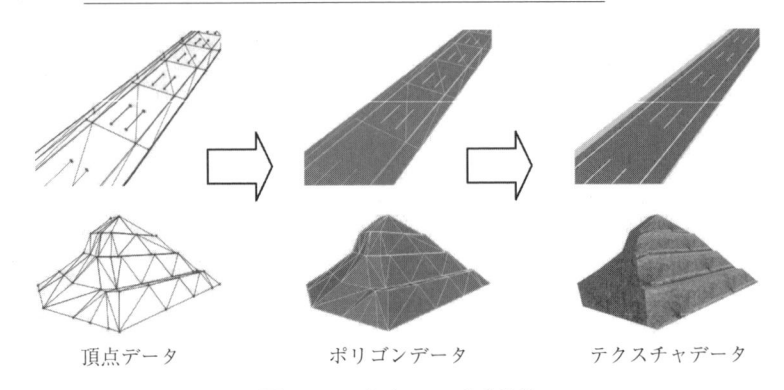

294   8. シミュレーションとコンピュータ技術の展開

　　　　　頂点データ　　　　　　ポリゴンデータ　　　　　テクスチャデータ

　　　　　　　　　図 8.15　3 次元 CG の生成過程

さらに，視覚情報の表示方法はつぎの 2 種類に分類される．
① テレビ方式
② プロジェクタ方式（大型スクリーンに投影する方式）

プロジェクタ方式は，テレビ方式に比べて運転者に広い視覚情報を提供することができ，最近では運転席から見えるすべての視覚情報を実車のように表示するものもある．

（3）**運動模擬装置**　この装置は，自動車の運動を加速感，回転感覚などの運動感覚として運転者に伝える装置である．最近では走行中の車両にかかる細かい動きまで再現でき，車両開発または人間-自動車系の研究分野には欠かせない装置になっている．

実際に走行中の自動車には，つぎのような 6 自由度の運動が作用する．
① ハンドル操作による運動：ヨー，ロール，横加速度
② 加速度による運動：ピッチ，前後加速度
③ 道路の起伏による運動：上下振動

しかし，多くの自動車運動をドライビングシミュレータで再現するためには，模擬装置自体が大きくなる．そこで現時点では，ドライビングシミュレータの運転模擬装置は装置の空間的・経済的な制限のため，実験目的に合わせて，つぎのような方法で運動感覚を模擬している．
① 運動の大きさを実際の運動より一様に小さくする．

② 他の運動で模擬する（横加速度はローリングで，前後加速度はピッチングで模擬）。

③ 運動の高周波成分だけを用いる（ウォッシュアウト）。

④ 可能な範囲内で運動するような実験状況にする（直線路の車線変更）。

（4）**音響模擬装置**　音情報は，自動車の速度を制御する際の手がかりでもあり，ドライビングシミュレータでは臨場感を演出するために必要となる。例えば，エンジン音は加速感を与えたり，エンジンの調子を知らせたりすることもできる。また，タイヤのスリップ音はコーナリング時やブレーキング時の車両の限界を感知させることもできる。さらに，トンネル内部での反射音や路面状態によるタイヤ摩擦音など走行状態に対する音響模擬を行うと，臨場感をいっそう高めることもできる。音響模擬方法では，① 実際の自動車で録音した音を再現する方法，② 各種の音響をサンプリングしてコンピュータで合成する方法が多く使われている。

（5）**操作感覚模擬装置**　操作感覚では，ハンドルの復元力やブレーキ，クラッチ踏力，シフトレバー操作力などがあるが，ドライビングシミュレータでは，ハンドル復元力が運転者の操作に大きくかかわるので使用されていることが多い。アクチュエータとしては，① 油圧，② 電気モータ，③ スプリング，④ 重りなどが多く使われている。

以上のとおり，ドライビングシミュレータは，さまざまな機能をもつ模擬装置の組合せによって構成されている。ドライビングシミュレータの開発は，これらをすべて備えることを目指すのではなく，実験状況に合わせた適切な模擬装置を選ぶことが重要となる。例えば，一般道路走行用のドライビングシミュレータには，道路交通状況による加減速が多いため，高性能の運動模擬装置が必要とされる。一方，高速道路の通常走行時の場合は，頻繁かつ急激な可減速が少ないため，高性能の運動模擬装置は省略することが可能である。運動模擬装置は模擬する運動範囲が大きいほど，装置の規模が大きくなるだけでなく，投資規模も莫大となる。

8.5.4　ドライビングシミュレータの開発動向と適用例

　自動車業界では，自動車の操作性・安全性を向上させる自動車開発のため，人間-自動車系（マン-マシンインタフェース）の運転者挙動の分析にドライビングシミュレータが使われている．ここでは，運転者に走行中の危険な場面における急激な車両運動の体感を与えることが必要であるため，車両にかかる力の再現を重視し，高精度の運動模擬装置をもつドライビングシミュレータの開発が数多く行われている（例えば，文献40)～43)）．

　道路交通研究機関では，道路の走行環境を改善させるため，人間-道路系の運動挙動分析にドライビングシミュレータが利用されている．ここでは，運転者が走行中に収集する視覚情報の再現を重視して高性能の視覚模擬装置をもつドライビングシミュレータを開発しているが，急激な速度変化がない通常走行の場面を想定しているため，運動模擬装置を簡略化または省略したものが多い（例えば，文献44)～47)）．

　これらに対し，大学などの研究機関でドライビングシミュレータが開発・利用され出したのはきわめて最近のことであるといってよい．これには，コンピュータやディスプレイの低価格化・高性能化が大きく寄与している．ここでの特徴は，先に述べたとおり，各研究機関がそれぞれの研究目的に沿った模擬装置選定および組合せを行っていることであり，非常に多様なドライビングシミュレータが見られることである（例えば，文献48)～50)）．

8.6　データマイニング

　ビルゲイツは，データマイニングについて「われわれはこの山のようなデータを，そこから学ぶべき資産だとみなす．その山が大きくなればなるほどよい．ただし，それを分析し，どう合資，自分をより創造的にすることのできるツールがあればの話である」と語っている．交通計画を立てるうえで，何を目的としてどのように調査計画を立て，調査を実施するのかを事前に決めることが基本であるが，一方で，データマイニングにより，プローブデータのように

自動的にストレージに記録されていく断片的なデータを，いかにつなぎ合わせ，有効に活用していくかが，今後は重要になってくる．

1960年代末期のパーソントリップ調査や道路交通センサスの導入による多量のデータが都市交通計画を一変させたように，プローブ調査の普及によるデータの質と精度の向上は，交通現象の理解と評価方法論を大きく変える可能性をもつ．小売分野では，POSシステムの導入によってデータマイニング型のマーケティング手法が普及するなど，計画手法をすでに一変させている．プローブ調査システムの普及によって，既存の交通需要モデルの評価・改良を行うだけではなく，多量の交通データをマイニング（採掘）して，宝物である情報，知見，知識，仮説，課題などを見つけるデータマイニングの重要性が増しているといえよう．

8.6.1 データマイニングの特徴

データマイニングのポイントは，測定と相関分析にある．データマイニングはまずデータを得ることから始まるが，プローブビークルやプローブパーソン調査によって得られた膨大なデータはそのままでは解析が困難である．例えば，GPS携帯電話などを通じて得られる〈時間，緯度，経度〉データは，そのままではトリップ単位の分析が困難なため，マップマッチングなどの処理によって空間フラグ（どの道路を走っているかを位置データと紐付けにする）を付与することが必要となる．このように，解析可能になるようにデータをクリーニングすることはデータマイニングを行ううえできわめて重要である．つぎに，得られたデータの中に何らかの関連性を見つけ出す．連続変量間の相関（例えば交通量と速度の関係）を分析するといった伝統的な相関分析に加えて，離散変量間の反応の相関ルール（例えば，鉄道で来た客は長い間都心にいるといった固有のルール）を見つけ出すバスケット分析や，ルールの違いごとにサンプルをグルーピングする層別化手法が重要である．

8.6.2 データの収集と格納

膨大なデータから宝物を見つけるためには，データをばらばらに取り扱うのではなく，関連性のあるデータフィールドごとに分類整理し，使いやすい形式でデータベースシステムに格納しなければならない．分析単位となる「リンク」や「トリップ」を「個人属性」や「場所」，「時間」ごとに集計し，渋滞損失やトリップ特性を分析・把握する必要がある．このようなデータ処理を一貫して効率的に行うために，データベースシステムが必要となる．データ構造の定義が一貫していなければ，データの正規化や事前の解析処理に時間がかかるためである．

データベースシステムの構築に先立って，調査データ項目間の相互関係を示す ER 図（entity relation diagram，実際の処理項目，処理時間，最終処理内容などを整理した設計図）を事前に設計しておくことが重要である．分析処理過程の確認による調査項目の絞込みは，従来のパーソントリップ調査のような大規模な交通調査でも行われてきている．一方，プローブ調査では，膨大なデータが短時間で自動取得可能なため，事前にデータベースを設計・実装しておくことがより重要となる．

8.6.3 相関のマイニング

クリーニングしたデータを解析し，その中に潜む重要な行動パターンや交通現象の規則を自動的に発見することがデータマイニングの大きな目的である．パターンや規則の基本は，相関と，その相関関係の似たグループを見つけ出すグループ化にある．

データマイニングの発展の要素技術は，1993 年に Agrawal が提案した相関ルールがベースになっている．元来の相関ルールは，スーパーマーケットの買い物籠の中を調べて，販売促進や店舗レイアウトに役立てようとするバスケット分析を志向して提案された方法論である．

交通行動分析におけるデータマイニングを考えてみよう．1 日の交通行動の内容のリストをトランザクション，交通行動の内容そのものをアイテムと定義

する。データベース中の全トランザクションを解析すると，例えば「鉄道で都心に来た客が，本屋に立ち寄り，3時間以上都心に滞在する確率は8割であり，鉄道で都心に来て本屋に立ち寄り，3時間以上滞在する客は全体の10％しかない」というような知見が得られるかもしれない。これをつぎのように表現したのが相関ルールである。

　　　〔鉄道〕⇒〔本屋，3時間以上〕；sup＝10％，conf＝80％

ここで，ルールの条件部，帰結部ともに複数のアイテムを含んでもよい。また，ルール中のすべてのアイテムが現れるようなトランザクションの割合を支持度（sup），条件部のアイテムを選択した客の中で帰結部のアイテムを選択した人の割合を確信度（conf）と呼ぶ。最低支持度と最低確信度を指定してデータベースからすべての相関ルールを求めることが Agrawal が提案した問題である。

ルールの確信度は通常の条件付確率にすぎないが，属性とその値をアイテムにしたり，帰結部をクラス属性に固定すれば，クラス識別の要因を説明するルールのみを取り出すことができる。

8.6.4　計算アルゴリズム

多量のデータを対象にしたとき，考えうるすべての相関ルールの組合せをすべて数え上げ，それについて支持度と確信度を計算することは，ルール数がアイテム数に対して指数的に増加するため，現実には不可能である。そこで，以下のようなアルゴリズムを考える。

第1段階で式 (8.4) に基づいて，頻出アイテムセット F を網羅的に計算する。

$$F = \{X \subset I \mid \sup(X) > \text{minsup}\} \tag{8.4}$$

第2段階で，minconf（最小確信度）以上の確信度をもつルールを，これらのアイテムセットから抜き出す。図 8.16 に具体例を示す。個人別のアクティビティパターンデータを考える。アクティビティの内容をアイテムとして，最小支持度を 3/8 として，頻出アイテムセットのラティスを構築する。まず，一つのアイテムからなる候補アイテムセット1を準備し，データベースから

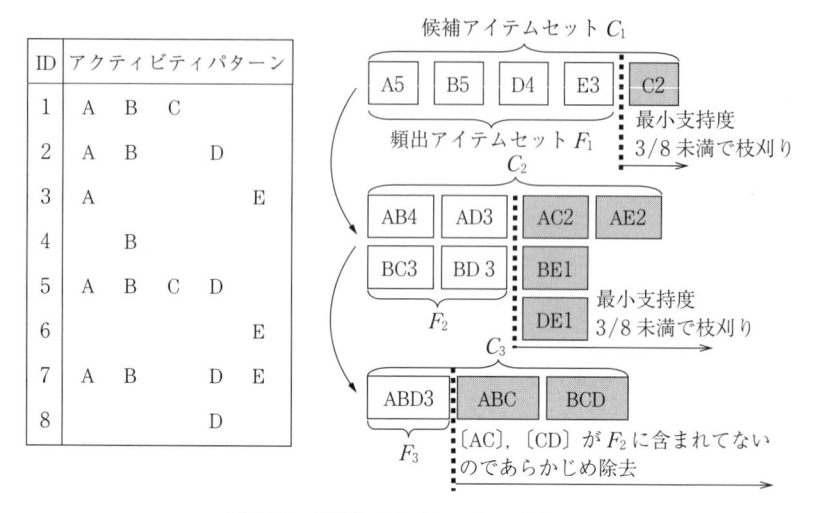

ID	アクティビティパターン	
1	A	B	C	
2	A	B	D	
3	A			E
4		B		
5	A	B	C	D
6				E
7	A	B	D	E
8			D	

図 8.16 頻出アイテムセットのラティス

データを読み込み，それぞれのアクティビティ内容ごとに支持度を計算した後，支持度が 3/8 以上のアイテムセットを頻出アイテムセット F_1(A, B, D, E) として残す。つぎに頻出アイテムセット F_1 に対して長さ 2 の候補アイテムセット C_2 を新たに生成した後，データベースを読み込んで，頻出アイテムセット F_2(AB, AD, BC, BD) を決定する。つぎに F_2 から候補アイテムセット C_3 を新たに計算する。候補アイテムセットに対して，1 アイテムを削除した長さ 2 のアイテムセットのすべてが F_2(AB, AD, BC, BD) の中にあるのかを調べ，もし存在しなければ候補アイテムセットから削除する。データベースを読み込み，残った候補アイテムセット C_3 の支持度から F_3(ABD) を決定する。

候補アイテムセットはハッシュ木に格納するが，最小確信度を満たすアイテムの種類を 1 000 とした場合，すべての組合せを数えれば，長さ 2 の候補アイテムセット C_2 で 50 万，長さ 3 の C_3 では 1 億の数の候補が存在することになる。図 8.16 では，F_2 の組合せで C_3 を作るわけであるが，C_3 の〔ABC〕は，〔AB〕と〔BC〕と〔AC〕の組合せを含んでいる。〔AB〕と〔BC〕は F_2 に含まれるが，〔AC〕は含まれていない。したがって実際にデータベースを読み込むことなく〔ABC〕の支持度が最小支持度 3/8 を超えることはなく，C_3 から，

〔ABC〕をあらかじめ排除できる．このようにアプリオリアルゴリズムでは，ラティス中でアイテムセットの支持度が下層に進むほど単調減少することに着目し，候補アイテムセットの枝刈りに利用して確信度を計算している．多量のデータを基本にしたデータマイニングでは，データをデータベースにいったん格納する必要があるが，こうした場合，平均を1度計算するために，1回アクセスするだけで計算に長い時間がかかることになる．そこで，1回計算した確信度を1次記憶領域にハッシュ格納して，枝刈りをすることで計算負荷を減らすことが可能になる．

　図8.17と表8.3に都心回遊行動のデータマイニング結果を示す．図8.17はWEBグラフと呼ばれるもので，インターネットのハイパーリンク構造を図で表現する方法として定着している．都心回遊時の行動の関連性について性別-アクセス手段を条件部に，立ち寄り先を結論部にもってきた場合，支持度の高いものを太線で，低いものを細線で表している．中心に付置されている店舗は，さまざまな交通手段でのアクセスが可能になっているが，周辺に付置されている店舗では，車などただ一つの交通機関への依存度が高いことがうかがえる．

　つぎに表8.3では確信度の値を示している．相関ルールの抽出では，支持度（ルールそのものの出現頻度）は低くても，確信度（条件部が出現したときの結論部の発生確率）が高ければ，強いルールを発見したことになる．通常，頻出する行動パターンについては感覚的に扱うことが可能であるが，頻度の少ない行動ルールを発見することは難しい．鉄道で来訪した客の，都心における滞在時間が長いなどの新たな相関ルールを発見できていることは興味深い．

　相関ルールは，association ruleであってcorrelationではないことに注意したい．このことは，鉄道で都心に行く人の80％が本屋に寄るとしても，もしも全体の80％もまた本屋に寄るのでは，これらの間に統計的な相関はなくルールは無意味になることを意味する．またアイテムが密な状況では，三つ以上のアイテムセットの組合せで多数のパターンが表れ，計算不能になるおそれがある．データベースのサイズが大きく，主記憶装置に常駐できない場合も，その読込みに時間がかかる．また，サイズが小さくてもラティスの各層ごとに

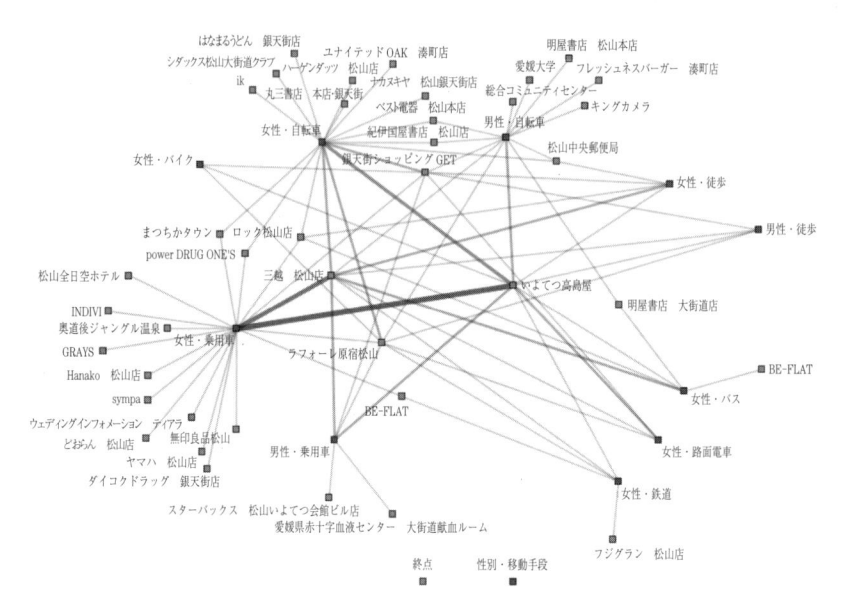

図 8.17 都心来訪交通機関-個人属性-店舗の WEB グラフ

表 8.3 相関ルール分析結果

条件部	結論部	サポート	確信度
乗用車 && いよてつ高島屋エリア	銀天街エリア	0.0789	0.786
乗用車 && いよてつ高島屋エリア	いよてつ高島屋エリア	0.0609	0.607
乗用車 && 銀天街エリア	いよてつ高島屋エリア	0.0287	0.615
乗用車 && 郊外エリア	銀天街エリア	0.0287	0.500

条件部	結論部	サポート	確信度
鉄道 && いよてつ高島屋エリア	銀天街エリア	0.01075	0.600
鉄道 && 千舟町通りエリア	ラフォーレ・三越エリア	0.00717	1.000
鉄道 && 千舟町通りエリア	いよてつ高島屋エリア	0.00717	1.000
鉄道 && 郊外エリア	ラフォーレ・三越エリア	0.00717	0.667
鉄道 && 郊外エリア	いよてつ高島屋エリア	0.00717	0.667

候補アイテムの支持度を数えるにはコストがかかる．出力されるルール数が莫大な数になり，ルールを俯瞰的に検討することは困難である．識別するための確信度と支持度の最小値を上げた場合，その内容は既知のことばかりとなって意味がなくなるといった課題がある．これらの問題に対しては，Σ-tree など

のデータベースの圧縮技術やグラフ理論への拡張などが考えられている．

8.6.5 テキストマイニング

交通計画や景観計画を進めていくうえで，道路や景観などのイメージ分析が必要とされる．こうした場合，被験者の景観に関するイメージをデプスインタビューにより抽出したり，道路の印象に関する自由コメントを解析することは意義深い．コメントデータやインタビューデータには多くの情報が含まれている点に着目して，言語学の研究成果をこのようなテキストデータに適用することが考えられる．言語学では，音韻論（phonology），形態論（morphology），構文論（syntax），意味論（semantics），語用論（pragmatics）の五つの考え方がある．このうち，コンピュータ技術の進展に伴い形態論に着目した研究が進んでいる．テキストマイニング手法としてこうした理論研究成果を生かすことで，言語データに潜むさまざまな関係性を見いだすことが可能となる．

意味を担う最小の分析単位を形態素（morpheme）と呼ぶ．これに対応して自然言語処理では，アンケートの自由意見やグループインタビューにおけるヒアリングデータなどの単語を同定し，その語形変化を解析する処理を形態素解析（morphological analysis）と呼ぶ．

形態素解析は以下の三つのプロセスに基づいて行われる．

① どこからどこまでが一つの単語かを同定したうえで単語分割を行う．
② 分割した単語に品詞を割り振る．
③ 同音異義語，同形意義語を選択処理する．

例えば，被災地の避難住民にヒアリングを行い，データをテキスト化したうえで，形態素解析を適用することを考える．

　　　「きのうの夜すごい土砂が流れてきて家族と逃げた」

は，以下のようにテキストを分類できる．

　　きのう　の　夜　すごい　土砂　が　流れて　きて　家族　と　逃げた

つぎに，品詞を割り振り，前後の文脈から同音異義語を判別する．

　　名詞一般：きのう，夜，土砂，家族

304   8. シミュレーションとコンピュータ技術の展開

　　助　　詞：の，が，と
　　動　　詞：流れて，きて，逃げた
　　形 容 詞：すごい

　この操作を繰り返すことで図 8.18 のように，被験者ごとに発話中の各品詞の頻度を計算することが可能になる．図 8.18 では，名詞 - 一般と，動詞 - 自立の頻度が多いことがわかる．被災者の属性や避難行動別に発話のあった品詞の頻度をカウントすることで，「土石流」や「雨」といった現象を強く認識していたグループやその属性を解析することが可能になる．行動パターンや現象のイメージがあらかじめわかっている場合，アンケートで直接たずねてモデル化に用いることが考えられるが，避難行動や地域イメージのように，想定される回答が複雑で，事前に想定した問いを設定することが困難な場合，ヒアリングデータやテキストデータを用いた形態素解析は有効であろう．

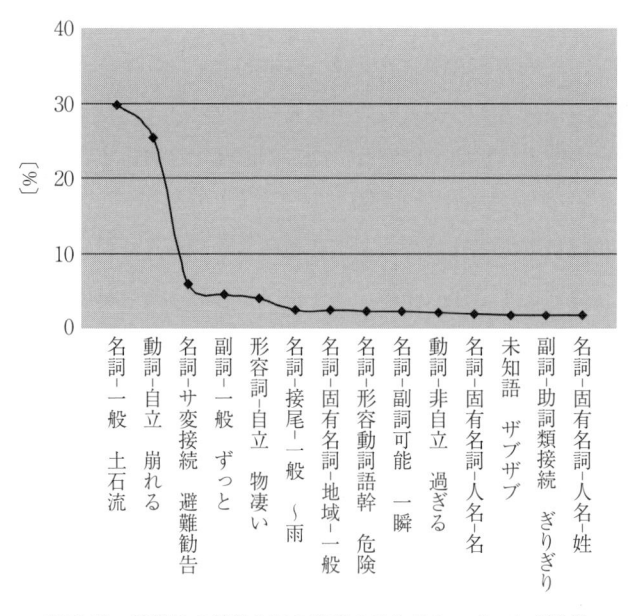

図 8.18　被災地の避難住民の発話のテキストマイニング結果

8.7 地理情報システム

　地理情報システム（geographic information system，GIS）は，地理的位置をもとに，位置に関する情報をもったデータ（空間データ）を総合的に管理・加工し，視覚的に表示し，高度な分析や迅速な判断を可能にする技術である[51]。1960年代に北米で開発が始められて以来，広範な社会経済分野における活動の効率化，迅速化，コスト削減など，多様な効果をもたらしている[52]。開発された当時は，システムに必要なコンピュータハードウェアおよびソフトウェアが高価であり，データベースも乏しかったため，十分に普及させることができないという問題があった。しかし現在では，コンピュータの高速化・廉価化，あらゆる面での情報化によって，GISは急速な発展をみせている。

　日本では1995年の阪神大震災を契機として，行政や危機管理などにおけるGISの重要性が認識され，同年9月には「地理情報システム（GIS）関係省庁連絡会議」が内閣に発足し，GIS整備の長期計画および空間データの整備が行われてきた[53]。また，2002年6月に策定された「e-Japan重点計画2002」においても，GISは，電子政府を推進するうえでの重点5分野の一つである「行政の情報化及び公共分野における情報通信技術の活用」の基盤として大きく位置付けられている[54]。このように，GISは社会的な情報化および政府による推進のもとで，民間ビジネス，例えば，マーケティングにおける活用やITS・カーナビゲーションシステム，またインターネットを用いた情報収集・提供など多くの分野においても目覚しく成長している。GISの「S」は，もはやSystemではなく，Serviceになっているといえる。

8.7.1　GISの基本原理

　GISでは，実社会におけるさまざまな空間情報を種類（レイヤ）ごとに分けて記録し，位置（経緯度，標高など）という共通の尺度で管理することによって，相互の位置関係の把握，任意のデータの検索と表示，データ間の関連性の

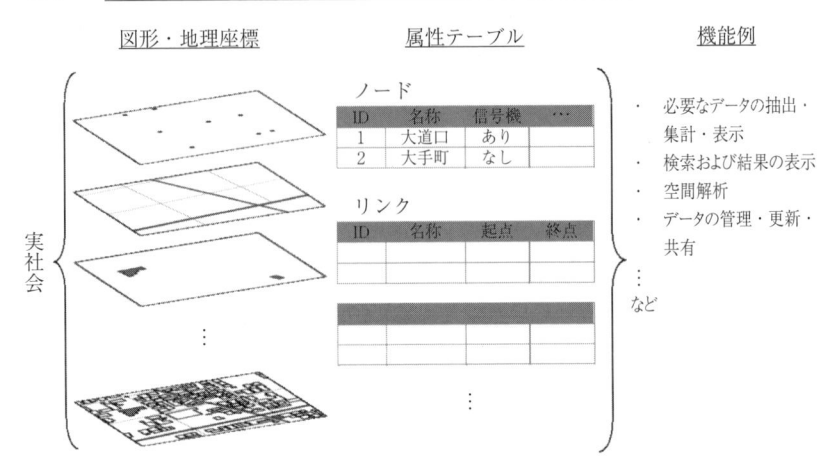

図 8.19 GIS の原理と基本機能

分析などを行うことを可能にする（図 8.19）。

GIS を構築するには，つぎの四つの要素が必要である[55]。

（1）ハードウェア　ハードウェアとは，データの記憶・処理を行うコンピュータ，デジタイザ・スキャナなどのデータ入力機器，モニタやプリンターなどの出力機器が含まれる。また，測量などデータ作成を行う場合は GPS 搭載の機器も必要であろう。これらのハードウェアは，従来高価であったが，近年ではコンピュータの廉価化と性能の高度化によって，中小都市を対象とする基本的なシステムであれば，一般的にオフィスで使用されるもので構築可能になった。

（2）ソフトウェア　ソフトウェアは，コンピュータの OS 以外に GIS のデータを実装し，さまざまなデータ処理ツールを提供するアプリケーションを含む。代表的なものには ArcGIS，MapInfo，SIS などの汎用ソフトウェアがあるが，それ以外にも，目的によって機能が特化されたソフトウェアも数多く存在している。例えば，日本建設情報総合センターの「GIS データブック」に登録されている GIS ソフトだけでも 215 件ある（2010 年 1 月現在，ソフトウェア名で検索，文献 56）を参照）。

一般的に，汎用ソフトウェアは，データを表示し簡単な編集・分析を行うな

ど最も基本的な機能に，より高度な拡張機能を追加する形式になっており，基本的な機能のみを備えた汎用ソフトウェアは，現在は数万円から購入できるようになっている．筆者が試した ArcGIS ファミリーの ArcView では，ネットワーク図の編集，ゾーンの扱い，交通量の表示など静的な作業であれば，この基本的な機能をもつ汎用ソフトウェアだけで実現可能である．

上述のソフトウェア以外には，フリーソフトとして，簡単な表示機能を搭載している ArcExplorer や，より高度な処理ができる GRASS などが挙げられる．

（3） **データウェア** データウェアは地域の自然や社会状況を示す基盤データのことである．以前はデータが乏しく，紙地図から入力する必要があったが，現在では，次項でで示すように，国や自治体，民間によってさまざまなデータが作られており，より簡単に入手できるようになっている．

（4） **ライフウェア** ライフウェアとは，GIS を管理し，利用できる人材のことである．GIS については，ある程度の知識が必要であり，複雑な分析を行うには，それを使いこなせる人材が必要である．しかし，近年，ソフトウェアの改良により操作性が向上し，大衆化へ向かいつつあると考えられる．

8.7.2 交通計画関連データ

GIS を構築するには，空間情報に関するデータベースが必要不可欠である．これらのデータベースには，最も伝統的な紙の地図や空中写真などのアナログデータ，デジタル地図データ，リモートセンシングのデータ，統計データなどが含まれるが，必要に応じてデータを自作し，追加することも可能である．以下では，都市交通計画にとって重要（大縮尺，町丁字レベル）と思われるデータベースを紹介する．

（1） **国土数値情報** 数値地図 2500（空間データ基盤）は，特に国土地理院が先導的に具体化した空間データ基盤の一つである．縮尺 1/2500 の都市計画基本図を元データとしており，都市計画区域のみが整備されているが，行政区域・海岸線，道路中心線，鉄道，内水面，建物，基準点などの項目をそれぞれライン，ポリゴンなどのベクターデータ形式にデジタル化しており，多く

の民間の住宅地図データの基本図となっている。

道路については，非常に詳細なレベルまでの細街路も含まれており，道路の中心線はライン・ベクター形式として提供されているので，これを使って，広範囲にわたる道路ネットワークのリンクとノードの接続関係のデータを作ることが比較的容易になる。

数値地図2500を含む国土地理院より刊行される複数の数値地図は安価であり，(財)日本地図センターで入手できる[57]。

(2) **都市計画基本図デジタルマップ**　上述の数値地図2500はデータの更新が遅い，道路中心線しかない，公共施設以外の建物情報が含まれていない，などの問題点があるが，その元データとしての都市計画基本図は定期的に更新されており，歩道を含む道路の線形などの情報も確認できる。また，都市計画を策定する際に作られているため数十年前にさかのぼることができる，行政境界線情報も含まれているため地域の統計データなどと統合しやすい，などの利点が挙げられる。

都市計画基本図は基本的に紙ベースであるが，最近では，これをデジタル化する自治体が多くなったので，幅広い分野での活用が見込める。交通計画分野では，上述の国土数値情報と合わせることによって，車道や歩道の幅員を算出する方法が提案されている[58]。

(3) **国勢調査などの統計データ**　国勢調査とは，政府が国民の人口動勢を把握するために行う全数調査であり，1920年（大正9年）以来，5年に1度実施されている。調査事項は，氏名，性別，世帯主との続柄，出生の年月，出生地，国籍，配偶関係，結婚年数，子供の数，教育程度，就業状態，所属の事業所の名称および事業の種類，仕事の種類，従業上の地位，従業地または通学地，世帯の種類，世帯員数，住居の種類，居住室の数および広さなどであり，非常に詳細な情報が含まれているので，用途の広いデータである。同じく全数調査である事業所・企業統計と合わせることで，地域の人口や経済の基本情報・空間的分布を得ることができる。

日本では，国勢調査や事業所・企業統計を含む指定統計調査が55種類あり，

国や市町村レベルの集計データは政府統計の総合窓口[59]からダウンロードできるようになっている。また、より詳細なデータに関しては、(財)統計情報研究センター[60]から入手できる場合もある。

（4） **民間のデジタル地図データ**　近年、民間の地図や測量会社からも多くのデジタル地図データが発売されている。交通計画にとって扱いやすいために、ノードやリンクの関係が整理されたデータベースや[61]、道路センサスの交通量まで含んでいるデータベース[62]もある。また、大縮尺で、建物名や階数、信号、交差点、バス停、地下街などの情報まで含むデジタル住宅地図データもある[63]。従来、これらのデータベースはフォーマットの問題でシステムに取り入れにくい場合があったが、現在はかなり改善されている。しかしながら高価であることは依然問題として残る。

どのようなデータベースが市販されているかについてはGISソフトウェア会社のホームページなど[64]を参考にするとよい。

8.7.3　GISの交通計画・管理における可能性

GISは21世紀情報社会において空間データを統合するツールとして期待されているなか、交通計画・管理にとっては特に有用である。GISを導入する利点として、つぎのことが挙げられる。

（1） **豊富な社会経済データベースの活用と統合**　交通計画・管理は、1950年代に研究が始まって以来、当時の電算能力やデータ環境のもとで、独自の手法が開発・使用されてきた。その中核となる手法は、四段階推計法である。四段階推計法は、パーソントリップ調査や交通センサスなどの独自の調査を行い、膨大な労力を必要とするにもかかわらず、十分な利用ができないことが一つの問題である。そこで、GISの家屋や土地利用データ、国勢調査のデータ、事業所・企業統計データなどを利用すれば、調査項目やサンプル数を減らすことが可能になるだけでなく、集計的にしかとらえられなかった空間的な社会経済情報および交通路沿道の詳しい土地利用データを利用することができる。また、GISというプラットフォームを介して、都市計画や地域計画などの

関連分野とより密接な連携ができるようになると見込まれる。

（2）**非集計化**　四段階推計法においては，ゾーンに分けてOD交通量を集計し，さらに，集約した交通ネットワークに配分することが特徴であるが，ゾーンの分け方およびネットワーク集約の方法については，必ずしも科学的に研究されていない面もある。GISは空間情報を細かく管理することが可能なので，ゾーンおよびネットワークの集約をしなくてもOD交通量を特定しやすいという利点をもっている[65]。

（3）**時空間の扱い**　交通は，時間的・空間的な要素が強いものであるが，都市レベルの広範囲の交通流動について，従来の方法では，起点ゾーンと終点ゾーン，トリップ長などで表され，経路の特徴を把握し，トリップの時間的・空間的な分布を分析することが困難であった。GISを用いれば，居住地や活動場所の存在範囲を特定でき，交通行動データに付加することにより，交通行動モデルの有用性を高めることが可能になる。また，現在，光ビーコンやVICS，GPS搭載のプローブカーなど，多くの交通観測機器がリアルな交通情報を収集できるので，GISはこれらのデータを統合するツールとしても有望であると思われる。

（4）**ビジュアル化**　従来の交通計画の成果は，文字，表やグラフを用いるが，意志決定者や住民にとっては，かなり理解しにくいものであった。対象地域を表示したGISの画面に，車両1台1台の動きをシミュレートし，インタラクティブに交通計画を行う「交通計画GIS」が実現するとすれば，ビジュアル化によって交通分析に新しい知見が得られるだけでなく，住民参加や交通行政のアカウンタビリティの向上にも期待できよう。

　GISおよび空間情報データベースの発達に伴い，交通計画分野での活用についての研究や実務も数多く報告されている。例えば，公共交通網の計画支援[66]〜[68]，施設や立地の評価[69],[70]，交通事故分析[71],[72]，交通行動分析[73]〜[75]，などが挙げられる。交通需要分析・予測に関する分野においては，従来の配分結果の表示[76]などはもちろん，交通データ収集・交通調査の新たな展開[77],[78]，現在のゾーンシステムから座標システムへの地理空間表現手法への移行を提案

した研究[79]など，情報技術の発達を見据え，GISを交通計画のベースシステムとした基礎研究が発表されている。また，実務においても，市町村レベルのデータ統合が始まっており[80]，交通計画でのさらなる応用が期待できる。

GISは空間情報の統合，静的な表示・分析に強いが，動的な交通配分を想定した場合は，多くの機能を自ら追加する必要が出てくる。このためには，プログラミングやソフトウェアのカスタマイズをしなければならない。しかし，このようなシステムの開発は，小規模の研究者グループだけでは困難であり，産官学の連携，さらに交通計画GISとしての標準化およびプラットフォームづくりが重要になってくるであろう。

参 考 文 献

1) 和泉　潔：人工市場の作り方 ――ヤッコーと呼ばれないために，システム／制御／情報，Vol.46, No.9, pp.468-475（2003）
2) Urs Fischbacher：z-Tree：Zurich Toolbox for Ready-made Economic Experiments, Experimental Economics 10 (2), pp.171-178 (2007)
3) 西野成昭：リサイクルシステムにおける行動主体の意思決定に関する研究，東京大学大学院工学系研究科学位論文
4) 西條辰義：経済学における実験手法を考える，河野　勝・西條辰義編集：社会科学の実験アプローチ，勁草書房（2007）
5) 山本貴之，菊池　輝，Petr SENK, 北村隆一：交通行動実験における被験者の意思決定分析，土木計画学研究・講演集，39（2009）
6) 小田宗兵衛：神経経済学は経済学に貢献するか？――時間選好のfMRI実験を例に，システム／製御／情報，Vol.53, No.4, pp.131-136（2009）
7) 菊池　輝，山本貴之，北村隆一：参加型経路選択シミュレーション実験システムの開発，土木計画学研究・講演集，38（2008）
8) （財）自動車検査登録情報協会，http://www.airia.or.jp/
9) 桑原雅夫：シミュレーションモデルのリンク容量値の自動調整，生産研究，Vol.54, No.4（2002）
10) M. Matsumoto and T. Nishimura：Mersenne twister：A 623-dimensionally equidistributed uniform pseudorandom number generator, ACM Trans. on Modeling and Computer Simulations（1998）
11) 伊庭幸人：マルコフ連鎖モンテカルロ法とその統計学への応用，統計数理，Vol.44, No.1, pp.49-84（1996）
12) V. Hajivassiliou, D. McFadden and P. Ruud：Simulation of Multivariate Normal

Rectangle Probabilities and their Derivatives Theoretical and Computational Results, Journal of Econometrics, Vol.72, pp.85-134 (1996)
13) J. Chiang, S. Chib and C. Narasimhan：Markov Chain Monte Carlo and Models of Consideration Set and Parameter Heterogeneity, Journal of Econometrics, Vol.89, pp.223-248 (1999)
14) M. L. Hazelton, S. Lee and J. W. Polak：Stationary States in Stochastic Process Models of Traffic Assignment：a Markov Chain Monte Calro Approach, Proceedings of the 13th International Symposium on Transportation and Traffic Theory, pp.341-357 (1996)
15) T. Yamamoto, R. Kitamura and K. Kishizawa：Sampling Alternatives from a Colossal Choice Set：an Application of the MCMC Algorithm, accepted for publication in Transportation Research Record.
16) 菊池　輝，山本俊行，芦川　圭，北村隆一：MCMC 法を用いた巨大選択肢集合下での目的地選択行動の再現，土木計画学研究・論文集，Vol.18, No.3, pp.503-508 (2001)
17) （社）交通工学研究会 編：交通シミュレーション適用のススメ, pp.42-66 (2004)
18) （社）交通工学研究会 編：やさしい交通シミュレーション (2000)
19) （社）交通工学研究会交通シミュレーション自主研究委員会：交通流シミュレーションの標準検証プロセス　Verification マニュアル（案），交通シミュレーションクリアリングハウス, http://www.jste.or.jp/sim/ (2002)
20) （社）交通工学研究会 編：改訂 平面交差の計画と設計 基礎編 第 3 版 (2007)
21) S. Algers, E. Bernauer, M. Boero, L. Breheret, C. Di Taranto, M. Dougherty, K. Fox and J. Gabard：Review of micro-simulation models, SMARTEST Project, Deliverable D3, Leeds, UK. (1997)
22) R. Horiguchi, M. Kuwahara, M. Katakura, H. Akahane and H. Ozaki：A Network Simulation Model for Impact Studies of Traffic Management, 'AVENUE Ver.2', Proceedings of the 3rd World Congress on Intelligent Transport Systems, CD-ROM (1996)
23) Q. Yang and H. S. Koutsopoulos：A microscopic traffic simulator for evaluation of dynamic traffic management systems, Transportation Research Part C, 4(3), pp.113-129 (1996)
24) J. Barcelo and J. Casas：Dynamic network simulation with AIMSUN, Proc. of International Symposium on Transport Simulation, Yokohoma, Japan (2002)
25) R. Liu, D. Van Vliet and D. Watling：Microsimulation models incorporating both demand and supply dynamics, Transportation Research Part A, 40, pp.125-150 (2006)
26) J. Wu, M. Brackstone and M. McDonald：Fuzzy sets and systems for a motorway

microscopic simulation model, Fuzzy Sets and Systems, pp.116, 65-76 (2000)
27) PTV Ltd., http://www.english.ptv.de/
28) Quadstone Paramics Ltd., http://www.paramics-online.com/
29) 吉田　豊, 坂本邦宏, 久保田尚：交通シミュレータ内における個人の走行経験蓄積を考慮した経路選択モデルの交通シミュレーションへの適用, 土木計画学研究・論文集, Vol.19, pp.533-540 (2002)
30) 森津秀夫, 木村文彦ほか：LRT 導入に伴う交通計画再検討支援ツールの開発, 土木計画学研究・講演集, No.23 (1), pp.515-518 (2000)
31) 中村英樹, 鈴木一史：街路ネットワーク交通流シミュレータ INSPECTOR の開発と駐車料金施策評価への適用, 交通工学, Vol.39, No.4, pp.72-83 (2004)
32) 大藤武彦, 大窪剛文：阪神高速道路交通管制システムへのオンライン交通流シミュレーションの導入, 交通工学, Vol.39, No.2, pp.27-32 (2004)
33) 高山純一：8.5 節 観測交通量からの OD 推定, 交通工学（飯田恭敬 監修, 北村隆一 編著), pp.266-270, オーム社 (2008)
34) T. Hägerstrand：What about People in Regional Science?, Papers of the Regional Science Association, Vol.23, pp.7-21 (1970)
35) 北村隆一：交通行動シミュレーション, 交通工学研究会編：やさしい交通シミュレーション (2000)
36) 北村隆一．交通行動分析, 交通工学（飯田恭敬 監修, 北村隆一 編者), オーム社 (2009)
37) 藤井　聡, 大塚祐一郎, 北村隆一, 門間俊幸：時間的空間的制約を考慮した生活行動軌跡を再現するための行動シミュレーションの構築, 土木計画学研究・論文集, No.14, pp.643-652 (1997)
38) 藤井　聡, 菊池　輝, 北村隆一：マイクロシミュレーションによる CO_2 排出量削減に向けた交通施策の検討：京都市の事例, 交通工学, Vol.35, No.4, pp.11-18 (2000)
39) 菊池　輝, 森　大祐, 北村隆一, 藤井　聡：動的発生・分布・分担・配分統合型マイクロシミュレータの開発とその適用, 土木計画学研究・講演集, 40 (2009)
40) 岩本貞雄：自動車のドライビング・シミュレーターについて（その 1 VTI のシミュレーター), 自動車研究, Vol.8, No.9, pp.15-22 (1986)
41) 岩本貞雄：自動車のドライビング・シミュレーターについて（その 3 Benz のシミュレーター), 自動車研究, Vol.8, No.11, pp.15-26 (1986)
42) 林　靖享：車両運動シミュレーターの動向, 自動車技術, Vol.36, No.3, pp.256-262 (1982)
43) 相馬　仁, 佐藤健治, 平松金雄：研究用ドライビング・シミュレーターの開発, 自動車研究, Vol.17, No.11, pp.34-37 (1995)
44) 西田　泰：運転シミュレーターを利用した運転特性データ収集の可能性, 月刊

交通，pp.6-21（1998）
45) 松村哲男・岡　邦彦：道路走行シミュレーターの開発，高速道路と自動車，Vol.33，No.12，pp.56-59（1990）
46) 建設省土木研究所：トンネルにおける走行特性に関する共同研究報告書（1998）
47) 下條晃裕，高木秀貴，大沼秀次：ドライビングシミュレーターの開発について，開発土木研究所月報，No.492，pp.31-39（1994）
48) http://www.plan.cv.titech.ac.jp/yailab/research_f.html
49) http://www.its.iis.u-tokyo.ac.jp/index_j.html
50) 飯田克弘，森　康男，金　鍾旻，池田武司，三木隆史：ドライビングシミュレータを用いた室内実験システムによる運転者行動分析——実験データの再現性検討と高速道路トンネル坑口の評価——，土木計画学研究・論文集，No.16，pp.93-100（1999）
51) 国土地理院，http://www.gsi.go.jp/GIS/whatisgis.html
52) David J. Maguire, Michael F. Goodchild, and David W. Rhind：Geographical Information Systems：Principles and Applications, Longman（1991）
53) 「地理情報システム（GIS）関係省庁連絡会議」は，2005年に「測位・地理情報システム等推進会議」に改名され，2008年からは「地理空間情報活用推進会議」になっている．http://www.cas.go.jp/jp/seisaku/sokuitiri/index.html
54) 首相官邸，高度情報通信ネットワーク社会推進戦略本部（IT戦略本部）http://www.kantei.go.jp/jp/singi/it2/index_before090916.html
55) 厳網林：GISの原理と応用，日科技連出版社（2003）
56) （財）日本建設情報総合センター：GIS Data Book
http://www.gis.jacic.or.jp/search/search_main.asp
57) （財）日本地図センター，http://net.jmc.or.jp/digital_data_gsi.html
58) 李　燕：地図画像および数値地図を用いた細街路ネットワークデータの作成方法，土木学会論文集D，Vol.62，No.1，pp.121-130（2006）
59) 政府統計の総合窓口：http://www.e-stat.go.jp/SG1/estat/eStatTopPortal.do
60) （財）統計情報研究センター，http://www.sinfonica.or.jp/
61) （財）日本デジタル道路地図協会，http://www.drm.jp/
62) 住友電工システムソリューション株式会社：地図データベース
http://www.seiss.co.jp/products/mapdb/map_products1.html
63) 株式会社ゼンリン：電子住宅地図 Zmap-TOWN II
http://www.zenrin.co.jp/product/gis/zmap/zmaptown.html
64) 例えば，ESRI Japan 株式会社：市販データ対応表
http://www.esrij.com/products/gis_data/datamarket/index.html
65) 李　燕：全道路網における交通量配分：GISをプラットフォームとする交通計画へ向けて，土木計画学研究・論文集，Vol.22，No.3，pp.431-437（2005）
66) 内山久雄，星　健一：首都圏鉄道計画分析評価のためのGISの構築，土木計画

学研究・論文集, Vol.15, pp.705-712（1998）
67) 杉尾恵太, 磯部友彦, 竹内伝史：GIS を用いたバス路線網計画支援システムの構築—潜在需要の把握による路線評価について—, 土木計画学研究・論文集, Vol.18, pp.617-626（2001）
68) 森山昌幸, 藤原章正, 杉恵頼寧：GIS を活用した中山間地域の公共交通計画支援ツールの開発, 土木計画学研究・論文集, Vol.21, pp.759-768（2004）
69) 菊池　輝, 藤井　聡, 北村隆一：GIS と生活行動シミュレータ PCATS を利用した消防防災拠点の評価, Vol.19, pp.331-338（2002）
70) 長江剛志, 藤原　友, 朝倉康夫：GIS と需要変動利用者均衡配分を用いた道路ネットワーク耐震化の便益評価, Vol.24, pp.233-242（2007）
71) 三谷哲雄, 日野泰雄, 上野精順, 沢田道彦：大字単位の地区特性値に対応した地理情報システムによる交通事故分析の試みとその考え方, Vol.18, pp.843-848（2001）
72) 高井広行：東広島市における交通事故の分析と GIS を活用した事故情報支援システムの構築, Vol.19, pp.757-764（2002）
73) 大森宣暁, 室町泰徳, 原田　昇, 太田勝敏：GIS ベースのゲーミングシミュレーションツールの開発と高齢者の活動交通分析への適用, Vol.17, pp.667-676（2000）
74) 和泉範之, 奥嶋政嗣, 秋山孝正：空間情報を利用した交通行動の時間的推移の表現方法, 土木計画学研究・論文集, Vol.22, pp.405-412（2005）
75) 大森宣暁, 中里盛道, 青野貞康, 円山琢也, 原田　昇：WebGIS を活用した交通行動自己診断システムの開発とトラベル・フィードバック・プログラムへの適用, Vol.64, No.1, pp.55-64（2008）
76) 臺　敦, 坂本邦宏, 久保田尚, 塚本琢磨：GIS 活用による交通シミュレーションの実用性向上に関する研究, 土木計画学研究・講演集（2000）
77) 青野貞康, 室町泰徳, 原田　昇, 太田勝敏：コンピュータベース調査による交通行動データ収集手法の開発, 土木計画学研究・論文集, Vol.18, pp.123-128（2001）
78) （社）土木学会土木計画学研究委員会交通調査技術検討小委員会：第 38 回土木計画学シンポジウム, 都市交通調査を考える〜新しい技術と展望〜（2001 年 9 月）
79) 菊池　輝, 小畑篤史, 藤井　聡, 北村隆一：GIS を用いた交通機関・目的地点選択モデル：ゾーンシステムから座標システムへの地理空間表現手法の移行に向けて, Vol.17, pp.605-612（2000）
80) 窪田　諭, 柗村一保, 梶川正純, 碓井照子, 吉川　真：空間基盤データの整備と活用における官民協働の実証研究, 土木学会論文集 D, Vol.63, No.4, pp.464-477（2007）

索　引

【あ】

アイデンティティ　42
アクティビティ　48
アクティビティ
　シミュレーション　282

【い】

意思決定　46
意思決定・認知過程モデル
　284
一様到着　271
一般交通量調査　6
因子分析　233
インフラ供給施策　217

【う】

ヴィスタ景観　45
運動計算装置　293
運動模擬装置　294

【え，お】

エージェント　250
オーナーインタビュー
　OD調査　10
音響模擬装置　295

【か】

外部性　114
外部費用　115
カオス　253
確信度　299
確率的現象モデル　283
確率論的配車配送計画　209
過去情報　89
カーシェアリング　141

【か】(続)

仮想評価法　240
環境アセスメント　28
環境基準　28
環境基本法　27
環境交通容量　31
環境ロードプライシング
　129
感度分析　265

【き】

帰結主義　56, 58, 69, 73
規制誘導施策　217
ギャップアクセプタンス
　モデル　272
競合解消戦略　285
協力行動　51
居住環境地区　161
緊急通報システム　97
近隣住区論　159

【く】

空間機能　146, 186
空間機能の要素　169
グランドデザイン　44
クロンバックのα　232

【け】

経済的施策　217
計算機実験アプローチ　257
形態素解析　303
系列範疇法　232
経路選択の決定要因　181
限界費用課金　114
現在情報　89
限定合理性　249
現場急行支援システム　97

【こ】

合意形成　58
公害対策基本法　27
公共交通指向型開発　156
公共車両優先システム　96
厚生経済学　124
構造方程式モデル　234
高速道路　99
交通エコポイント　143
交通管制システム　78
交通機能　146
交通計画 GIS　310
交通結節点　164
交通公害低減システム　97
交通事故状況図　36
交通手段別交通量　16
交通需要マネジメント
　51, 82, 139
交通制御　99
交通バリアフリー法　191
交通まちづくり　30, 156
交通流シミュレーション
　267
高度道路交通システム　131
公民連携　203
国土数値情報　307
コードンプライシング方式
　125
コードンライン調査　12
混雑課金　113
混雑による外部効果　120
コントロールポイント　21

【さ】

災害対策基本法　148

索引　317

錯綜技法　36
サプライチェーン　205
参加型シミュレーション
　　　　　260

【し】

シェアリングシステム　188
時間価値　235
時空間プリズム　283
支持度　299
死重損失　117
システム最適配分　118
施設配置モデル　205
シティロジスティクス　200
私的意思決定　55
私的限界費用　115
自動車起終点調査　9
自動車共同利用　141
自動料金収受システム　8, 77
支払意志額　240
シミュレーションアプローチ
　　　　　257
シームレス　170
社会的意思決定　55
社会的価値　50
社会的限界費用　115
社会的厚生　115, 121
社会的ジレンマ　50
社会的総費用　121
社会的余剰　114
ジャストインタイム　199
車線変更モデル　272
視野模擬装置　293
車両運行管理システム　96
車両検知器　6, 79
集中交通量　16
住民投票　67, 71
重力モデル　16
需要曲線　116
巡回セールスマン問題　209
純経済便益　121
衝撃波理論　274
衝突安全性　106

消費者余剰　117
審議会　72
信号制御　93
新直轄方式　23
心理的要因　229

【す】

ストック効果　24

【せ】

生活関連施設　193
政治的決定　55
生成交通量　15
正当性　57
正統性　57
セルオートマトン　268
全国貨物純流動調査　14
全国道路交通情勢調査　5, 175
専用狭域通信　126, 132
戦略的環境アセスメント　28

【そ】

相関ルール　298
走行支援道路システム
　　　　　39, 77, 108
操作感覚模擬装置　295
層別化手法　297
速度調整　271
ソフトコンピューティング
　　　　　247

【た】

大都市交通センサス　13
段階推計法　15

【ち】

地域修正係数　65
地区交通計画　157
中央決定方式　65, 69, 73
駐車場　173
地理情報システム　305

【つ】

追従モデル　268

【て】

定周期制御　94
テキストマイニング　303
デジタル道路地図　217
データウェア　307
データマイニング　296
デマンドバス　141
電波ビーコン　80

【と】

等価的偏差　62
動的配車配送計画　212
道路行政マネジメント　23
道路構造令　19
道路交通情報通信システム
　　　　　77, 84
道路交通センサス　5, 175
道路整備5か年計画　1
道路の設計基準　19
道路網容量　150
特定旅客施設　193
都市計画基本図
　デジタルマップ　308
ドライビングシミュレータ
　　　　　289
トラフィックゾーンシステム
　　　　　163
トランジットモール　30, 189
トールリング　125

【に】

2段階最適化問題　40
人間-自動車系（マン-マシンインタフェース）　296

【ね, の】

ネットワーク立地モデル　214
ノーマライゼーション　190
乗り継ぎ制　136

【は】

配車配送計画モデル	205
配分交通量	17
パークアンドライド	51, 140
バスケット分析	297
パーソントリップ調査	11
発生交通量	16
パフォーマンス指標	222
パブリック・インボルブメント	74
バリアフリー基本構想	195
反射式視線誘導標	38
ハンチング現象	90

【ひ】

光ビーコン	80
非帰結主義	56, 65, 69, 73
非協力行動	51
ピグー税	124
被験者実験アプローチ	258
ビーコン	152
ビジネスロジスティクスモデル	205
非集計モデル	15, 18
ヒューリスティクス	207
費用便益	69
費用便益分析	24, 61

【ふ】

ファジィ集合	241
ファジィ推論	243
ファジィ制御	103, 247
ファジィ流入制御	103
ブキャナンレポート	124
複雑系	249
ブース制御	99
附置義務駐車施設	176
物資流動調査	12
物流拠点	213
ブルウィップ効果	207
フロー効果	24

【へ】

プロダクションシステム	285
プローブカー	152
プローブ調査	8
プローブデータ	211
分布交通量	16

【へ】

ヘドニック法	239
ベンチマーキング	222
ベンチマークデータセット	281

【ほ】

防災機能	146
歩行者挙動	182
歩行者等支援情報通信システム	98
歩行者と自転車の混在流	184
歩行者の空間密度	182
補償的偏差	62
歩道設置優先度	184

【ま】

マイクロシミュレーション	268
マクロシミュレーション	268
マルコフチェーン・モンテカルロ法	266
満足化原理	251

【み】

| 民主主義 | 58, 68 |
| 民主的決定方式 | 65, 69, 73 |

【め】

メソモデル	268
メルセンヌ・ツイスター法	266
メンバシップ関数	242

【も】

モデラート	94
モビリティマネジメント	51, 140
モンテカルロ・シミュレーション（モンテカルロ法）	265

【ゆ】

| 有料道路方式 | 23 |
| ユニバーサルデザイン | 171, 194 |

【よ】

予測情報	89
予防安全性	106
四段階推計法	15, 204

【ら】

ライフウェア	307
ラドバーン方式	160
ランダム到着	270
ランプメタリング	100

【り】

離散立地モデル	214
リッカート・スケール	231
流出制御	104
流入制御	99
流入調整方式	100
利用者均衡配分	17, 118
旅行費用法	239

【れ，ろ】

連続立地モデル	214
ロジスティクス	199
路車間通信	152
路側OD調査	9
ロードプライシング	51, 113, 124, 218

索引

【A】
AHS　　　　　　39, 77, 108
ATIS　　　　　　　　　　83
AVI　　　　　　　　　6, 88

【C】
CV　　　　　　　　　　62

【D】
day-to-day ダイナミクス
　　　　　　　　　　　251
DSRC　　　　　　125, 132

【E】
EPMS　　　　　　　　97
ER 図　　　　　　　　298
ETC　　8, 77, 113, 126, 129
EV　　　　　　　　　62
e-コマース　　　　　　223

【F】
FAST　　　　　　　　97
FM 多重放送　　　　　80
FQP　　　　　　　　203

【G】
GIS　　　　　　　　305
GPS　　　　　　　8, 80

【H】
HELP　　　　　　　　97
HOV レーン　　　　　127

【I】
ICT　　　　　　　　202
ITS　　76, 131, 138, 202

【L】
LP 制御　　　　　　　101

【M】
MM　　　　　　　　140
MOCS　　　　　　　　96
MODERATO　　　　　94

【O】
OD 交通量　　　　　　16

【P】
PCATS　　　　　　　286
PCATS-DEBNetS システム
　　　　　　　　　　287
PDCA サイクル　　　　24
PI　　　　　　　　　74
PICS　　　　　　　　98
PTPS　　　　　　　　96

【S】
SD 法　　　　　　　231

【T】
TDM　　51, 82, 113, 138
TFP　　　　　　　　52
TOD　　　　　　　　156

【U】
UTMS　　　　　　　92

【V】
validation　　　　　281
verification　　　　 281
VICS　　　8, 77, 84, 202

【W】
Wardrop の均衡条件　119
WEB グラフ　　　　　301

―― 監修者・編者略歴 ――

飯田　恭敬（いいだ　やすのり）
1964 年　京都大学工学部土木工学科卒業
1966 年　京都大学大学院工学研究科修士課程修了
　　　　（土木工学専攻）
1970 年　金沢大学講師
1972 年　工学博士（京都大学）
1972 年　金沢大学助教授
1980 年　金沢大学教授
1985 年　京都大学教授
2005 年　社団法人システム科学研究所会長
　　　　現在に至る
2005 年　京都大学名誉教授

北村　隆一（きたむら　りゅういち）
1972 年　京都大学工学部土木工学科卒業
1974 年　京都大学大学院工学研究科修士課程修了
　　　　（土木工学専攻）
1978 年　Ph.D.（ミシガン大学）
1978 年　カリフォルニア大学デイヴィス校助教授
1984 年　カリフォルニア大学デイヴィス校準教授
1989 年　カリフォルニア大学デイヴィス校教授
1993 年　京都大学教授
2009 年　逝去

情報化時代の 都市交通計画
Urban Transport Planning for Information Era

Ⓒ Takamasa Akiyama 2010

2010 年 10 月 21 日　初版第 1 刷発行　　　　　　　　　　　★

|検印省略|　監修者　飯　田　恭　敬
　　　　　　編　者　北　村　隆　一
　　　　　　発行者　株式会社　コロナ社
　　　　　　　　　　代表者　牛来真也
　　　　　　印刷所　新日本印刷株式会社

112-0011　東京都文京区千石 4-46-10

発行所　株式会社　コロナ社
CORONA PUBLISHING CO., LTD.
Tokyo　Japan
振替 00140-8-14844・電話(03)3941-3131(代)
ホームページ http://www.coronasha.co.jp

ISBN 978-4-339-05228-2　（安達）　（製本：牧製本印刷）
Printed in Japan

無断複写・転載を禁ずる
落丁・乱丁本はお取替えいたします

土木系 大学講義シリーズ

（各巻A5判，欠番は品切です）

- ■編集委員長　伊藤　學
- ■編集委員　青木徹彦・今井五郎・内山久雄・西谷隆亘
　　　　　　　榛沢芳雄・茂庭竹生・山﨑　淳

配本順		書名	著者	頁	定価
2.	(4回)	土木応用数学	北田俊行著	236	2835円
3.	(27回)	測量学	内山久雄著	206	2835円
4.	(21回)	地盤地質学	今井・福江 足立 共著	186	2625円
5.	(3回)	構造力学	青木徹彦著	340	3465円
6.	(6回)	水理学	鮏川登著	256	3045円
7.	(23回)	土質力学	日下部治著	280	3465円
8.	(19回)	土木材料学（改訂版）	三浦尚著	224	2940円
9.	(13回)	土木計画学	川北・榛沢編著	256	3150円
11.	(17回)	改訂 鋼構造学	伊藤學著	260	3360円
13.	(7回)	海岸工学	服部昌太郎著	244	2625円
14.	(25回)	改訂 上下水道工学	茂庭竹生著	240	3045円
15.	(11回)	地盤工学	海野・垂水編著	250	2940円
16.	(12回)	交通工学	大蔵泉著	254	3150円
17.	(26回)	都市計画（三訂版）	新谷・髙橋 岸井 共著	190	2730円
18.	(24回)	新版 橋梁工学（増補）	泉・近藤共著	324	3990円
20.	(9回)	エネルギー施設工学	狩野・石井共著	164	1890円
21.	(15回)	建設マネジメント	馬場敬三著	230	2940円
22.	(22回)	応用振動学	山田・米田共著	202	2835円

以 下 続 刊

10. コンクリート構造学　山﨑　淳著　　12. 河川工学　西谷隆亘著
19. 水環境システム　大垣真一郎 他著

定価は本体価格＋税5％です。
定価は変更されることがありますのでご了承下さい。

図書目録進呈◆

環境・都市システム系教科書シリーズ

(各巻A5判，14.のみB5判)

- ■編集委員長　澤　孝平
- ■幹　　　事　角田　忍
- ■編集委員　荻野　弘・奥村充司・川合　茂
　　　　　　　嵯峨　晃・西澤辰男

配本順		書名	著者	頁	定価
1.	(16回)	シビルエンジニアリングの第一歩	澤孝平・嵯峨晃・川合茂・角田忍・荻野弘・奥村充司・西澤辰男 共著	176	2415円
2.	(1回)	コンクリート構造	角田　忍・竹村和夫 共著	186	2310円
3.	(2回)	土質工学	赤木知之・吉村優治・上俊二・小堀慈久・伊東孝 共著	238	2940円
4.	(3回)	構造力学Ⅰ	嵯峨晃・武田八郎・原隆・勇秀憲 共著	244	3150円
5.	(7回)	構造力学Ⅱ	嵯峨晃・武田八郎・原隆・勇秀憲 共著	192	2415円
6.	(4回)	河川工学	川合茂・和田清・神田佳一・鈴木正人 共著	208	2625円
7.	(5回)	水理学	日下部重幸・檀和秀・湯城豊勝 共著	200	2730円
8.	(6回)	建設材料	中嶋清実・角田忍・菅原隆 共著	190	2415円
9.	(8回)	海岸工学	平山秀夫・辻本剛三・島田富美男・本田尚正 共著	204	2625円
10.	(9回)	施工管理学	友久誠司・竹下治之 共著	240	3045円
11.	(10回)	測量学Ⅰ	堤　隆 著	182	2415円
12.	(12回)	測量学Ⅱ	岡林巧・堤隆・山田貴浩 共著	214	2940円
13.	(11回)	景観デザイン—総合的な空間のデザインをめざして—	市坪誠・小川総一郎・谷平考・砂本文彦・溝上裕二 共著	222	3045円
14.	(13回)	情報処理入門	西澤辰男・長岡健一・廣瀬康之・豊田剛 共著	168	2730円
15.	(14回)	鋼構造学	原隆・山口隆司・北原武嗣・和多田康男 共著	224	2940円
16.	(15回)	都市計画	平田登基男・亀野辰三・宮腰和弘・武井幸久・内田一平 共著	204	2625円
17.	(17回)	環境衛生工学	奥村充司・大久保孝樹 共著	238	3150円
18.	(18回)	交通システム工学	大橋健一・柳澤吉保・高岸節夫・佐々木恵一・日野智・折田仁典・宮腰和弘・西澤辰男 共著	224	2940円

以下続刊

- 防災工学　渕田・塩野・檀・疋田・吉村 共著
- 環境保全工学　和田・奥村 共著
- 建設システム計画　荻野・大橋・野田・西澤・鈴木 共著

定価は本体価格+税5％です。
定価は変更されることがありますのでご了承下さい。

図書目録進呈◆